郑成德 孙日明 李焱淼 李雁南 王晓元 周大勇 编著

数值计算方法

（第2版）

清华大学出版社
北 京

内 容 简 介

本书是根据理工科“数值计算方法课程教学基本要求”，为普通高校理工科各专业本科生和工科各专业硕士研究生编写的教材，介绍了电子计算机上常用的数值计算方法以及有关的基本概念与基本理论，内容包括：非线性方程与线性方程组的数值解法、插值与逼近、数值积分与数值微分、常微分方程数值解法、矩阵特征值与特征向量的计算。每章均配有一定量的习题，部分例题附有 MATLAB 源程序，一些算法给出了框图，书末附有部分习题参考答案。本书叙述简明，注意深入浅出，言简意赅；淡化严格论证，削弱运算技巧；突出重点，循序渐进。

本书可作为普通高校理工科本科和工科硕士研究生各专业“数值计算方法”或“数值分析”教材，也可供从事科学与工程计算的科技工作者和研究人员参考。

图书在版编目（CIP）数据

数值计算方法/郑成德等编著. —2 版. —北京：清华大学出版社，2020.8（2024.6 重印）
ISBN 978-7-302-56191-0

Ⅰ.①数… Ⅱ.①郑… Ⅲ.①数值计算－计算方法 Ⅳ.①O241

中国版本图书馆 CIP 数据核字(2020)第 143459 号

责任编辑：刘 颖
封面设计：常雪影
责任校对：刘玉霞
责任印制：杨 艳

出版发行：清华大学出版社
网 址：https://www.tup.com.cn，https://www.wqxuetang.com
地 址：北京清华大学学研大厦 A 座 **邮 编**：100084
社 总 机：010-83470000 **邮 购**：010-62786544
投稿与读者服务：010-62776969，c-service@tup.tsinghua.edu.cn
质量反馈：010-62772015，zhiliang@tup.tsinghua.edu.cn
印 装 者：三河市龙大印装有限公司
经 销：全国新华书店
开 本：185mm×260mm **印 张**：14.25 **字 数**：343 千字
版 次：2010 年 8 月第 1 版 2020 年 10 月第 2 版 **印 次**：2024 年 6 月第 6 次印刷
定 价：39.90 元

产品编号：089162-01

第2版前言

本书的第1版出版至今已满10个年头，在清华大学出版社的支持下，不少学校采用它作为本科生或研究生的教材。在使用中，不少教师和读者对本书提出了宝贵意见。为了更好地适应教学和自学的需要，作者们认真吸取了同行专家和读者的建议，决定修订再版。

具体的改动有：

1. 为了更适应教学实践，调整了章节顺序，原第7章非线性方程求解前移到第2章。

2. 本着通俗易懂、利于教学、方便使用的原则，对部分内容进行了改写或重新编排。

3. 为了适应教学，调整了部分例题。

4. 增加了牛顿法求解非线性方程重根的内容。

5. 增加了应用广泛的求解超定方程组的最小二乘法。

6. 删去了不太适合实际教学需要的“函数逼近与计算”这章中的“有理逼近”一节。

7. 为便于学生实际动手实现MATLAB的一些功能，我们提供了书中给出的MATLAB源程序(可扫二维码获取)。

本次修订由郑成德、孙日明、李焱淼、李雁南、王晓元、周大勇完成。最后由郑成德负责统稿、定稿。同时，为了配合教学，作者们制作了与书配套的电子课件。

本次的书稿由第1版修改而成。虽然经过多人反复校阅，仍然可能有各种排版错误。热切期望专家、同行和广大读者继续关注本书并提出宝贵意见。还要特别感谢清华大学出版社刘颖老师，没有他的多方面的努力，本次再版是不可能完成的。

编者

2020年5月22日

第1版前言

随着科学技术的迅猛发展和计算机技术的广泛应用，现代科学已呈现出理论分析、科学实验和科学计算三足鼎立的局面。目前掌握和应用科学研究的基本方法或数值计算方法，已不再是专门从事科学与工程计算工作的科研人员独有的技能，大量从事自然科学和社会科学领域的科研人员和工程技术人员，也将数值计算方法作为各自领域研究的一种重要研究工具。因此，“数值计算方法”已逐渐成为理工科本科和硕士研究生的必修课程。

本书正是为普通高等学校理工科本科和工科硕士研究生各专业“数值计算方法”或“数值分析”课程而编写的，着重介绍了现代科学与工程中常用的数值计算方法以及有关的基本概念与理论。内容包括：误差、非线性方程求根的数值解法、线性代数方程组的直接解法和迭代解法、插值与逼近、数值积分与数值微分、常微分方程数值解法、矩阵的特征值与特征向量计算。许多算法不仅介绍了算法的原理，还给出了算法的框图和 MATLAB 实现程序，以使读者更好地理解算法的过程，更熟练地应用 MATLAB 这一数学工具。各章内容具有相对独立性，可根据需要进行取舍。为便于自学，书中对各种方法都配有丰富的例题，每章均配有一定量的习题，部分例题同时给出用 MATLAB 实现的数值计算，书后附有参考答案。本书力求叙述简明，注意深入浅出，直观明了，言简意赅；淡化严格论证，削弱运算技巧；突出重点，循序渐进。本书作为一本入门教材，阅读时需要具备微积分和线性代数知识基础。

本书是在作者 20 余年教学实践的基础上，参考了目前国内数值计算方法和数值分析教材，经过多次试用编写而成。在编写过程中参考了多部相关教材，恕不一一列举。书后附有主要参考书目，谨向本书参考过的列入和未列入参考书目的编著者致以衷心的感谢。

本书由郑成德任主编，负责统稿、定稿，李志斌任副主编。具体编写分工如下：郑成德编写第 1 章、第 5 章、第 8 章以及全部算法、MATLAB 源程序和 MATLAB 算例，王国灿编写第 2 章、第 7 章，李志斌编写第 3 章、第 4 章，孙日明编写第 6 章，李焱森编写第 9 章。最后由郑成德统稿、定稿。

限于作者水平，书中缺点和错误之处，敬请读者批评指正。

本书的写作和出版，得到了大连交通大学教材立项的资助。清华大学出版社刘颖为本书出版做了大量细致的工作，作者对学校的关怀和支持、编辑的鼓励深表谢意。

编者

2010年5月

目　录

绪　论

随着信息技术的高速发展和计算机的普及，继理论分析、科学实验之后，在计算机上用数值计算方法进行科学与工程问题的科学计算已经成为科学研究的另一种重要手段。求解各种数学问题的数值计算方法不仅在自然科学中得到广泛应用，而且还渗透到包括生命科学、经济科学和社会科学的许多领域。例如，气象资料的汇总、加工，并作短期及中期预报时经常遇到几十甚至几百阶线性方程组的求解问题。我们知道，若该方程组的系数行列式不等于零时，克莱姆(Cramer)法则原则上可用来解决上述问题。用这种方法求解一个 n 阶线性方程组，要计算 $n+1$ 个 n 阶行列式的值，而每个行列式展开后有 $n!$ 项，每一项需要 $n-1$ 次乘法。如果忽略加、减、除运算的次数，只计算乘法的次数，就有 $(n+1)n!(n-1)$ 次。当 n 充分大时，这个计算量是相当惊人的。譬如，当 $n=20$ 时，乘法次数约为 9.7×10^{20} 次。若用每秒一百万次的电子计算机去做，约需 3000 万年。即使用每秒 10 亿次的巨型计算机去做，也需 3 万年。当然这是完全没有实际意义的。其实，解线性方程组有许多实用的算法(参看本书第 2 章和第 3 章)。譬如，用众所周知的高斯消去法，同样用每秒一百万次的计算机求解 20 阶线性方程组，只需要大约 0.002 秒的时间。这个简单的例子说明，能否正确地制定行之有效的数值计算方法是科学计算成败的关键。

数值计算方法是应用数学的一个分支，它是研究用数字计算机求解各种数学问题的数值方法及其理论的一门学科，是程序设计和对数值结果进行比较的依据和基础。本书介绍科学与工程中最常用的数值计算方法，并通过典型例题阐明构造数值计算方法的基本思想和技巧，引出相应方法的步骤。

应用计算机解决科学计算问题通常需要经过以下几个主要过程：提出实际问题、建立数学模型、选用或构造数值计算方法、进行程序设计、上机计算得出数值结果。因此，选用或构造数值计算方法是应用计算机进行科学与工程计算全过程的重要一环。

数值计算方法以数学问题为研究对象，但它不是研究数学本身的理论，而是着重研究求解数学问题的数值计算方法及其相关理论，包括误差分析、收敛性和稳定性等内容，它的任务是面向计算机，提供计算机上实际可行、达到精度要求、理论分析可靠、计算复杂性好的各种数值方法。概括如下：

1. 面向计算机，根据计算机的特点设计可行的算法。即算法只能包括计算机能直接处理的加、减、乘、除运算和逻辑运算，调用计算机的内部函数。

2. 有可靠的理论分析，对近似算法要保证收敛性和数值稳定性，还要对误差进行分析,以确保所得结果在理论上能任意逼近准确值,在实际计算时能获得符合精度要求的近似值。

3. 要有好的计算复杂性。即所提供的算法还应具有既节省时间又节省存储量的特点。这是建立算法必须研究的问题,它关系到算法能否在计算机上实现。

因此,数值计算方法也称数值分析,它不是各种数值方法的简单罗列,同高等数学(或数学分析)一样,它也是一门有自身理论体系的课程。读者在学习中必须注意重视有关的基本概念与基本理论,认真完成一定数量的理论分析和计算练习题,注意利用计算机进行科学计算能力的培养。

第1章 基本概念与数学软件 MATLAB 简介

本章介绍数值运算中的误差分析，包括误差的来源、误差的重要性、误差的概念、减小运算误差的若干原则以及数学软件 MATLAB 简介。

1.1 误差的来源与误差分析的重要性

用数值方法求解科学与工程问题，不可避免地会产生误差。实际上，考察用计算机求解科学计算问题近似解的全过程，我们不难发现，其中每一个环节都可能产生误差。

首先，数学模型是通过对实际问题进行抽象与简化得到的，它与实际问题之间有误差。数学模型与实际问题之间出现的这种误差称为*模型误差*。例如，在建立物体受重力作用自由下落的运动方程时忽略了空气阻力这个因素，由此求出的下落距离必然是近似的、有误差的。同时，在建立的数学模型中通常会包含一些参数，而这些参数又往往是通过观测或实验得到的，它们与真值之间有一定的差异，这种由观测或测量产生的误差称为*观测误差*或*测量误差*。例如，上述自由落体方程中的下落距离和时间就是观测得来的。观测值的精度依赖于测量仪器的精密程度和操作仪器的人的技术水平及工作状态等因素。

其次，许多数学模型是通过极限过程来定义的，而计算机只能完成有限次的算术运算和逻辑运算，因此需要选用适当的数值计算方法求其近似解。由数值计算方法所得到的近似解与模型问题准确解之间的这种误差，称为*截断误差*或*方法误差*。例如，若将 $\cos x$ 展开成 x 的幂级数形式

$$\cos x = 1 - \frac{x^2}{2!} + \frac{x^4}{4!} - \cdots + (-1)^n \frac{x^{2n}}{(2n)!} + \cdots,$$

但用计算机求值时，我们不能得到右端无穷多项的和，只能截取有限项计算

$$S_{2n}(x) = 1 - \frac{x^2}{2!} + \frac{x^4}{4!} - \cdots + (-1)^n \frac{x^{2n}}{(2n)!}。$$

这样计算部分和 $S_{2n}(x)$ 作为 $\cos x$ 的值必然会有误差，根据泰勒(Taylor)余项定理，其截断误差为

$$R_{2n+1}(x) = \cos x - S_{2n}(x) = \frac{\cos[\theta + (n+1)\pi]}{(2n+2)!} x^{2n+2}, \quad 0 < \theta < 1。$$

最后，当计算机执行算法时，受计算机有限字长的限制，参加运算的数据只

能用有限位表示,这种因计算机字长有限而产生的误差称为舍入误差或计算误差。例如,计算过程中小数点后第4位数字按照四舍五入原则舍入,则用0.143表示$\frac{1}{7}$产生的误差

$$0.143-\frac{1}{7}=0.000\,142\,857$$

就是舍入误差。

在数值计算方法或数值分析中,除了研究一些常见数学问题的数值解法外,还要研究计算结果是否满足精度要求,即误差估计。在所有讨论过程中,我们都认为由实际问题所建立的数学模型是合理的,观测也是准确的,因此在误差估计中,只讨论算法的截断误差与舍入误差,对舍入误差通常只作一些定性分析。下面举例说明误差分析的重要性。

例1 计算积分 $I_n=\int_0^1 x^n e^{x-1} dx\,(n=0,1,2,\cdots)$。

解 显然由定积分的估值定理有

$$0<I_n<\int_0^1 x^n dx=\frac{1}{n+1},$$

即 I_n 的值必定落在区间(0,1)中。另一方面,由定积分的分部积分法得

$$I_n=x^n e^{x-1}\Big|_0^1-\int_0^1 nx^{n-1}e^{x-1}dx,\quad n=1,2,\cdots。$$

从而得到递推关系式

$$I_n=1-nI_{n-1},\quad n=1,2,\cdots。\tag{1.1}$$

容易算出 $I_0=1-e^{-1}$ 的近似值,若在计算过程中小数点后第7位数字按照四舍五入原则舍入,则可利用递推式(1.1)依次算出 $I_1,I_2,I_3,\cdots$ 的近似值,所得结果见表1.1。

表 1.1

n	I_n 的近似值	n	I_n 的近似值
0	0.632 121	7	0.110 160
1	0.367 879	8	0.118 720
2	0.264 242	9	0.068 480
3	0.207 274	10	0.315 200
4	0.170 904	11	−2.467 200
5	0.145 480	12	30.606 400
6	0.127 120	…	…

从表1.1可以看出,$I_{11}<0$,这显然是错误的。此后,随着 n 的增大,误差越来越大。

此例说明,在数值计算中如不注意误差分析,就有可能出现严重的失真,此问题的改进方法详见递推式(1.9)。

1.2 误差的概念

人们常用绝对误差、相对误差或有效数字位数来描述一个近似值的准确程度。

1. 绝对误差与绝对误差限

设 x^* 是准确值 x 的一个近似值,我们称

$$\varepsilon(x^*) = x - x^* \tag{1.2}$$

为近似值 x^* 的绝对误差，简称误差。绝对误差虽然能够清楚地表明近似值 x^* 与准确值 x 之间的差异，但是在实际问题中，通常无法知道准确值 x 的大小，从而也无法计算出绝对误差的值。因此只能根据测量工具或计算的情况估计出它的取值范围，即估计出误差绝对值的一个上界，即求一个正数 ε，使得

$$|\varepsilon(x^*)| = |x - x^*| \leqslant \varepsilon。 \tag{1.3}$$

通常称 ε 为近似值 x^* 的绝对误差限，简称误差限。显然，误差限不是唯一的。

在工程技术中，常将不等式(1.3)表示成

$$x = x^* \pm \varepsilon。$$

例如，在表示机械零件尺寸时，若某零件的外径为 $D = 100\ \text{mm} \pm 0.5\ \text{mm}$，它表示 $D^* = 100\ \text{mm}$ 是外径 D 的一个近似值，而 $0.5\ \text{mm}$ 则是近似值 D^* 的一个绝对误差限，即

$$|D - D^*| \leqslant 0.5\ \text{mm}。$$

2. 相对误差与相对误差限

在许多情况下，绝对误差的大小还不能完全刻画近似值的准确程度。例如，设有两个零件的外径尺寸为

$$D_1 = 100 \pm 0.5, \quad D_2 = 1000 \pm 0.5,$$

则近似值 $D_1^* = 100$ 的绝对误差限 $\varepsilon(D_1^*) = 0.5$ 与近似值 $D_2^* = 1000$ 的绝对误差限 $\varepsilon(D_2^*) = 0.5$ 相等，但是不能就此断定 D_1^* 与 D_2^* 有相同的准确程度，因为在 1000 内差 0.5 显然比 100 内差 0.5 更准确些。这说明一个近似值的准确程度，不仅与绝对误差的大小有关，而且与准确值本身的大小有关。由此引出相对误差的概念。

仍设 x^* 是准确值 x 的一个近似值，称绝对误差 $\varepsilon(x^*)$ 与准确值 x 的比值为近似值 x^* 的相对误差，记为

$$\varepsilon_r(x^*) = \frac{\varepsilon(x^*)}{x} = \frac{x - x^*}{x}。 \tag{1.4}$$

由于当 $\left|\frac{\varepsilon(x^*)}{x^*}\right|$ 较小时

$$\frac{\varepsilon(x^*)}{x} - \frac{\varepsilon(x^*)}{x^*} = \frac{\varepsilon(x^*)(x^* - x)}{xx^*} = \frac{-[\varepsilon(x^*)]^2}{[x^* + \varepsilon(x^*)]x^*} = \frac{-\left[\frac{\varepsilon(x^*)}{x^*}\right]^2}{1 + \frac{\varepsilon(x^*)}{x^*}}$$

是 $\frac{\varepsilon(x^*)}{x^*}$ 的平方级，可以忽略不计，而且在实际计算中准确值 x 往往是不知道的，故常将

$$\varepsilon_r(x^*) = \frac{\varepsilon(x^*)}{x^*} = \frac{x - x^*}{x^*}$$

作为近似值 x^* 的相对误差。

同样，要计算相对误差的真值也常常难以做到，因此只能对其绝对值的上限作出估计，即求一个正数 ε_r，使

$$|\varepsilon_r(x^*)| = \left|\frac{\varepsilon(x^*)}{x^*}\right| = \left|\frac{x - x^*}{x^*}\right| \leqslant \varepsilon_r。 \tag{1.5}$$

通常称正数 ε_r 为近似值 x^* 的相对误差限。显然，相对误差限也不是唯一的。

例如 $D_1=100\pm0.5$ 的近似值 $D_1^*=100$ 的相对误差

$$|\varepsilon_r(D_1^*)|=\left|\frac{\varepsilon(D_1^*)}{D_1^*}\right|\leqslant\frac{0.5}{100}=0.5\%。$$

而 $D_2=1000\pm0.5$ 的近似值 $D_2^*=1000$ 的相对误差

$$|\varepsilon_r(D_2^*)|=\left|\frac{\varepsilon(D_2^*)}{D_2^*}\right|\leqslant\frac{0.5}{1000}=0.05\%。$$

因此，从相对误差来看，近似值 D_2^* 比 D_1^* 的准确程度好得多。

3. 有效数字

当准确值 x 有多位数时，常常按四舍五入的原则得到 x 的前几位近似值 x^*。例如

$$x=\sqrt{2}=1.414\,213\,562\cdots,$$

取前四位数得近似值 $x^*=1.414$，它的误差限 $\varepsilon=0.000\,213\,562\cdots\leqslant0.0003$。它的误差不超过末位数字的半个单位，即

$$|\sqrt{2}-1.414|\leqslant\frac{1}{2}\times10^{-3}。$$

如果近似值 x^* 的误差限是某位的半个单位，而且从该位数字到 x^* 的左边第一位非零数字共有 n 位，那么我们把这 n 位数字都称为有效数字，并且称近似值 x^* 有 n 位有效数字。如取 $x^*=1.414$ 作为$\sqrt{2}$的近似值，x^* 就有4位有效数字；若取 $x^*=3.1416$ 作为 π 的近似值，x^* 就有5位有效数字。

一般地，有 n 位有效数字的近似值 x^* 可写成如下标准形式：

$$x^*=\pm0.a_1a_2\cdots a_n\times10^{m+1}\quad(a_1\neq0),\tag{1.6}$$

其中 $a_1,a_2,\cdots,a_n$ 是0～9中的数字，m 是整数，且

$$|x-x^*|\leqslant\frac{1}{2}\times10^{m-n+1}。$$

对同一个数的近似值而言，有效数字位数越多，其绝对误差与相对误差就越小；反之，绝对误差或相对误差越小，有效数字的位数有可能越多。实际上，我们有如下定理。

定理1 对于用式(1.6)表示的近似值 x^*，若 x^* 具有 n 位有效数字，则它的相对误差限为 $\varepsilon_r\leqslant\frac{1}{2a_1}\times10^{-(n-1)}$；反之，若 x^* 的相对误差限

$$\varepsilon_r\leqslant\frac{1}{2(a_1+1)}\times10^{-(n-1)},$$

则 x^* 至少具有 n 位有效数字。

证 由式(1.6)可得 $a_1\times10^m\leqslant|x^*|\leqslant(a_1+1)\times10^m$，当 x^* 有 n 位有效数字时，有

$$|\varepsilon_r(x^*)|=\frac{|x-x^*|}{|x^*|}\leqslant\frac{0.5\times10^{m-n+1}}{a_1\times10^m}=\frac{1}{2a_1}\times10^{-n+1};$$

反之，有

$$|x-x^*|=|x^*||\varepsilon_r(x^*)|\leqslant(a_1+1)\times10^m\times\frac{1}{2(a_1+1)}\times10^{-n+1}=0.5\times10^{m-n+1},$$

故由式(1.6)可得 x^* 至少具有 n 位有效数字。

例 2 要使$\sqrt{5}$的近似值的相对误差限小于 0.1%,应取几位有效数字?

解 由定理 1 知 $\varepsilon_r \leqslant \frac{1}{2a_1} \times 10^{-(n-1)}$。由$\sqrt{5}=2.236\cdots$知,$a_1=2$,故只要取 $n=4$,就有

$$\varepsilon_r \leqslant 0.25 \times 10^{-3} < 10^{-3} = 0.1\%,$$

即只要对$\sqrt{5}$的近似值取四位有效数字,其相对误差限就小于 0.1%。此时 $\sqrt{5}\approx 2.236$。

1.3 误差的传播

在数值计算中,误差的产生和传播的情况非常复杂,参与运算的数据往往都是近似值,都带有误差,而这些数据在运算过程中又会进行传播,使得计算结果产生误差,这就是误差的传播问题。误差的传播是否可以控制,标志着一种算法的优劣。下面以一元和二元函数为例,通过泰勒(Taylor)展开来分析误差的传播规律。

设 x^* 是准确值 x 的一个近似值,在实际计算时,常用 $y^*=f(x^*)$作为函数值 $y=f(x)$的近似值。假设 $f(x)$可导,利用函数 $y=f(x)$在点 x^* 处的泰勒展开式,可方便地估计近似值 y^* 的绝对误差与相对误差。例如,当 x^* 的误差较小时,y^* 的绝对误差

$$\varepsilon(y^*) = y - y^* = f(x) - f(x^*) \approx f'(x^*)(x - x^*),$$

绝对误差限

$$|\varepsilon(y^*)| \approx |f'(x^*)||\varepsilon(x^*)|。$$

在近似等式两端同除以 y^*,即得近似值 y^* 的相对误差限

$$|\varepsilon_r(y^*)| \approx |f'(x^*)|\left|\frac{x^*}{y^*}\right||\varepsilon_r(x^*)|。$$

上述两近似等式分别给出了一元可导函数绝对误差与相对误差的传播规律。类似地,若 x^*,y^* 分别是准确值 x,y 的近似值,用 $z^*=f(x^*,y^*)$作为函数值 $z=f(x,y)$的近似值,假设 $f(x,y)$可导,则有下述二元函数的绝对误差限

$$|\varepsilon(z^*)| \approx \left|\left(\frac{\partial f}{\partial x}\right)^*\right||\varepsilon(x^*)| + \left|\left(\frac{\partial f}{\partial y}\right)^*\right||\varepsilon(y^*)| \tag{1.7}$$

和相对误差限

$$|\varepsilon_r(z^*)| \approx \left|\left(\frac{\partial f}{\partial x}\right)^*\right|\left|\frac{x^*}{z^*}\right||\varepsilon_r(x^*)| + \left|\left(\frac{\partial f}{\partial y}\right)^*\right|\left|\frac{y^*}{z^*}\right||\varepsilon_r(y^*)|。 \tag{1.8}$$

其中$\left(\frac{\partial f}{\partial x}\right)^*$,$\left(\frac{\partial f}{\partial y}\right)^*$ 分别表示偏导数$\frac{\partial f}{\partial x}$,$\frac{\partial f}{\partial y}$在点$(x^*,y^*)$处的值。

用计算机进行数值计算时,由于所有的函数计算都必须转化为四则运算,因此四则运算的误差估计在实际应用中是最重要的。

设两个近似数 x^*,y^* 的误差限分别为$|\varepsilon(x^*)|$,$|\varepsilon(y^*)|$,则它们进行加、减、乘、除运算得到的误差限分别为

$$|\varepsilon(x^* \pm y^*)| \leqslant |\varepsilon(x^*)| + |\varepsilon(y^*)|,$$

$$|\varepsilon(x^* y^*)| \approx |y^*||\varepsilon(x^*)| + |x^*||\varepsilon(y^*)|,$$

$$|\varepsilon(x^*/y^*)| \approx \frac{|y^*||\varepsilon(x^*)| + |x^*||\varepsilon(y^*)|}{|y^*|^2} \quad (y^* \neq 0)。$$

例3 已测得某矩形场地长 l 的值为 $l^*=100\ \mathrm{m}$，宽 d 的值为 $d^*=60\ \mathrm{m}$，已知长 l、宽 d 的误差限分别为 0.2 m 和 0.1 m。试求面积 $S=ld$ 的绝对误差限和相对误差限。

解 因 $S=ld$，故 $\dfrac{\partial S}{\partial l}=d$，$\dfrac{\partial S}{\partial d}=l$。由式(1.7)知

$$|\varepsilon(S^*)|\approx\left|\left(\frac{\partial S}{\partial l}\right)^*\right||\varepsilon(l^*)|+\left|\left(\frac{\partial S}{\partial d}\right)^*\right||\varepsilon(d^*)|=d^*\ |\varepsilon(l^*)|+l^*\ |\varepsilon(d^*)|,$$

而

$$d^*=60\ \mathrm{m},\quad l^*=100\ \mathrm{m},\quad |\varepsilon(l^*)|=0.2\ \mathrm{m},\quad |\varepsilon(d^*)|=0.1\ \mathrm{m},$$

于是面积 $S=ld$ 的绝对误差限为

$$\varepsilon(S^*)\approx(60\times0.2+100\times0.1)\mathrm{m}^2=22\mathrm{m}^2;$$

相对误差限为

$$\varepsilon_r(S^*)=\frac{\varepsilon(S^*)}{|S^*|}=\frac{\varepsilon(S^*)}{l^*d^*}\approx\frac{22}{6000}=0.367\%。$$

1.4 数值运算中应注意的几个原则

在数值运算中，每步都可能产生误差，但是每步都作误差分析是不可能的，也是不科学的。下面仅从误差的某些传播规律和计算机字长有限的特点出发，指出在数值运算中应注意的几个原则，以提高计算结果的可靠性。

1. 尽量避免舍入误差的放大传播

定量地分析舍入误差的积累对大多数的算法是非常困难的，因此对误差积累进行定性分析就有重要意义，这就是所谓的数值稳定性概念。

在计算过程中舍入误差不增长的计算公式称为数值稳定的，否则是不稳定的。如在例1中利用递推关系式(1.1)求积分值 $I_n(n=1,2,\cdots)$ 的算法是不稳定的。因为若 I_0 的近似值 I_0^* 有误差 ε_0，由此引起 I_n 的近似值 I_n^* 的误差为

$$I_n-I_n^*=(-1)^n n!\varepsilon_0,$$

它将随着 n 的增大而迅速增大，导致当 n 较大时计算结果严重失真。若将例1的递推式(1.1)改写为

$$I_{n-1}=\frac{1}{n}(1-I_n)\quad(n=N,N-1,\cdots,2,1),\tag{1.9}$$

就可得到一个数值稳定的算法。事实上，若 I_n 的近似值 I_n^* 有误差 ε_n，则由此引起 I_{n-1} 的近似值 I_{n-1}^* 的误差为

$$I_{n-1}-I_{n-1}^*=\frac{1}{n}(1-I_n)-\frac{1}{n}(1-I_n^*)=\frac{1}{n}(I_n^*-I_n)=-\frac{1}{n}\varepsilon_n。$$

这表明近似值 I_{n-1}^* 的误差比 I_n^* 的误差缩小了 n 倍。因此，只要选定 N，对 I_N 提供一个近似值 I_N^*，利用递推关系式(1.9)，就可以得到越来越精确的近似值 $I_{N-1}^*,I_{N-2}^*,\cdots,I_0^*$。

在[0,1]上，因为

$$x^n/\mathrm{e}\leqslant x^n\mathrm{e}^{x-1}\leqslant x^n,$$

所以，当 $n=13$ 时，有

$$\frac{1}{e(n+1)}=\int_0^1 \frac{x^n}{e}dx \leqslant \int_0^1 x^n e^{x-1}dx \leqslant \int_0^1 x^n dx = \frac{1}{n+1},$$

$$0.026\ 277 \leqslant I_{13} \leqslant 0.071\ 429。$$

取 $I_{13}\approx\frac{1}{2}(0.026\ 277+0.071\ 429)=0.048\ 853$，按递推式(1.9)对 $n=12,11,\cdots,2,1$ 倒推计算，所得结果见表 1.2。

表 1.2

n	I_n^* 的近似值	n	I_n^* 的近似值
0	0.632 121	7	0.112 383
1	0.367 879	8	0.100 932
2	0.264 241	9	0.091 611
3	0.207 277	10	0.083 888
4	0.170 893	11	0.077 236
5	0.145 533	12	0.073 165
6	0.126 802	13	0.048 853

从表 1.2 可见，虽然 I_{13}^* 的误差较大，但是经过递推式(1.9)计算的 I_0^* 的误差却不超过 $\frac{1}{2}\times10^{-6}$。由此可见选择数值稳定性好的算法的重要性。

2. 尽量避免两相近数相减

由差的误差传播规律可知，两相近数相减会导致有效数字严重损失，应尽量避免出现这种运算，对计算公式进行等价变形，防止这种现象发生。

例 4 已知 $\cos 2°\approx0.9994$，$\sin 1°\approx0.0175$，求 $x=1-\cos 2°$ 的近似值。

解 由于 $\cos 2°\approx0.9994$，于是

$$x=1-\cos 2° \approx 1-0.9994=0.0006=x^*,$$

且

$$|x-x^*|=|\cos 2°-0.9994|\leqslant\frac{1}{2}\times10^{-4}。$$

故近似值 $x^*=0.0006$ 有一位有效数字。

若改用公式 $1-\cos 2°=2\sin^2 1°$ 计算，由于 $\sin 1°\approx0.0175$，于是

$$x=2\sin^2 1° \approx 2\times0.0175^2=0.6125\times10^{-3}=x^*。$$

此时

$$|\varepsilon(x^*)|=|4\sin 1°\varepsilon(\sin 1°)|\leqslant 4\times0.0175\times\frac{1}{2}\times10^{-4}<\frac{1}{2}\times10^{-5}。$$

故 $x^*=0.6125\times10^{-3}$ 至少有 2 位有效数字。

3. 尽量避免除数的绝对值远远小于被除数的绝对值

在数值计算中，用绝对值很小的数作除数，将会使商的数量级增加，甚至可能出现溢出错误.设 x^* 和 y^* 分别是 x 和 y 的近似值，我们有

$$\left|\frac{x}{y}-\frac{x^*}{y^*}\right| \approx \frac{|y^*||\varepsilon(x^*)|+|x^*||\varepsilon(y^*)|}{|y^*|^2}=\frac{|\varepsilon(x^*)|}{|y^*|}+\frac{|x^*||\varepsilon(y^*)|}{|y^*|^2}。$$

由此可以看出，若 y^* 的绝对值很小，会导致商的误差很大。

例如，求$\frac{3.1416}{0.002}=1570.8$，当分母变为 0.0021 时，即使分母只有 0.0001 的变化，但这个商$\frac{3.1416}{0.0021}=1496$ 却引起了很大的变化.因此，在数值计算中，应尽量避免除数的绝对值很小的情况。

4. 尽量避免大数"吃掉"小数

在数值计算中，参与运算的数据有时数量级相差很大，受计算机字长限制，如果不注意运算次序，很容易出现小数加不到大数中而产生大数"吃掉"小数的现象。

例如 $a=10^{24}$，$b=10$，$c=-10^{24}$，若按照 $(a+b)+c$ 的顺序进行数值计算，在八位的计算机上计算，其结果接近于零，出现了大数 a "吃掉"小数 b 的现象，而按照 $(a+c)+b$ 的顺序进行数值计算，则能够得到 10 的准确结果。

此外，还应尽可能选用更为简单的计算公式，减少计算次数。这样做不但可以节省计算量，提高计算速度，还能简化逻辑结构，减少误差积累。

1.5 数学软件 MATLAB 简介

MATLAB 是 Matrix Laboratory(矩阵实验室)的英文缩写，它是由美国 Mathwork 公司于 1984 年推出的一套高性能的数值计算和可视化软件。它集矩阵计算、数值分析、信号处理和图形显示于一体，构成一个方便、界面友好的用户环境，是目前最优秀的科学计算类软件之一。本节简要介绍 MATLAB 的基本功能。为方便读者实际动手实现 MATLAB 的一些功能，我们将书中的所有 MATLAB 源程序分享给大家，可扫此二维码获取。

1. 运算符

(1) 算术运算

"+"加　"−"减　"*"乘　"/"右除　"\"左除　"^"幂

MATLAB 中用 pi 表示圆周率，i 表示虚数单位。

例：

```
>>(2*pi+4^2)/3                %输入行,按 Enter 键确认
ans=                          %显示输出结果,未赋予任何变量的运算结果存放在临时变量 ans 中
  7.4277
```

例：

```
>>3\(2*pi+4^2)
ans=
  7.4277
```

系统默认的结果保留 5 位有效数字。输入命令 format long 将显示 15 位有效数字。

例：

```
>>format long
(2*pi+4^2)/3
ans=
  7.427 728 435 726 53
```

(2) 关系运算

“<” 小于　　“<=” 小于或等于　　“>” 大于

“>=” 大于或等于　　“==” 等于　　“~=” 不等于

上述运算符用于比较两个元素的大小关系，结果是 1 表明为真，结果是 0 表明为假。

(3) 逻辑运算

“&” 与　　“|” 或　　“~” 非

上述运算符用于元素或 0-1 矩阵的逻辑运算。

2. 函数命令

(1) 内置函数

MATLAB 拥有丰富的函数库，本节只列出与本书有关的部分数值方法函数。

“sin” 正弦　　“cos” 余弦　　“tan” 正切　　“cot” 余切

“asin” 反正弦　　“acos” 反余弦　　“atan” 反正切　　“acot” 反余切

“sinh” 双曲正弦　　“cosh” 双曲余弦　　“tanh” 双曲正切　　“coth” 双曲余切

“abs” 绝对值或复数模　　“sqrt” 开平方

“exp” 以自然常数为底的指数　　“log” 以自然常数为底的自然对数

“log10”以 10 为底的常用对数

(2) 赋值语句

通过等号可以将表达式赋值给变量。

例：

```
>>a=sin(pi/5)
a=
  0.5878
```

若表达式的结尾有分号，该表达式的值不显示。

例：

```
>>a=exp(1.2);b=log(a)
b=
  1.2000
```

(3) 自定义函数

在 MATLAB 的编辑器中，用户通过构建 M 文件(以.m 结尾的文件)可定义一个函数。完成函数定义后，就可像使用内置函数一样使用用户自定义的函数。

例：把函数 $\text{fun}(x)=|x+1|-|x-1|$ 写入 M 文件 fun.m 中。在编辑器中输入如下

内容：

```
function y=fun(x)
y=abs(x+1)-abs(x-1)
```

文件 fun.m 建立之后，函数 $\mathrm{fun}(x)=|x+1|-|x-1|$ 就可以调用了。

```
>>fun(-1)^3
ans=
  -8.0000
```

3. 矩阵与数组运算

(1) 矩阵的输入

MATLAB 中所有的变量都被看作矩阵或数组。可直接输入矩阵：

例：

```
>>I=[1 0 0;0 1 0;0 0 1]          %矩阵中的元素用空格或逗号隔开，分号用来分隔矩阵的行
I=
    1  0  0
    0  1  0
    0  0  1
```

(2) 矩阵运算

"+"加　"−"减　"*"乘　"/"右除　"\"左除　"^"幂　"'"共轭转置

若所有矩阵满足线性代数中的运算要求，则可以进行相应的运算。

例：

```
>>A=[2 5;1 3];B=[2 1;1 2];C=A+B
C=
  4  6
  2  5
>>D=A*B
D=
  9  12
  5  7
>>X=B/A                              %求矩阵方程 X*A=B 的解
X=
  5.0000  -8.0000
  1.0000  -1.0000
>>Y=A\B                              %求矩阵方程 A*Y=B 的解
Y=
  1  -7
  0  3
>>E=A^2
E=
  9  25
```

```
  5  14
>>F=A'
F=
  2  1
  5  3
```

(3) 数组运算

MATLAB 软件包的一个最大的特征是 MATLAB 函数可对矩阵中的每个元素进行运算。矩阵的加、减和标量乘是面向元素的，但矩阵的乘、除和幂运算不是这样。通过符号“.*”“./”“.^”可实现面向元素的矩阵的乘、除和幂运算。

例：

```
>>G=A.^2                        %对 A 的每个元素进行平方运算
G=
  4  25
  1  9
```

4. 绘图

MATLAB 可生成曲线和曲面的二维和三维图形。

(1) 二维图形

画函数曲线的命令格式为

```
plot(x,y,'s')
```

其中 x 是横坐标，y 是纵坐标，s 是可选参数(缺省为蓝色实线)。

下面的例子用蓝色画出了函数 $y=e^{-2x}\sin x^2$ 在区间[0,5]上的曲线。

例：

```
>>x=0:0.05:5;y=exp(-2*x).*sin(x.^2);     %使用数组运算".*"和".^"
   plot(x,y,'b'),xlabel('x');ylabel('y');
```

在一张图上画多条曲线有两种方法，一种方法是直接用 plot 函数，命令格式为

```
plot(x1,y1,'s1', x2,y2,'s2',...)
```

另一种方法是用 hold 命令，hold on 表示在画下一幅图时，保留已有图像，hold off 表示释放 hold on。下面的例子在一张图上画出了函数 $y=\sin(2x)$ 和 $y=x^3-x-1$ 在区间[-2,2]上的复合图。

例：

```
>>x=-2:0.05:2; plot(x,sin(-2*x)); hold on
plot(x,x.^3-x-1); hold off
```

(2) 三维图形

下面的例子用蓝色画出了区间$[0,2\pi]$上的螺旋线段 $c(t)=(2\cos t,2\sin t,3t)$。

例：

```
>>t=0:0.1:2*pi;plot3(2*cos(t),2*sin(t),3*t)
```

用 mesh 函数可以画出三维网格曲面。下例画出 $z=\sin x\cos y$ 在区域$[-\pi,\pi]\times[-\pi,\pi]$上的网格曲面。

例：

```
>>x=-pi:0.1:pi;y=-pi:0.1:pi;[X,Y]=meshgrid(x,y);Z=sin(X).*cos(Y);
mesh(X,Y,Z); xlabel('x'); ylabel('y'); zlabel('z');
```

5. 程序设计基础

MATLAB 中的 for 语句、while 语句、if 和 break 语句与其他编程语言的用法类似。

(1) for 循环语句

例如，使用 for 循环编写求 $\sum_{i=1}^{10} i!$ 的值的程序。

打开 M 文件编辑窗口，输入程序如下，并将函数命名为 forsum。

```
sum=0;
for i=1:10,
    part=1;
    for j=1:i
        part=part*j;
    end
    sum=sum+part;
end
fprintf('The total sum is %d.\n',sum);
```

在命令窗口中输入 forsum，即可得到如下结果。

```
>>forsum
The total sum is 4037913.
```

(2) while 循环语句

例如，编写一个计算 1000 以内的 Fibonacci 数列的程序。

```
f=[1  1];                                   %输入 f(1)=1,f(2)=1
  i=1;
  while f(i)+f(i+1)<1000
      f(i+2)=f(i)+f(i+1)
      i=i+1;
  end
  f=                                        %输出
    Column 1 through 12
    1  1  2  3  5  8  13  21  34  55  89  144
    Column 13 through 16
    233  377  610  987
```

(3) if 和 break 循环语句

例如,鸡兔若干,头 36,脚 100,问鸡兔各几只。

打开 M 文件编辑窗口,输入程序如下,并将函数命名为 chicken。

```
a=36; b=100;i=1;                          %a 为头总数,b 为脚总数
while i * 2+(a- i) * 4~=b&&i<=a
    i=i+1;
end
if i>a.
    fprintf('No solution.\n')
else
    fprintf('The number of chicken is %d.\n',i);
    fprintf('The number of rabbit is %d.\n',a-i);
end
```

在命令窗口中输入 chicken,即可得到如下结果。

```
>>chicken
    The number of chicken is 22.
    The number of rabbit is 14.
```

小　　结

误差分析是数值计算中一项重要的研究内容。本章简要介绍了误差的来源以及有关的一些基本概念,例如绝对误差、相对误差、有效数字及算法的数值稳定性等,介绍了目前科学计算中应用广泛的软件——MATLAB。在分析误差传播规律及计算机字长有限对计算结果影响的基础上,还指出了在数值运算中必须注意的一些基本原则:

1. 尽量避免舍入误差的放大传播;
2. 杜绝两相近数相减;
3. 尽量避免除数的绝对值远远小于被除数的绝对值。

习　题　1

1. 下列各数都是经过四舍五入得到的近似值,试求各数的绝对误差限、相对误差限和有效数字的位数:

$$x_1=1.1021,\quad x_2=0.0315,\quad x_3=56.430。$$

2. 要使$\sqrt{6}$的近似值的相对误差限小于 0.1%,应取几位有效数字?

3. 正方形的边长大约为 100 cm, 要使面积误差不超过 1 cm^2,边长测量误差最大值是多少?

4. 设序列$\{y_n\}$满足递推关系

$$y_n=10y_{n-1}+3,\quad n=1,2,\cdots,$$

若 $y_0=\sqrt{3}\approx 1.73$(3 位有效数字),计算到 y_{10} 时误差有多大? 这个计算过程稳定吗?

5. 设 $Y_0=16$,按递推公式

$$Y_n=Y_{n-1}-\frac{1}{100}\sqrt{255},\quad n=1,2,\cdots$$

计算到 Y_{100}。若取 $\sqrt{255}\approx 15.969$(5 位有效数字),试问计算 Y_{100} 将有多大误差?

6. 求方程 $x^2-32x+1=0$ 的两个根,使它们至少具有 4 位有效数字($\sqrt{255}\approx 15.969$)。

7. 为尽量避免有效数字的严重损失,当 x 的绝对值非常小时应如何加工下列计算公式:

(1) $1-\cos\frac{x}{2}$;　(2) $\frac{1}{1+2x}-\frac{1-x}{1+x}$;　(3) $\ln(2+x)-\ln 2$。

8. 设 x 很大,试加工下列计算公式以尽量避免有效数字的严重损失:

(1) $\sqrt{x+\frac{1}{x}}-\sqrt{x-\frac{1}{x}}$;(2) $\ln\left(x-\sqrt{x^2-1}\right)$;　(3) $\int_x^{x+1}\frac{1}{1+t^2}\mathrm{d}t$。

9. 计算 $f=(\sqrt{2}-1)^6$,取 $\sqrt{2}\approx 1.414$,利用下列等式计算,哪一个得到的结果最不好?

(1) $\frac{1}{(\sqrt{2}+1)^6}$;　(2) $\frac{1}{(3+2\sqrt{2})^3}$;

(3) $(3-2\sqrt{2})^3$;　(4) $99-70\sqrt{2}$。

第 2 章

非线性方程求解

在科学研究和工程设计中常常遇到求解非线性方程的问题。例如求高次代数方程 $x^7-8x^4+x^3-99=0$ 的根，或求超越方程 $2xe^x-1=0$ 的根。这些都可以表示为求函数方程 $f(x)=0$ 的根，或称为求函数 $f(x)$的零点。对方程的根求近似解的问题可以追溯到公元 1700 年。在耶鲁大学展出的一个楔形表以六十进制的形式给出了$\sqrt{2}$的一个近似值为 1.414 222，这个结果的精度在10^{-5}之内。

非线性方程的求解是非常有意义的问题。本章主要介绍关于函数方程根的求法。内容包括二分法、迭代法、牛顿法和弦截法。

2.1 二分法

1. 初始值的搜索

数学、物理中的许多问题常常归结为解函数方程 $f(x)=0$，虽然高等数学中关于连续函数的零点定理解决了方程 $f(x)=0$ 根的存在问题(存在区间)，但无法求出解的具体数值。例如可以验证方程 $x^3-x^2-1=0$ 在区间$[0,2]$上有根，但具体在什么位置并不知道。

下面介绍“逐步搜索法”：设 $f(x)$在区间$[a,b]$上连续，且有 $f(a)f(b)<0$，则说明方程 $f(x)=0$ 在区间$[a,b]$上至少有一实根 x^*。我们从左端点 $x_0=a$ 出发，按某一个预定的步长 h，例如取 $h=(b-a)/n$(n 为正整数)，向右迈步。考虑节点 $x_1=x_0+h$ 处的函数值，有 3 种情况：①节点 x_1 的函数值与左端点 a 的函数值同号，即有 $f(x_1)f(a)>0$；②$f(x_1)=0$；③节点 x_1 的函数值与左端点 a 的函数值异号，即有 $f(x_1)f(a)<0$。在第①种情况下，我们无法判断 a 与 x_1 之间是否有方程的实根。如果 $f(x_1)=0$，则 x_1 便是方程的一个实根。根的搜索结束。若出现第③种情况，即节点 x_1 的函数值与左端点 a 的函数值异号，也就是 $f(x_1)f(a)<0$，则在 a 与 x_1 之间必有方程的一个实根。若 $f(x_1)f(a)>0$，我们继续向右迈步，每跨一步进行一次根的搜索。由于 $f(a)f(b)<0$，所以必有某节点 x_k 处的函数值与左端点 a 的函数值异号。实际上，我们至少有 $x_n=b$ 满足此结论。一旦发现某个节点 x_k 处的函数值与左端点 a 的函数值异号，即有 $f(x_k)f(a)<0$，则在 x_{k-1}与x_k 之间必有方程的

一个实根。此时可取$\frac{x_{k-1}+x_k}{2}$作为初始近似根，根的搜索到此彻底结束，这种根的搜索方法称为逐步搜索法。

例1 考察方程$x^3-x^2-1=0$在$[0,2]$上的根的细分区间。

解 令$f(x)=x^3-x^2-1$，注意到$f(0)<0$，$f(2)>0$，知$f(x)$在区间$[0,2]$上至少有一个实根。下面我们从$x=0$出发，取$h=0.5$为步长向右进行根的搜索，计算结果列于表2.1。由表2.1可以看出，$f(x)=0$在区间$[1.0,1.5]$上必有一个实根，从而缩小了根的存在区间。

表 2.1

x	0	0.5	1	1.5
$f(x)$	-1	-1.125	-1	0.125
符号	$-$	$-$	$-$	$+$

由此可见，当区间的长度较短时，我们可以得到根的近似。当计算精度要求比较低的时候，这种"逐步搜索法"显得简单实用；但当精度要求比较高的时候，这种方法是不合算的。下述二分法是逐步搜索法的一种改进。

2. 二分法

(1) 基本思路

虽然当方程$f(x)=0$在区间(a,b)内存在多个根时下面的求解过程仍然可行，但为简单起见我们假定方程在此区间内的根是唯一的，记为x^*（见图2.1）。二分法求方程$f(x)=0$的根x^*的基本思路是：用对分区间$[a,b]$的方法，根据分点处函数$f(x)$的符号逐步缩小有根区间，直到区间缩小到容许范围之内，然后取区间的中点作为根的近似值。

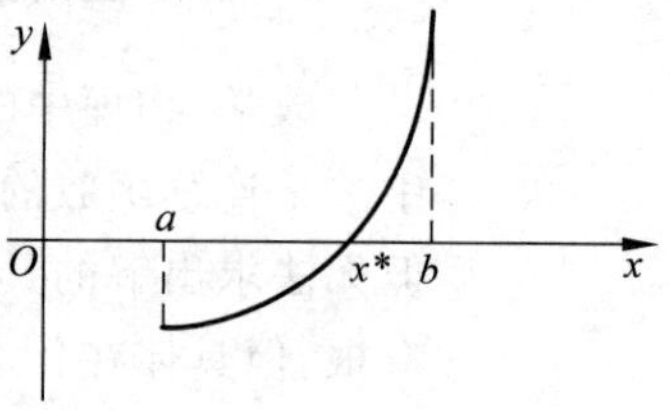

图 2.1

下面不妨假设$f(a)<0$，$f(b)>0$。

取区间的中点$x_0=\frac{1}{2}(a+b)$，计算函数值$f(x_0)$，如果$f(x_0)=0$，则求得方程的实根$x^*=\frac{1}{2}(a+b)$。否则，函数值$f(x_0)$与$f(a)$要么同号，要么异号。如果同号，则说明根在x_0的右侧；如果异号，则说明根在x_0的左侧。

若$f(x_0)>0$，即$f(x_0)$与$f(a)$异号，根在x_0的左侧，记$a_1=a$，$b_1=\frac{1}{2}(a+b)$（取原区间的左半部分）。在区间$[a_1,b_1]$上，由于两端点处的函数值异号，因此方程$f(x)=0$有根x^*。

若$f(x_0)<0$，即$f(x_0)$与$f(a)$同号，根在x_0的右侧，记$a_1=\frac{1}{2}(a+b)$，$b_1=b$（取原区间的右半部分）。在区间$[a_1,b_1]$上，由于两端点处的函数值异号，因此方程$f(x)=0$有根x^*。

区间$[a_1,b_1]$是方程 $f(x)=0$ 的新的有根区间(若 $f(x_0)=0$,显然原区间的左半部分和右半部分均可以取作新的有根区间),它包含在原有根区间$[a,b]$内,且长度是原区间长度的一半,即 $b_1-a_1=\frac{1}{2}(b-a)$。

再将区间$[a_1,b_1]$二等分,得中点 $x_1=\frac{1}{2}(a_1+b_1)$,计算函数值 $f(x_1)$。重复上述过程,可以得到区间长度又缩小一半的新的有根区间$[a_2,b_2]$,取区间中点 $x_2=\frac{1}{2}(a_2+b_2)$,如此反复二等分下去便可得到一系列有根区间:

$$[a,b]\supset[a_1,b_1]\supset[a_2,b_2]\supset\cdots\supset[a_k,b_k]\supset\cdots,$$

其中,每个区间落在前一个区间内,且长度是前一个区间长度的一半,因此,区间$[a_k,b_k]$的长度为

$$b_k-a_k=\frac{1}{2}(b_{k-1}-a_{k-1})=\cdots=\frac{1}{2^k}(b-a)。$$

每次二等分区间后,都取有根区间$[a_k,b_k]$的中点 $x_k=\frac{1}{2}(a_k+b_k)$作为 $f(x)=0$ 的根的近似值,则在二等分过程中可获得一个近似根的序列:

$$x_0,x_1,x_2,\cdots,x_k,\cdots,$$

由夹逼定理知该序列有极限 x^*,即$\lim\limits_{k\to\infty}x_k=x^*$,显然 $f(x^*)=0$。

在实际计算中,不必进行无限次的重复过程,数值计算的结果允许有一定的误差。对于预先给定的精度 ε,若有

$$b_{k+1}-a_{k+1}<\varepsilon,$$

则$|x^*-x_k|\leqslant\frac{1}{2}(b_k-a_k)=b_{k+1}-a_{k+1}=\frac{1}{2^{k+1}}(b-a)<\varepsilon$,因此,既可得到二分次数 k,又可认为 x_k 就是满足精度要求的近似解。

例 2 用二分法求方程 $x^3-x^2-1=0$ 在区间[1.0,1.5]上的一个实根,要求误差不超过 0.005。

解 按误差估计式$|x^*-x_k|\leqslant\frac{1}{2^{k+1}}(b-a)$,只要二等分 6 次,便可得到所要求的精度。计算结果见表 2.2。

表 2.2

k	a_k	b_k	x_k	$f(x_k)$的符号
0	1	1.5	1.25	−
1	1.25		1.375	−
2	1.375		1.4375	−
3	1.4375		1.468 75	+
4		1.468 75	1.453 125	−
5	1.453 125		1.460 9375	−
6	1.460 938		1.464 844	−

二分法的优点是算法简单，且对函数 $f(x)$ 的性质要求不高，仅要求 $f(x)$ 在 $[a,b]$ 上连续，且在两端点处的函数值异号即可。但是利用二分法一般不能求出方程的复根及偶数重根。二分法的收敛速度与公比为 $\frac{1}{2}$ 的等比级数相同，收敛速度不高。

(2) 计算步骤

① 输入有根区间的端点 a,b 及预先给定的精度 ε；

② 计算 $x=\frac{1}{2}(a+b)$；

③ 若 $f(a)$ 与 $f(x)$ 同号，则令 $a=x$，转向下一步；否则令 $b=x$，转向下一步；

④ 若 $b-a<\varepsilon$，则输出方程满足精度要求的根 x，否则转向步骤②。

二分法在计算机上编程实现的框图见图 2.2。

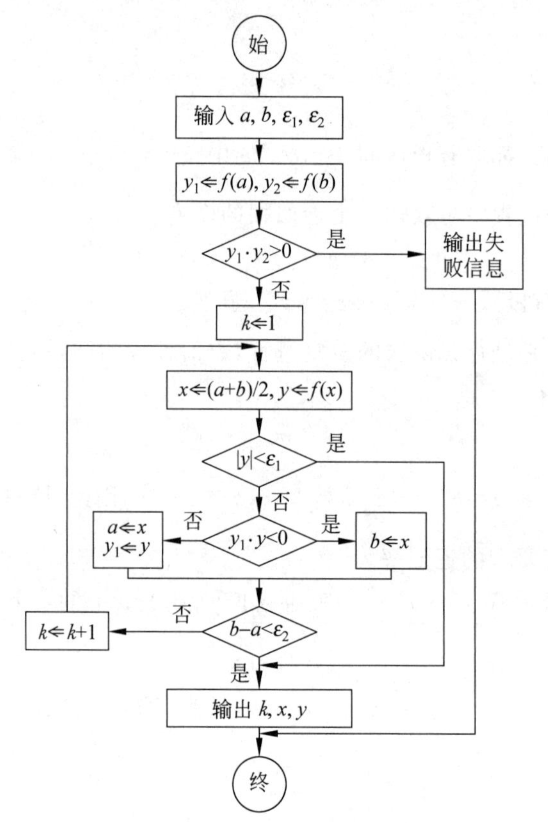

图 2.2 方程求根的二分法

实现二分法的 MATLAB 函数文件 bisect.m 如下。

```
function x=bisect(fname,a,b,e)
%方程求根的二分法, fname 为需要求根的函数名,a,b 为区间端点,e 为精度要求
if nargin<4, e=1e-4; end;
fa=feval(fname,a);fb=feval(fname,b);
if fa*fb>0, error('两端函数值为同号');end
k=0;x=(a+b)/2;
```

```
while(b-a)>(2*e)
    fx=feval(fname,x);
    if fa*fx<0,b=x;fb=fx; else a=x; fa=fx; end
    k=k+1; x=(a+b)/2
end
```

例 3 在 MATLAB 命令窗口求解例 2。

解 输入

```
format long;fname=inline('x*x*x-x*x-1');
x=bisect(fname,1,1.5,0.5e-2)
```

输出结果为

```
x =1.464843750000000
```

2.2 迭代法

迭代法是数值计算中普遍使用的一种方法,其基本思想是逐次逼近。首先给定一个粗糙的初值,然后用一个迭代公式,反复校正这个初值,直到满足预先给定的精度要求为止。

1. 基本思路

设函数 $f(x)$ 在区间 $[a,b]$ 上连续,已知方程 $f(x)=0$ 在区间$[a,b]$上有唯一的根 x^*,将上式改写成等价形式 $x=\varphi(x)$,其中函数 $\varphi(x)$ 在区间 $[a,b]$ 上连续,取 $x_0\in[a,b]$,用递推公式 $x_{k+1}=\varphi(x_k)(k=0,1,2,\cdots)$,可以得到序列 $x_0,x_1,\cdots$。如果当 $k\to\infty$ 时,序列$\{x_k\}$有极限$\lim\limits_{k\to\infty}x_k=x^*$,则称迭代法产生的序列$\{x_k\}$收敛于 x^*,也称迭代法收敛,且 $x^*=\varphi(x^*)$。称 $\varphi(x)$为迭代函数,$x_{k+1}=\varphi(x_k)$为迭代格式,也称迭代法,$\{x_k\}$为迭代序列;当 $x_0\neq x^*$ 时,如果序列$\{x_k\}$在$[a,b]$上无极限,则称迭代法发散。

例 4 求方程 $x^3-x^2-1=0$ 在 $x=1.5$ 附近的一个根。

解 将方程改写为 $x=\sqrt[3]{x^2+1}$,此时迭代函数 $\varphi(x)=\sqrt[3]{x^2+1}$,于是迭代格式为 $x_{k+1}=\sqrt[3]{x_k^2+1}$,以 $x_0=1.5$ 为初值,计算结果列于表 2.3。

从表 2.3 看出,若只取 6 位数字进行计算,x_{10}与 x_{11}完全相同,因此我们可以认为 x_{10}满足方程,即为所求方程的根。

表 2.3

k	x_k	k	x_k	k	x_k
0	1.5	4	1.467 05	8	1.465 63
1	1.481 26	5	1.466 24	9	1.465 60
2	1.472 71	6	1.465 88	10	1.465 58
3	1.468 82	7	1.465 71	11	1.465 58

在本方程中,我们还可选取 $x=\sqrt{x^3-1}$,即迭代函数 $\varphi(x)=\sqrt{x^3-1}$,迭代格式为 $x_{k+1}=$

$\sqrt{x_k^3-1}$,此时 $x_1=1.5411, x_2=1.6310, x_3=1.8272, \cdots, x_9=365.0169$,即序列发散,迭代格式不能用。

应当指出,为使得迭代法有效,必须保证它的收敛性。一个发散的迭代过程,纵使进行千百次迭代,其结果也是毫无价值的。为此,我们考查迭代过程的收敛性。

2. 收敛定理

定理1 设迭代函数 $\varphi(x)$ 在 $[a,b]$ 上连续,在 (a,b) 内可导,且满足:

(1) 映内性:对任意 $x\in[a,b]$,有 $a\leqslant\varphi(x)\leqslant b$。

(2) 压缩性:存在正数 $q<1$(q 为利普希茨常数),使对任意 $x\in[a,b]$,有 $|\varphi'(x)|\leqslant q<1$。

则:(1)方程 $x=\varphi(x)$ 在区间 $[a,b]$ 上存在唯一的根 x^*;

(2)对任意初值 $x_0\in[a,b]$,由迭代格式 $x_{k+1}=\varphi(x_k)$ 所确定的序列 $\{x_k\}$ 均收敛于 x^*;

(3) 有如下误差估计式:

$$|x^*-x_k|\leqslant\frac{q}{1-q}|x_k-x_{k-1}|, \tag{2.1}$$

$$|x^*-x_k|\leqslant\frac{q^k}{1-q}|x_1-x_0|。 \tag{2.2}$$

证 (1) 先证 $x=\varphi(x)$ 在 $[a,b]$ 上存在实根。

令 $f(x)=\varphi(x)-x$,由于 $\varphi(x)$ 在 $[a,b]$ 上连续,因此函数 $f(x)$ 也在 $[a,b]$ 上连续。再由条件(1)可知 $\varphi(a)\geqslant a, \varphi(b)\leqslant b$,于是 $f(a)\geqslant 0, f(b)\leqslant 0$。由零点定理知,函数 $f(x)$ 在区间 $[a,b]$ 上至少有一个实根 $x^*\in[a,b]$,即 $f(x^*)=0$,从而 $x^*=\varphi(x^*)$。

再证根的唯一性。设方程 $x=\varphi(x)$ 在 $[a,b]$ 上有两个不同实根 x^* 和 x^{**},则由微分中值定理及条件(2)知存在 x^* 与 x^{**} 之间的一个点 ξ 使得

$$\begin{aligned}|x^*-x^{**}|&=|\varphi(x^*)-\varphi(x^{**})|=|\varphi'(\xi)(x^*-x^{**})|\leqslant q|x^*-x^{**}|\\&<|x^*-x^{**}|,\end{aligned}$$

此为矛盾。因此,方程 $x=\varphi(x)$ 在 $[a,b]$ 上的实根是唯一的。

(2) 设 x^* 为方程 $x=\varphi(x)$ 的根,则由微分中值定理有

$$x^*-x_{k+1}=\varphi(x^*)-\varphi(x_k)=\varphi'(\xi)(x^*-x_k), \tag{2.3}$$

式中 ξ 是 x^* 与 x_k 之间的某一点。于是有

$$|x^*-x_{k+1}|\leqslant q|x^*-x_k|。 \tag{2.4}$$

据此反复递推,对迭代误差 $\varepsilon_k=|x^*-x_k|$ 有 $\varepsilon_k\leqslant q^k\varepsilon_0$。

由于 $0<q<1$,因而 $\varepsilon_k\to 0(k\to\infty)$,进而 $x_k\to x^*(k\to\infty)$ 即迭代法收敛。

(3) 据式(2.4),有

$$|x_{k+1}-x_k|\geqslant|x^*-x_k|-|x^*-x_{k+1}|\geqslant(1-q)|x^*-x_k|,$$

又利用条件(2)知存在 x_k 与 x_{k-1} 之间的一个点 η 使得

$$|x_{k+1}-x_k|=|\varphi(x_k)-\varphi(x_{k-1})|=|\varphi'(\eta)||x_k-x_{k-1}|\leqslant q|x_k-x_{k-1}|,$$

于是得到式(2.1),再反复利用上述关系式即可导出式(2.2)。证毕。

在例4中,由于 $\varphi(x)=\sqrt[3]{x^2+1}$ 在 $[1,2]$ 上导数存在,且对任意的 $x\in[1,2]$,都有

$$1<\sqrt[3]{1^2+1}\leqslant\varphi(x)\leqslant\sqrt[3]{2^2+1}<2,$$

$$|\varphi'(x)|=\left|\frac{2}{3}x(x^2+1)^{-\frac{2}{3}}\right|\leqslant\frac{4}{3}(x^2+1)^{-\frac{2}{3}}<\frac{4}{3\sqrt[3]{4}}<1,$$

满足定理1的条件,所以对 $x_0=1.5\in[1,2]$,迭代格式 $x_{k+1}=\sqrt[3]{x_k^2+1}$ 收敛于方程在[1,2]上的唯一实根。

一个收敛的迭代过程,从理论上讲是可以通过 $\{x_k\}$ 的极限得到准确解的,但在实际计算时,只能进行有限次迭代。

式(2.1)表明,只要相邻两次迭代值的偏差 $|x_k-x_{k-1}|$ 足够小,就能保证迭代误差 $|x^*-x_k|$ 满足预先指定的精度。因此对于指定精度 ε,经常用条件 $|x_k-x_{k-1}|\leqslant\varepsilon$ 来控制迭代过程的结束。

迭代法一个突出的优点是:算法简单,对任意初值 $x_0\in[a,b]$ 都能得到相同的结果。

迭代过程 $x_{k+1}=\varphi(x_k)$ 的计算步骤如下:

(1) 选取初始近似值 x_0;

(2) 由方程 $f(x)=0$ 确定迭代函数 $\varphi(x)$;

(3) 按照迭代格式 $x_{k+1}=\varphi(x_k)$ 计算 $x_1=\varphi(x_0)$;

(4) 如果 $|x_1-x_0|\leqslant\varepsilon$,则停止计算,否则用 x_1 代替 x_0,重复(3)和(4)。

迭代法在计算机上编程实现,其框图见图2.3。

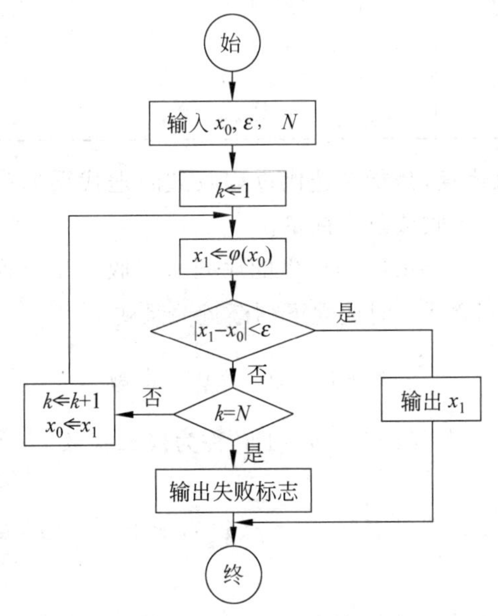

图2.3 迭代法求方程的根

在实际应用过程中,同一个方程可以等价导出不同的迭代函数,而且要严格地利用定理1的条件判断迭代公式在区间 $[a,b]$ 上收敛(全局收敛)是非常困难的,因此通常在所求的根 x^* 的邻近进行考察,即判断迭代公式的局部收敛性。

定义1 若存在 x^* 的某个邻域 $I=\{x:|x-x^*|\leqslant\delta\}$,使得迭代过程 $x_{k+1}=\varphi(x_k)$ 对于任意初值 $x_0\in I$ 均收敛,则称迭代过程 $x_{k+1}=\varphi(x_k)$ 在根 x^* 的邻近具有局部收敛性。

定理2 设 $\varphi(x)$ 在 $x=\varphi(x)$ 的根 x^* 的邻近有连续的一阶导数,且成立 $|\varphi'(x^*)|<1$,则迭代过程 $x_{k+1}=\varphi(x_k)$ 在根 x^* 的邻近具有局部收敛性。

证 由于$|\varphi'(x^*)|<1$，故存在x^*的充分小的邻域$I=\{x: |x-x^*|\leqslant\delta\}$，使得$|\varphi'(x)|\leqslant q<1$成立，这里$q$为某个常数。据微分中值定理，有

$$\varphi(x)-\varphi(x^*)=\varphi'(\xi)(x-x^*),$$

注意到$\varphi(x^*)=x^*$，又当$x\in I$时$\xi\in I$，故有

$$|\varphi(x)-x^*|\leqslant q|x-x^*|<|x-x^*|\leqslant\delta,$$

于是由定理1可以断定$x_{k+1}=\varphi(x_k)$对于任意$x_0\in I$均收敛。

例5 用迭代法求方程$2xe^x-1=0$在$x=0.4$附近的一个根，要求精度$\varepsilon=10^{-5}$。

解 将方程改写成$x=\frac{1}{2}e^{-x}$，于是迭代函数为$\varphi(x)=\frac{1}{2}e^{-x}$，$\varphi'(x)=-\frac{1}{2}e^{-x}$。当$x_0=0.4$时，$|\varphi'(x_0)|<0.336$。由于$\varphi'(x)$是连续函数，可以断定在$x_0=0.4$的某邻域内有$|\varphi'(x)|<1$，所以迭代过程$x_{k+1}=\frac{1}{2}e^{-x_k}$是收敛的。计算结果如表2.4所示。

表 2.4

k	x_k	x_k-x_{k-1}	k	x_k	x_k-x_{k-1}
0	0.4		6	0.351 823	0.000 345
1	0.335 160	−0.064 840	7	0.351 702	−0.000 121
2	0.357 612	0.022 452	8	0.351 745	0.000 043
3	0.349 672	−0.007 940	9	0.351 730	−0.000 015
4	0.352 460	0.002 787	10	0.351 735	0.000 005
5	0.351 479	−0.000 981	…	…	…

所谓迭代过程的收敛速度，是指在迭代过程收敛时迭代误差趋于零的速度。当迭代过程收敛时，收敛的快慢可以用收敛阶来衡量。

定义2 设迭代过程$x_{k+1}=\varphi(x_k)$产生的序列$\{x_k\}$收敛于方程$x=\varphi(x)$的根x^*，如果迭代误差$\varepsilon_k=|x_k-x^*|$当$k\to\infty$时成立下列渐近关系式

$$\frac{\varepsilon_{k+1}}{\varepsilon_k^p}\to C\quad (C\neq 0\text{ 为常数}),$$

则迭代过程是p阶收敛的。特别地，当$p=1$时称为线性收敛，当$p>1$时称为超线性收敛，当$p=2$时称为平方收敛。

定理3 设$p>1$，对于迭代过程$x_{k+1}=\varphi(x_k)$，如果$\varphi^{(p)}(x)$在所求根x^*的邻近连续，并且

$$\varphi'(x^*)=\varphi''(x^*)=\cdots=\varphi^{(p-1)}(x^*)=0,\quad \varphi^{(p)}(x^*)\neq 0,\tag{2.5}$$

则该迭代过程在点x^*邻近是p阶收敛的。

证 由于$\varphi'(x^*)=0$，据定理2可以断定迭代过程$x_{k+1}=\varphi(x_k)$具有局部收敛性.再将$\varphi(x_k)$在根x^*处作泰勒展开，利用条件(2.5)，则有x_k与x^*之间的一个点ξ使得

$$\varphi(x_k)=\varphi(x^*)+\frac{\varphi^{(p)}(\xi)}{p!}(x_k-x^*)^p。$$

注意到$x_{k+1}=\varphi(x_k)$，$\varphi(x^*)=x^*$，由上式得

$$x_{k+1}-x^*=\frac{\varphi^{(p)}(\xi)}{p!}(x_k-x^*)^p,$$

因此对迭代误差有

$$\frac{\varepsilon_{k+1}}{\varepsilon_k^p} \to \frac{|\varphi^{(p)}(x^*)|}{p!} \quad (k \to \infty),$$

这表明迭代过程 $x_{k+1}=\varphi(x_k)$是 p 阶收敛的。

定理 3 告诉我们,迭代过程的收敛速度依赖于迭代函数 $\varphi(x)$的选取。

实现迭代法的 MATLAB 函数文件 iterate.m 如下。

```
function x=iterate(fname,x0,e,n)
%方程求根的迭代法, fname 为迭代函数,x0 为迭代初值
%e 为精度要求(默认 1e-5),n 为迭代次数上限(默认 500)
if nargin<4, n=500; end;
if nargin<3, e=1e-5; end;
x=x0;x0=x+2*e;k=0;
while abs(x0-x)>e&k<n,k=k+1;
    x=x0;x0=feval(fname,x0);
  end
if k==n,warning('已达迭代次数上限'); end
```

例 6 在 MATLAB 命令窗口求解例 4。

解 输入

```
format long;fname=inline('(x*x+1)^(1/3)')
x=iterate(fname,1.5)
```

输出结果为

```
x =1.465584323810108
```

3. 几何意义

迭代法的几何意义:方程 $x=\varphi(x)$的求根问题实际上就是求曲线 $y=\varphi(x)$与直线 $y=x$ 的交点 P^* 的横坐标 x^*。事实上,对于 x^* 的某个近似值 x_0,在曲线 $y=\varphi(x)$上可以确定一点 P_0,它以 x_0 为横坐标,而纵坐标等于 $\varphi(x_0)\overset{\text{def}}{=}x_1$。过 P_0 作一条平行于 x 轴的直线交直线$y=x$ 于Q_1 点,然后过 Q_1 再作平行于 y 轴的直线与曲线 $y=\varphi(x)$交于 P_1 点,则点 P_1 的横坐标为 x_1,纵坐标等于 $\varphi(x_1)\overset{\text{def}}{=}x_2$,按图 2.4 中所示的路径继续作下去,在曲线 $y=\varphi(x)$ 上得到点列 $P_1,P_2,\cdots$,其横坐标分别为依公式 $x_{k+1}=\varphi(x_k)$求得的迭代值 $x_1,x_2,\cdots$。如果点列$\{P_k\}$趋向于点 P^*,则相应的迭代序列$\{x_k\}$收敛于 x^*。

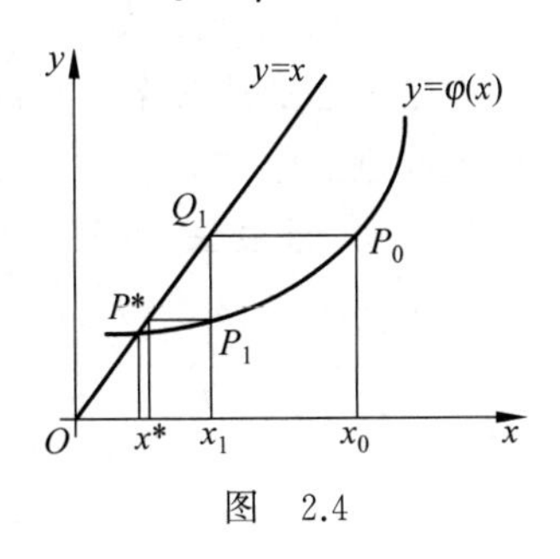

图 2.4

4. 迭代公式的加速

从定理 1 中我们看出,利普希茨常数 q 的大小控制着迭代过程的快慢,因此迭代过程的加速就显得尤为重要。

设 x_0 是根 x^* 的某个预测值，用迭代公式校正一次得 $x_1=\varphi(x_0)$，而由微分中值定理，有

$$x_1-x^*=\varphi'(\xi)(x_0-x^*),$$

式中 ξ 介于 x^* 与 x_0 之间。

假设 $\varphi'(x)$ 改变不大，设近似值为 q，则由 $x_1-x^*\approx q(x_0-x^*)$ 得

$$x^*\approx\frac{1}{1-q}x_1-\frac{q}{1-q}x_0。\tag{2.6}$$

我们可以期望，按上式右端求得的

$$x_2=\frac{1}{1-q}x_1-\frac{q}{1-q}x_0=x_1+\frac{q}{1-q}(x_1-x_0)$$

是比 x_1 更好的近似值。

我们把每得到一次改进值算作一步，并用 $\bar{x}_k$ 和 x_k 分别表示第 k 步的校正值和改进值，则加速迭代计算方案可表示为

校正：
$$\bar{x}_{k+1}=\varphi(x_k),$$

改进：
$$x_{k+1}=\bar{x}_{k+1}+\frac{q}{1-q}(\bar{x}_{k+1}-x_k)。\tag{2.7}$$

例 7 用加速方法再求方程 $2xe^x-1=0$ 在 $x=0.4$ 附近的一个根。

解 这里 $\varphi'(x)=-\frac{1}{2}e^{-x}$，在 $x=0.4$ 附近取 $q=-0.336$，则加速公式的具体形式为

$$\begin{cases}\bar{x}_{k+1}=\frac{1}{2}e^{-x_k},\\ x_{k+1}=\bar{x}_{k+1}-\frac{0.336}{1.336}(\bar{x}_{k+1}-x_k)。\end{cases}$$

计算结果如表 2.5 所示。

表 2.5

k	$\bar{x}_k$	x_k
0		0.4
1	0.335 16	0.351 47
2	0.351 83	0.351 74

在例 5 中，迭代 10 次得到精度为 10^{-5} 的结果 $x=0.351\,74$，这里只要迭代 2 次便可得出相同精度的结果。由此看出，加速的效果是相当显著的。

但是上述加速方案有个缺点，由于其中含有导数 $\varphi'(x)$ 的有关信息而不便于实际应用。下面来改进这个方案。

仍设 x_0 是根 x^* 的某个预测值，用迭代公式校正一次得 $x_1=\varphi(x_0)$；再校正一次，又得 $x_2=\varphi(x_1)$，由于 $x_2-x^*\approx q(x_1-x^*)$，将它与(2.6)式联立，消去未知的 q，有

$$\frac{x_1-x^*}{x_2-x^*}\approx\frac{x_0-x^*}{x_1-x^*},$$

由此

$$x^*\approx\frac{x_0x_2-x_1^2}{x_0-2x_1+x_2}=x_2-\frac{(x_2-x_1)^2}{x_0-2x_1+x_2}。$$

应当指出的是，改进的方法虽然隐去了导数，但增加了一次迭代。具体计算公式为

校正：
$$\bar{x}_{k+1}=\varphi(x_k),$$

再校正：
$$\tilde{x}_{k+1}=\varphi(\bar{x}_{k+1}),$$

改进：
$$x_{k+1}=\tilde{x}_{k+1}-\frac{(\tilde{x}_{k+1}-\bar{x}_{k+1})^2}{\tilde{x}_{k+1}-2\bar{x}_{k+1}+x_k}。$$

上述方法称为埃特金(Aitken)加速方法。

例 8 利用埃特金方法再解例 4。

解 在例 4 中，我们指出迭代公式 $x_{k+1}=\sqrt{x_k^3-1}$ 对于初值 $x_0=1.5$ 是发散的，现在我们以这种格式为基础形成埃特金算法：

$$\bar{x}_{k+1}=\sqrt{x_k^3-1},\quad \tilde{x}_{k+1}=\sqrt{\bar{x}_k^3-1},\quad x_{k+1}=\tilde{x}_{k+1}-\frac{(\tilde{x}_{k+1}-\bar{x}_{k+1})^2}{\tilde{x}_{k+1}-2\bar{x}_{k+1}+x_k}。$$

仍取 $x_0=1.5$，计算结果见表 2.6。

表 2.6

k	$\bar{x}_k$	$\tilde{x}_k$	x_k	k	$\bar{x}_k$	$\tilde{x}_k$	x_k
0			1.500 00	2	1.465 119	1.464 577	1.465 571
1	1.541 104	1.630 988	1.465 365	3	1.465 571	1.465 571	1.465 571

从表 2.6 可以看出，原来发散的迭代公式通过埃特金方法处理后，竟获得了相当好的收敛性。

2.3 牛顿法

2.2 节介绍的迭代法是建立等价的代数方程，从而得到迭代函数和迭代格式，但构造出来的迭代格式是否收敛有一定的随意性。对于同一个方程，如果迭代格式取得好则收敛，如果迭代格式取得不好，则不收敛或者收敛速度很慢。下面介绍一个基于近似线性方程代替原方程的构造方法，从某种程度上讲有一定的普遍性和通用性。

1. 基本思路

对于方程 $f(x)=0$，设 x_0 是一个初始近似根(譬如由逐步搜索法确定)，函数 $f(x)$ 在 x_0 处的泰勒展开式为

$$f(x)=f(x_0)+f'(x_0)(x-x_0)+\frac{f''(x_0)}{2!}(x-x_0)^2+\cdots。$$

用一阶泰勒展开式近似 $f(x)$，即有

$$f(x)\approx f(x_0)+f'(x_0)(x-x_0)。$$

于是，方程 $f(x)=0$ 在点 x_0 附近可以近似地表示为 $f(x_0)+f'(x_0)(x-x_0)=0$，将它的根

$$x_1=x_0-\frac{f(x_0)}{f'(x_0)}$$

作为原方程 $f(x)$ 的一个新的近似根。重复上述过程，得 $x_2=x_1-\dfrac{f(x_1)}{f'(x_1)}$，于是得到迭代格式

$$x_{k+1}=x_k-\frac{f(x_k)}{f'(x_k)}。\tag{2.8}$$

这种迭代方法称为牛顿(Newton)迭代法,简称牛顿法。

2. 几何意义

牛顿法的几何意义:方程 $f(x)=0$ 的根 x^* 在几何上表现为曲线 $y=f(x)$ 与 x 轴交点的横坐标。设 x_k 是 x^* 的某一个近似值,过曲线 $y=f(x)$ 上点 $P_k(x_k,f(x_k))$ 处的切线方程为

$$y=f(x_k)+f'(x_k)(x-x_k),$$

此切线与 x 轴交点的横坐标就是由牛顿法所确定的

$$x_{k+1}=x_k-\frac{f(x_k)}{f'(x_k)}。$$

正因为如此,牛顿法又称**切线法**(见图 2.5)。

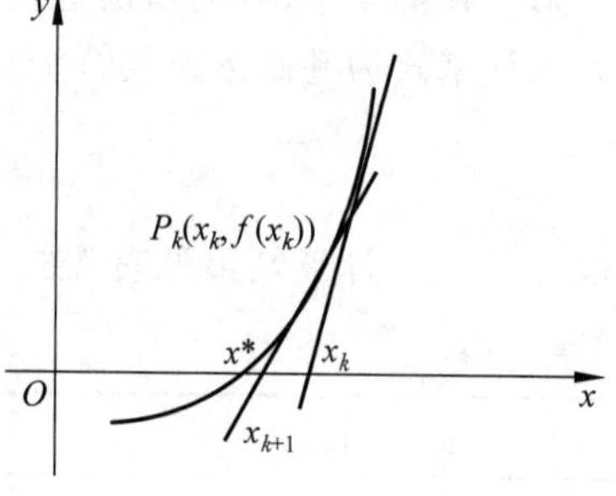

图 2.5

例 9 用牛顿法求方程 $f(x)=x^3-x^2-1=0$ 在 $x=1.5$ 附近的根,并精确到 6 位有效数字。

解 对 $f(x)$ 求导得 $f'(x)=3x^2-2x$,于是牛顿迭代格式为

$$x_{k+1}=x_k-\frac{f(x_k)}{f'(x_k)}=x_k-\frac{x_k^3-x_k^2-1}{3x_k^2-2x_k}。$$

取 $x_0=1.5$,计算结果见表 2.7。

表 2.7

k	0	1	2	3
x_k	1.500 00	1.466 67	1.465 57	1.465 57

因此 $x_3=1.465\ 57$ 即为满足要求的近似值。与例 4 比较,牛顿法迭代两次就能达到 6 位有效数字,收敛速度明显加快。

仿照迭代法的思路,可以得到牛顿法的计算步骤:

(1) 选取初始近似值 x_0;

(2) 计算 $f_0=f(x_0)$,$f_0'=f'(x_0)$,按照迭代格式(2.8)计算 x_1;

(3) 如果 $|x_1-x_0|\leqslant\varepsilon$,则停止计算,否则用 x_1 代替 x_0,重复(2)和(3)。

牛顿法在计算机上编程实现,其框图见图 2.6。

实现牛顿法的 MATLAB 函数文件 newton.m 如下。

```
function x=newton(fname,dfname,x0,e,n)
%方程求根的牛顿法, fname,dfname 分别为需要求根的函数及其导函数
%x0 为迭代初值,e 为精度要求(默认 1e-4),n 为迭代次数上限(默认 500)
if nargin<5, n=500; end;
if nargin<4, e=1e-4; end;
x=x0;x0=x+2*e;k=0;
while abs(x0-x)>e&k<n,k=k+1;
    x0=x;x=x0-feval(fname,x0)/feval(dfname,x0);
    disp(x)
end
```

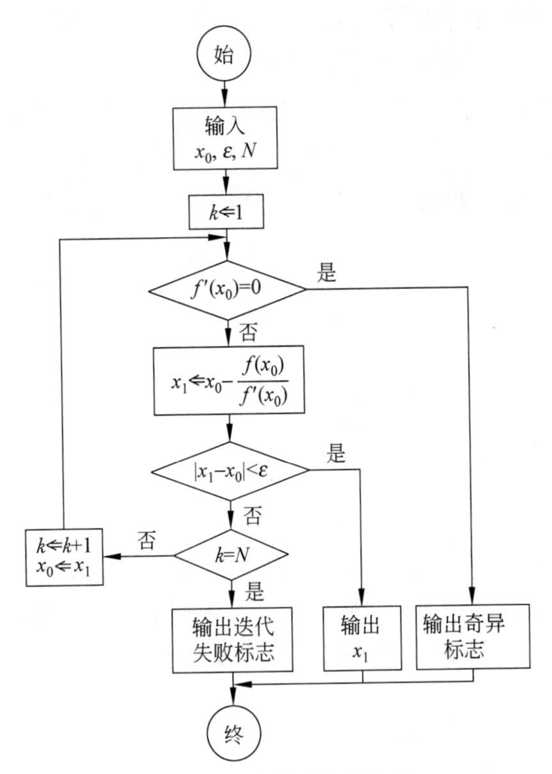

图 2.6　牛顿法求方程的根

```
if k==n,warning('已达迭代次数上限'); end
```

例 10　在 MATLAB 命令窗口求解例 9。

解　输入

```
format long;fname=inline('x*x*x-x*x - 1');dfname=inline('3*x*x -2*x ');
x=newton(fname,dfname,1.5,0.5e- 4)
```

输出结果为

```
1.466666666666667; 1.465572390572391;1.465571231878066
x =1.465571231878066
```

3. 收敛定理

定理 4　如果 x^* 是方程 $f(x)$的一个单根，并且 $f(x)$在 x^* 及其附近具有连续的二阶导数，则只要初始近似根 x_0 充分靠近 x^*，就有牛顿法在根 x^* 的邻近至少平方收敛。

证　对于牛顿公式(2.8)，其迭代函数为

$$\varphi(x)=x-\frac{f(x)}{f'(x)},$$

于是

$$\varphi'(x)=\frac{f(x)f''(x)}{[f'(x)]^2}。$$

由于 x^* 是方程 $f(x)$ 的一个单根,即 $f(x^*)=0, f'(x^*)\neq 0$,则由上式知 $\varphi'(x^*)=0$,因此据定理3知牛顿法在根 x^* 的邻近至少平方收敛。

例 11 应用牛顿法于方程 $x^3-a=0$,导出求立方根 $\sqrt[3]{a}$ 不含开方运算的迭代格式,并证明该迭代法平方收敛。

解 方程 $x^3-a=0$ 的根为 $x^*=\sqrt[3]{a}$,应用牛顿法有迭代格式

$$x_{k+1}=x_k-\frac{x_k^3-a}{3x_k^2}=\frac{2x_k}{3}+\frac{a}{3x_k^2},$$

则迭代函数为

$$\varphi(x)=\frac{2}{3}x+\frac{a}{3x^2},$$

于是 $\varphi'(x)=\frac{2}{3}-\frac{2a}{3x^3}, \varphi'(x^*)=0$。又 $\varphi''(x)=\frac{2a}{x^4}, \varphi''(x^*)=\frac{2}{\sqrt[3]{a}}\neq 0$,故迭代法平方收敛。

一般来说,牛顿迭代法对初始值的选取要求比较高,只有当初始值充分接近根 x^* 时才能保证收敛,因此初始值的选取是一件困难的事。下面给出一个收敛性定理。

定理 5 设函数 $f(x)$ 在 $[a,b]$ 上存在二阶连续导数,且满足条件:

(1) $f(a)f(b)<0$;

(2) 当 $x\in[a,b]$ 时, $f'(x)\neq 0$;

(3) 当 $x\in[a,b]$ 时, $f''(x)$ 不变号;

(4) 取初值 $x_0\in[a,b]$,使得 $f(x_0)f''(x_0)>0$,

则对于满足(4)的任意初始值 $x_0\in[a,b]$,由牛顿迭代格式(2.8)确定的序列 $\{x_k\}$ 收敛于 $f(x)=0$ 在区间 $[a,b]$ 上唯一的根 x^*。

证 先证根的存在唯一性。

由条件(1)及 $f(x)$ 在 $[a,b]$ 上连续,知方程 $f(x)=0$ 在 $[a,b]$ 上至少有一个根。

由条件(2)及 $f'(x)$ 在 $[a,b]$ 上连续,知 $f'(x)$ 保号,则 $f(x)$ 在 $[a,b]$ 上是严格单调函数,故方程 $f(x)=0$ 在 $[a,b]$ 上有唯一根,记此根为 x^*。

再证牛顿法确定的序列 $\{x_k\}$ 收敛于 x^*。

由条件(1),(2),(3)知 $f(x)$ 必有下列4种情况:

① $f(a)<0, f(b)>0, f'(x)>0, f''(x)\geqslant 0$;

② $f(a)<0, f(b)>0, f'(x)>0, f''(x)\leqslant 0$;

③ $f(a)>0, f(b)<0, f'(x)<0, f''(x)\geqslant 0$;

④ $f(a)>0, f(b)<0, f'(x)<0, f''(x)\leqslant 0$。

在此仅证明第1种情况,即 $f(a)<0, f(b)>0, f'(x)>0, f''(x)\geqslant 0$,其他3种情况证明类似。

由条件(4)知 $x_0\in[x^*,b]$, $f(x_0)>0$, $f''(x_0)>0$, $f'(x_0)>0$,则 $x_1=x_0-\frac{f(x_0)}{f'(x_0)}<x_0$,即

$$0=f(x_0)+f'(x_0)(x_1-x_0)。\tag{2.9}$$

另一方面,利用泰勒展开得

$$0=f(x^*)=f(x_0)+f'(x_0)(x^*-x_0)+\frac{1}{2}f''(\xi)(x^*-x_0)^2。\tag{2.10}$$

将式(2.9)与式(2.10)相减得到

$$x^*-x_1=-\frac{f''(\xi)}{2f'(x_0)}(x^*-x_0)^2<0,$$

因此 $x^*<x_1<x_0$。接下来以 x_1 代替 x_0 继续上述推导过程，有 $x^*<\cdots<x_n<x_{n-1}<\cdots<x_1<x_0$。故序列 $\{x_n\}_0^\infty$ 是单调递减有下界的序列，必有极限，记 $\lim\limits_{n\to\infty}x_n=c$。由于迭代格式 $x_{n+1}=x_n-\dfrac{f(x_n)}{f'(x_n)}$，$n=1,2,\cdots$，那么当 $n\to\infty$ 时，$f(c)=0$，即 $c=x^*$。

例 12 用牛顿法求方程 $2xe^x-1=0$ 在区间[0,1]上的根，要求精度为 10^{-4}。

解 因为 $f(x)=2xe^x-1, f'(x)=2e^x+2xe^x, f''(x)=4e^x+2xe^x$，于是

(1) $f(0)=-1, f(1)=2e-1, f(0)f(1)<0$；

(2) $x\in[0,1]$，显然有 $f'(x)>0$；

(3) $x\in[0,1]$，显然有 $f''(x)>0$；

(4) 选取 $x_0=0.4$ 满足 $x_0\in[0,1]$，且 $f(x_0)f''(x_0)>0$，即 $2x_0e^{x_0}>1$。

因此，牛顿迭代格式

$$x_{k+1}=x_k-\frac{f(x_k)}{f'(x_k)}=x_k-\frac{2x_ke^{x_k}-1}{2e^{x_k}+2x_ke^{x_k}}$$

收敛，且 $x^*\approx0.351\,734$。迭代结果见表 2.8。

表 2.8

k	x_k	x_k-x_{k-1}	k	x_k	x_k-x_{k-1}
0	0.400 000		2	0.351 737	−0.001 949
1	0.353 686	−0.046 314	3	0.351 734	−0.000 003

定理 6 设函数 $f(x)$ 在区间 $[a,b]$ 上有二阶导数.如果 $x_0\in[a,b]$，满足：

(1) $f'(x_0)\neq0, f''(x_0)\neq0$；

(2) $|f'(x_0)|^2>|f''(x_0)||f(x_0)|$，

则以 x_0 为初始值，由牛顿迭代法所确定的序列 $\{x_k\}$ 收敛于方程 $f(x)=0$ 的根 x^*。

例 13 求 $\sqrt{115}$，精度要求为 10^{-5}。

解 因为 $\sqrt{115}$ 是方程 $x^2-115=0$ 的正根，令 $f(x)=x^2-115$。

(1) 确定 $x^*=\sqrt{115}$ 的范围，因为 $f(10)<0, f(11)>0$，所以 $x^*\in[10,11]$；

(2) 选取 $x_0=10$，因为 $f'(x)=2x, f''(x)=2, f(10)=-15, f'(10)=20, f''(10)=2$，且

$$|f'(10)|^2=400>|f''(10)||f(10)|=30,$$

故初始值的选取是合理的。

牛顿迭代格式为

$$x_{k+1}=x_k-\frac{f(x_k)}{f'(x_k)}=x_k-\frac{x_k^2-115}{2x_k}=\frac{1}{2}\left(x_k+\frac{115}{x_k}\right),$$

计算结果如表 2.9 所示。

表 2.9

k	x_k	x_k-x_{k-1}	k	x_k	x_k-x_{k-1}
0	10.000 000		3	10.723 805	−0.000 032
1	10.750 000	0.750 000	4	10.723 805	0.000 000
2	10.723 837	−0.026 163	…	…	…

因此所求近似值为 $\sqrt{115}\approx 10.723\,805$。

值得指出的是，由于牛顿法的收敛性强烈地依赖于初值的选取，在实际求解时，可先用二分法确定出足够精确的近似根，然后再用牛顿法将其逐步细化。

4. 重根情形

由定理4知，当 x^* 是方程 $f(x)=0$ 的单根时，牛顿法在根 x^* 的邻近至少平方收敛。但是，当 x^* 是方程 $f(x)=0$ 的重根时，牛顿法的收敛速度将会明显下降。

设 x^* 是方程 $f(x)=0$ 的 m 重根（$m>1$），即有 $f(x)=(x-x^*)^m g(x)$，其中 $g(x)$ 有二阶导数，且 $g(x^*)\neq 0$，则牛顿迭代函数为

$$\varphi(x)=x-\frac{f(x)}{f'(x)}=x-\frac{(x-x^*)g(x)}{mg(x)+(x-x^*)g'(x)},$$

那么

$$\varphi'(x)=\frac{1-\dfrac{1}{m}+(x-x^*)\dfrac{2g'(x)}{mg(x)}+(x-x^*)^2\dfrac{g''(x)}{m^2g(x)}}{\left[1+(x-x^*)\dfrac{g'(x)}{mg(x)}\right]^2},$$

则有 $\varphi'(x^*)=1-\dfrac{1}{m}$。当 $m>1$ 时，$\varphi'(x^*)\neq 0$ 且 $|\varphi'(x^*)|<1$，再由定理3知牛顿法是线性收敛的。

通常采用如下两种方法来改善重根时的牛顿迭代法的收敛性。

(1) 若重根数 m 已知，则迭代函数改写为

$$\varphi(x)=x-m\frac{f(x)}{f'(x)},$$

此时可得到 $\varphi'(x^*)=0$。

(2) 若重根数 m 未知，则先将方程 $f(x)=0$ 改写为 $\dfrac{f(x)}{f'(x)}=0$，此时 x^* 为方程 $\dfrac{f(x)}{f'(x)}=0$ 的单根。再利用牛顿迭代法，则至少平方收敛。迭代函数为

$$\varphi(x)=x-\frac{f(x)f'(x)}{[f'(x)]^2-f(x)f''(x)}。$$

值得注意的是，第一种方法要求事先知道方程根的重数，而在实际计算中，经常不知道根的重数。而第二种方法在每次迭代时需要计算函数 $f(x)$ 的二阶导数，增加了计算量。

2.4 弦截法

牛顿法的突出优点是收敛的速度快，但它有个明显的缺点：需要提供导数值 $f'(x_k)$，如果函数 $f(x)$ 比较复杂，致使导数的计算困难，此时使用牛顿法是不方便的。

为避开导数的计算，可以改用差商

$$\frac{f(x_k)-f(x_{k-1})}{x_k-x_{k-1}}$$

替换导数，得到下列迭代格式：

$$x_{k+1}=x_k-\frac{f(x_k)}{f(x_k)-f(x_{k-1})}(x_k-x_{k-1})。\tag{2.11}$$

其几何意义是经过 $P_k(x_k,f(x_k))$ 及 $P_{k-1}(x_{k-1},f(x_{k-1}))$ 两点的直线

$$y=f(x_k)+\frac{f(x_k)-f(x_{k-1})}{x_k-x_{k-1}}(x-x_k)$$

与 x 轴的交点的横坐标(见图 2.7)。因此，该方法称为割线法或弦截法。

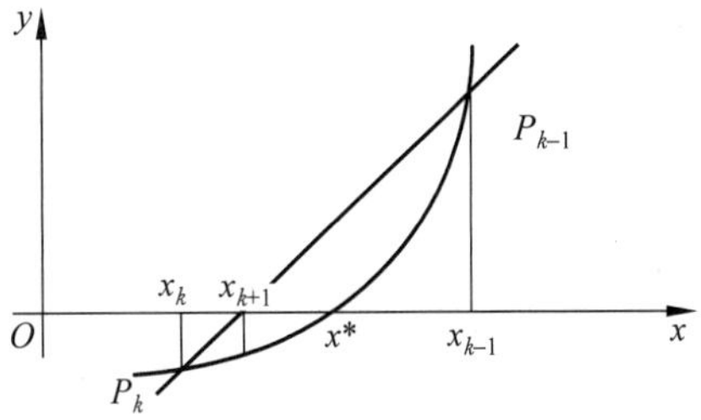

图 2.7

例 14 用弦截法求方程 $2xe^x-1=0$ 的根，设方程的两个初始近似根分别为

$$x_0=0.3,\quad x_1=0.4。$$

解 由 $f(x)=2xe^x-1$，得

$$x_{k+1}=x_k-\frac{f(x_k)}{f(x_k)-f(x_{k-1})}(x_k-x_{k-1})$$

$$=x_k-\frac{2x_ke^{x_k}-1}{2x_ke^{x_k}-2x_{k-1}e^{x_{k-1}}}(x_k-x_{k-1})。$$

计算结果见表 2.10。

表 2.10

k	x_k	x_k-x_{k-1}	k	x_k	x_k-x_{k-1}
0	0.300 000		3	0.351 644	0.002 084
1	0.400 000	0.100 000	4	0.351 734	0.000 090
2	0.349 560	−0.050 440	…	…	…

因此方程的近似根为 $x^*=0.351\,734$，精度为 $\frac{1}{2}\times10^{-6}$。

小　　结

方程 $f(x)=0$ 求根有多种方法，它们各有特点：

(1) 二分法简单直观，特别适合用来求迭代法的初值；

(2) 迭代法的突出优点是算法简单，但是迭代格式的选取要考虑其收敛性；

(3) 牛顿法收敛速度快，但对初值的要求比较高；

(4) 弦截法收敛速度虽然比牛顿法慢一些，但它的计算量比牛顿法小，特别当 $f'(x)$ 计算比较复杂时，弦截法就充分显示出它的优点了。

习　题　2

1. 用二分法求方程 $x^3-2x-5=0$ 在 $[2,3]$ 上的近似根，并指出误差。

2. 证明方程 $1-x-\sin x=0$ 在 $[0,1]$ 上有唯一实根。问用二分法求这一实根，要求误差不超过 $\frac{1}{2}\times10^{-4}$ 的根需要迭代多少次？并求迭代4次后的近似根。

3. 应用迭代法求解下列方程的最小正根：

(1) $x^5-4x-2=0$；　(2) $2\tan x-x=0$；　(3) $x=2\sin x$。

4. 已知 $x^3+2x-5=0$ 的有根区间为 $[1,2]$，如果迭代函数取下列三种形式：

(1) $x=\frac{5-x^3}{2}$；　(2) $x=\frac{5}{x^2+2}$；　(3) $x=\sqrt[3]{5-2x}$。

试判断它们的收敛性。

5. 基于迭代原理证明：$\sqrt{2+\sqrt{2+\sqrt{2+\cdots}}}=2$。

6. 改写方程 $2^x+x-4=0$ 的形式，讨论迭代法在区间 $[1,2]$ 上的敛散性。

7. 设方程 $12-3x+2\cos x=0$ 的迭代格式为 $x_{k+1}=4+\frac{2}{3}\cos x_k$。

(1) 证明 $\forall x_k\in\mathbb{R}$，都有 $\lim\limits_{k\to\infty}x_k=x^*$，其中 x^* 为方程的根；

(2) 取初值 $x_0=4$，求此迭代法的近似根，要求误差不超过 10^{-3}；

(3) 分析此迭代法的收敛阶。

8. 试取 $x_0=0.5$，用埃特金方法求方程 $x=\mathrm{e}^{-x}$ 的根，要求精确到 10^{-5}。

9. 用牛顿法求下列方程的根，选择合适的初值，使得牛顿法收敛，要求计算结果有4位有效数字：

(1) $x^3+2x^2+10x-20=0$，$x_0=2$；

(2) $x^3-2x^2+x=0$，$x_0=1$。

10. 设常数 $c>0$，应用牛顿法求方程 $x^2-c=0$ 的根 $\sqrt{c}$ 的不含开方运算的迭代格式，证明：对于任意初值 $x_0>0$，迭代过程都收敛到 $\sqrt{c}$。

11. 求方程 $x^3-2x-5=0$ 在 $x_0=2$ 附近的根。

12. 对于给定 $a\neq0$，应用牛顿法于 $\frac{1}{x}-a=0$，导出求倒数值 $\frac{1}{a}$ 而不使用除法运算的迭代公式。

13. 对于 $f(x)=0$ 的牛顿公式 $x_{k+1}=x_k-\frac{f(x_k)}{f'(x_k)}$，证明：$R_k=\frac{x_k-x_{k-1}}{(x_{k-1}-x_{k-2})^2}$ 收敛到 $-\frac{f''(x^*)}{2f'(x^*)}$，这里 x^* 为 $f(x)=0$ 的根。

14. 用弦截法求方程 $x^3+2x^2+10x-20=0$ 的根，要求精度 $\varepsilon=10^{-6}$。

第3章

解线性方程组的直接方法

科学研究与工程技术中许多实际问题的数值求解,常常归结为求解线性方程组。如船体放样中建立三次样条函数的问题(见5.7节),用最小二乘法求实验数据的拟合曲线问题(见5.8节),以及用差分法或有限元法求解微分方程等(见8.8节),都要求解线性方程组。即使在社会科学、数量经济等领域,也会遇到求解线性方程组的问题,如投入产出分析等。

按线性方程组的系数矩阵阶数的高低和含零元素的多少,线性方程组可以分为两类:一类是低阶稠密线性方程组,即系数矩阵阶数不高,含零元素较少;另一类是高阶稀疏线性方程组,即系数矩阵阶数高,零元素特别多。

关于线性方程组的数值解法主要有两大类:

1. 直接法

直接法是指在没有舍入误差影响的条件下,经过有限次四则运算可以求得线性方程组的准确解的一类方法。但由于实际计算时舍入误差是不可避免的,所以直接法也只能求得近似解。

2. 迭代法

迭代法是用某种极限过程去逼近线性方程组的准确解的一类方法。这类方法编程较容易,但要考虑迭代过程的收敛性、收敛速度等问题。由于实际计算时,只能做有限步,从而得到的也是近似解,所以要估计截断误差的大小。当线性方程组的系数矩阵是高阶稀疏矩阵时,一般优先考虑迭代法。

本章主要介绍解线性方程组的直接法。内容包括高斯(Gauss)消去法、列主元消去法,矩阵的杜利特尔(Doolittle)分解、楚列斯基(Cholesky)分解及其在解线性方程组中的应用,解三对角线性方程组的追赶法,向量和矩阵的范数、误差分析。第4章将介绍最常用的求解线性方程组的迭代法。

3.1 高斯消去法

在线性代数中已经学过,可以通过消元把原线性方程组化为一个等价的三角形线性方程组,这就是直接法的基本原理。下面介绍由它改进、变形得到的高斯主元消去法和三角分解法。

设有线性方程组

$$\begin{cases} a_{11}x_1 + a_{12}x_2 + \cdots + a_{1n}x_n = b_1, \\ a_{21}x_1 + a_{22}x_2 + \cdots + a_{2n}x_n = b_2, \\ \quad\vdots \\ a_{n1}x_1 + a_{n2}x_2 + \cdots + a_{nn}x_n = b_n, \end{cases} \tag{3.1}$$

其矩阵形式为

$$\boldsymbol{Ax} = \boldsymbol{b},$$

其中

$$\boldsymbol{A} = \begin{pmatrix} a_{11} & a_{12} & \cdots & a_{1n} \\ a_{21} & a_{22} & \cdots & a_{2n} \\ \vdots & \vdots & & \vdots \\ a_{n1} & a_{n2} & \cdots & a_{nn} \end{pmatrix}$$

为非奇异矩阵，而

$$\boldsymbol{x} = \begin{pmatrix} x_1 \\ x_2 \\ \vdots \\ x_n \end{pmatrix}, \quad \boldsymbol{b} = \begin{pmatrix} b_1 \\ b_2 \\ \vdots \\ b_n \end{pmatrix}。$$

首先举一个例子来说明消去法的基本思想。

例 1 用消去法解线性方程组

$$\begin{cases} 7x_1 + 8x_2 + 11x_3 = -3, \\ 5x_1 + x_2 - 3x_3 = -4, \\ x_1 + 2x_2 + 3x_3 = 1。 \end{cases} \tag{3.2}$$

解 第一步，消去线性方程组(3.2)中的第2、第3个方程中的 x_1。将第1个方程乘以 $-\frac{5}{7}$ 加到第2个方程，第1个方程乘以 $-\frac{1}{7}$ 加到第3个方程，得到等价的线性方程组

$$\begin{cases} 7x_1 + 8x_2 + 11x_3 = -3, \\ \quad -\frac{33}{7}x_2 - \frac{76}{7}x_3 = -\frac{13}{7}, \\ \quad \frac{6}{7}x_2 + \frac{10}{7}x_3 = \frac{10}{7}。 \end{cases} \tag{3.3}$$

第二步，消去方程组(3.3)第3个方程中的 x_2。将第2个方程乘以 $\frac{6}{33}$ 加到第3个方程，得到等价的线性方程组

$$\begin{cases} 7x_1 + 8x_2 + 11x_3 = -3, \\ \quad -\frac{33}{7}x_2 - \frac{76}{7}x_3 = -\frac{13}{7}, \\ \quad\quad -\frac{6}{11}x_3 = \frac{12}{11}。 \end{cases} \tag{3.4}$$

这是一个上三角线性方程组，这种线性方程组非常容易求解。从最后一个方程解出 x_3，然

后将 x_3 的值代入第 2 个方程，解出 x_2，最后依次将 x_2、x_3 的值代入第 1 个方程，从中解出 x_1，从而得到线性方程组(3.4)的解为

$$\begin{cases} x_1 = -3, \\ x_2 = 5, \\ x_3 = -2。 \end{cases}$$

这种先把线性方程组化为同解的上三角线性方程组(称为消元过程)，然后按由下到上的相反顺序求解上三角线性方程组(称为回代过程)，得到原线性方程组解的方法，称为高斯消去法。

由线性代数知识，上述过程就是用行的初等变换将原线性方程组的增广矩阵$(\boldsymbol{A} \vdots \boldsymbol{b})$化为行阶梯形矩阵，然后再回代求解，从而将求解原线性方程组(3.1)的问题转化为求解简单线性方程组(3.4)的问题。

下面我们来讨论一般的解 n 阶线性方程组的消去法的问题。

为了符号统一，令

$$(\boldsymbol{A} \vdots \boldsymbol{b}) \xlongequal{\text{def}} (\boldsymbol{A}^{(1)} \vdots \boldsymbol{b}^{(1)})。$$

当 $a_{11}^{(1)} \neq 0$ 时，第一步消元后得

$$(\boldsymbol{A}^{(2)} \vdots \boldsymbol{b}^{(2)}) = \left(\begin{array}{cccc:c} a_{11}^{(1)} & a_{12}^{(1)} & \cdots & a_{1n}^{(1)} & b_1^{(1)} \\ & a_{22}^{(2)} & \cdots & a_{2n}^{(2)} & b_2^{(2)} \\ & \vdots & & \vdots & \vdots \\ & a_{n2}^{(2)} & \cdots & a_{nn}^{(2)} & b_n^{(2)} \end{array}\right), \tag{3.5}$$

简记为 $\boldsymbol{A}^{(2)}\boldsymbol{x} = \boldsymbol{b}^{(2)}$.此步骤所需计算的是下面的量：

(1) 行乘数 $l_{i1} = \dfrac{a_{i1}^{(1)}}{a_{11}^{(1)}}, i = 2, 3, \cdots, n$；

(2) $\begin{cases} a_{ij}^{(2)} = a_{ij}^{(1)} - l_{i1} a_{1j}^{(1)}, & i, j = 2, 3, \cdots, n, \\ b_i^{(2)} = b_i^{(1)} - l_{i1} b_1^{(1)}, & i = 2, 3, \cdots, n。 \end{cases}$

一般地，假定已完成了 $k-1$ 步消元，得到

$$(\boldsymbol{A}^{(k)} \vdots \boldsymbol{b}^{(k)}) = \left(\begin{array}{cccccc:c} a_{11}^{(1)} & a_{12}^{(1)} & \cdots & \cdots & \cdots & a_{1n}^{(1)} & b_1^{(1)} \\ & a_{22}^{(2)} & \cdots & \cdots & \cdots & a_{2n}^{(2)} & b_2^{(2)} \\ & & \ddots & & & \vdots & \vdots \\ & & & a_{kk}^{(k)} & \cdots & a_{kn}^{(k)} & b_k^{(k)} \\ & & & \vdots & & \vdots & \vdots \\ & & & a_{nk}^{(k)} & \cdots & a_{nn}^{(k)} & b_n^{(k)} \end{array}\right)。$$

若 $a_{kk}^{(k)} \neq 0$，则可以进行第 k 步消元，从而得到$(\boldsymbol{A}^{(k+1)} \vdots \boldsymbol{b}^{(k+1)})$，简记为 $\boldsymbol{A}^{(k+1)}\boldsymbol{x} = \boldsymbol{b}^{(k+1)}$。此步骤需要计算的是下面的量：

(1) 行乘数 $l_{ik} = \dfrac{a_{ik}^{(k)}}{a_{kk}^{(k)}}, i = k+1, k+2, \cdots, n$； (3.6)

(2) $\begin{cases} a_{ij}^{(k+1)} = a_{ij}^{(k)} - l_{ik} a_{kj}^{(k)}, & i, j = k+1, k+2, \cdots, n, \\ b_i^{(k+1)} = b_i^{(k)} - l_{ik} b_k^{(k)}, & i = k+1, k+2, \cdots, n。 \end{cases}$ (3.7)

这样完成 $n-1$ 步消元后，得到

$$(\boldsymbol{A}^{(n)} \vdots \boldsymbol{b}^{(n)}) = \begin{pmatrix} a_{11}^{(1)} & a_{12}^{(1)} & \cdots & a_{1n}^{(1)} & \vdots & b_1^{(1)} \\ & a_{22}^{(2)} & \cdots & a_{2n}^{(2)} & \vdots & b_2^{(2)} \\ & & \ddots & \vdots & \vdots & \vdots \\ & & & a_{nn}^{(n)} & \vdots & b_n^{(n)} \end{pmatrix}。$$

或记为

$$\boldsymbol{A}^{(n)}\boldsymbol{x} = \boldsymbol{b}^{(n)}。 \tag{3.8}$$

因为 $\boldsymbol{A}$ 为非奇异矩阵，故 $a_{nn}^{(n)} \neq 0$，用回代过程求解上述三角形线性方程组，得

$$\begin{cases} x_n = \dfrac{b_n^{(n)}}{a_{nn}^{(n)}}, \\ x_i = \dfrac{b_i^{(i)} - \sum\limits_{j=i+1}^{n} a_{ij}^{(i)} x_j}{a_{ii}^{(i)}}, \quad i = n-1, n-2, \cdots, 1。 \end{cases}$$

如果 $a_{11}^{(1)} = 0$，由于 $\boldsymbol{A}$ 为非奇异矩阵，所以 $\boldsymbol{A}$ 的第1列一定有元素不等于零，例如 $a_{k1}^{(1)} \neq 0$，于是可交换两行元素，将 $a_{k1}^{(1)}$ 对调到第1行的位置，然后进行消元计算，这时 $\boldsymbol{A}^{(2)}$ 的右下角矩阵($n-1$ 阶)也为非奇异矩阵。继续这一过程，高斯消去法照样可以进行计算。

总结上述讨论即有下面的定理。

定理1 如果 $\boldsymbol{A}$ 为 n 阶非奇异矩阵，则可通过高斯消去法(及交换两行的初等变换)将线性方程组(3.1)化为上三角线性方程组(3.8)。

我们知道，只有当 $a_{kk}^{(k)} \neq 0 (k=1,2,3,\cdots,n)$ 时，才能顺利进行高斯消去法，那么矩阵 $\boldsymbol{A}$ 在什么条件下才能保证 $a_{kk}^{(k)} \neq 0 (k=1,2,\cdots,n)$ 呢？下面的引理给出了这个问题的回答。

引理 主元素 $a_{kk}^{(k)} \neq 0 (k=1,2,\cdots,l)$ 的充分必要条件是矩阵 $\boldsymbol{A}$ 的顺序主子式 $D_k \neq 0 (k=1,2,\cdots,l)$。

推论 如果 n 阶矩阵 $\boldsymbol{A}$ 的前 $n-1$ 个顺序主子式 $D_k \neq 0 (k=1,2,\cdots,n-1)$，则 $a_{11}^{(1)} = D_1$；$a_{kk}^{(k)} = \dfrac{D_k}{D_{k-1}} (k=2,3,\cdots,n)$。

定理2 如果 n 阶矩阵 $\boldsymbol{A}$ 的所有顺序主子式 $D_k \neq 0 (k=1,2,\cdots,n)$，则可通过高斯消去法(不进行交换两行的初等变换)将线性方程组(3.1)化为三角形线性方程组(3.8)。

例2 用高斯消去法求解线性方程组

$$\begin{cases} 12x_1 - 3x_2 + 3x_3 = 15, \\ 18x_1 - 3x_2 + x_3 = 15, \\ -x_1 + 2x_2 + x_3 = 6。 \end{cases}$$

解 利用高斯消去法容易计算

$$\begin{pmatrix} 12 & -3 & 3 & 15 \\ 18 & -3 & 1 & 15 \\ -1 & 2 & 1 & 6 \end{pmatrix} \to \begin{pmatrix} 12 & -3 & 3 & 15 \\ 0 & \frac{3}{2} & -\frac{7}{2} & -\frac{15}{2} \\ 0 & \frac{7}{4} & \frac{5}{4} & \frac{29}{4} \end{pmatrix} \to \begin{pmatrix} 12 & -3 & 3 & 15 \\ 0 & \frac{3}{2} & -\frac{7}{2} & -\frac{15}{2} \\ 0 & 0 & \frac{16}{3} & 16 \end{pmatrix}。$$

于是得到与原线性方程组同解的上三角线性方程组

$$\begin{cases}12x_1-3x_2+3x_3=15,\\ \quad\frac{3}{2}x_2-\frac{7}{2}x_3=-\frac{15}{2},\\ \quad\quad\frac{16}{3}x_3=16。\end{cases}$$

通过回代得到原线性方程组的解为

$$\begin{cases}x_1=1,\\x_2=2,\\x_3=3。\end{cases}$$

现在估计高斯消去法的计算量。

由求解过程可知,第 k 步消元计算需做 $(n-k)^2+2(n-k)$ 次乘除法和 $(n-k)^2+(n-k)$ 次加减法,所以完成 $n-1$ 步消元后,总运算量是

$$乘除法次数=\sum_{k=1}^{n-1}(n-k)(n-k+2)=\frac{n^3}{3}+\frac{n^2}{2}-\frac{5}{6}n,$$

$$加减法次数=\sum_{k=1}^{n-1}(n-k)(n-k+1)=\frac{n^3}{3}-\frac{n}{3};$$

回代求解所需的总运算量是

$$乘除法次数=\sum_{i=1}^{n-1}(n-i+1)=\frac{n(n+1)}{2},$$

$$加减法次数=\sum_{i=1}^{n-1}(n-i)=\frac{n(n-1)}{2}。$$

因此,求解线性方程组(3.1)的高斯消去法所需的总乘除法及加减法的次数分别为

$$乘除法次数=\frac{n^3}{3}+n^2-\frac{n}{3}\approx\frac{n^3}{3}\quad(当\ n\ 较大时);$$

$$加减法次数=\frac{n^3}{3}+\frac{n^2}{2}-\frac{5}{6}n\approx\frac{n^3}{3}\quad(当\ n\ 较大时)。$$

由此可见,高斯消去法求解线性方程组比用克莱姆法则求解线性方程组的计算量少很多,从而优越得多。

实现顺序高斯消去法的 MATLAB 函数文件 gauss.m 如下。

```
function x=gauss(a,b,flag)
%线性方程组求解的顺序高斯消去法,a 为系数矩阵,b 为常向量
%flag 若为 0,则显示中间过程,否则不显示,x 为解
[na,m]=size(a);n=length(b);if na~=m,error('系数矩阵必须是方阵');return;end
if n~=m,error('系数矩阵 a 的列数必须等于 b 的行数');return;end
if nargin<3,flag=0; end;
a=[a,b];
for k=1:(n-1)
    a((k+1):n,(k+1):(n+1))=a((k+1):n,(k+1):(n+1))-a((k+1):n,k)/a(k,k) * a(k,(k+1):
    (n+1));
    a((k+1):n,k)=zeros(n-k,1);
    if flag==0,a,end
```

```
end
x=zeros(n,1);x(n)=a(n,n+1)/a(n,n);
for k=n-1:-1:1
    x(k,:)=(a(k,n+1)-a(k,(k+1):n)*x((k+1):n))/a(k,k);
end
```

例3 在MATLAB命令窗口求解例1。

解 输入

```
format long;a=[7 8 11;5 1 -3;1 2 3];b=[-3; -4; 1];
x=gauss(a,b)
```

3.2 高斯列主元消去法

在高斯消去法中,$a_{kk}^{(k)}(k=1,2,\cdots,n-1)$称为主元。消元过程中若出现$a_{kk}^{(k)}=0$,则消元法不能顺利进行下去。即使$a_{kk}^{(k)}\neq 0$,但绝对值很小,用它作为除数会使其他元素的数量级急剧增大,因而舍入误差也随之增大,致使计算结果不可靠(见下述例4)。

实用的高斯消去法应该在消元过程的每一步,都在可能范围内选择绝对值较大的元素作为主元,以免舍入误差的增长,这就是高斯主元消去法。

常用的一种主元消去法是按列选主元,即对$1\leqslant k\leqslant n-1$,在消元过程的第$k$步时,选$c_k=\max\limits_{k\leqslant i\leqslant n}|a_{ik}^{(k)}|$作为主元,并将其所在的行与第$k$行对换,再进行第$k$步消元,这样便保证每个行乘数的绝对值都不大于1。

高斯列主元消去法的算法

1. 消元过程:消元结果冲掉$\boldsymbol{A}$,行乘数冲掉$a_{ik}(i>k)$,det存放行列式。

(1) $1\Rightarrow \det$。

(2) 对于$k=1,2,\cdots,n-1$,做①~⑤:

① 按列选主元c_k,即确定i_k使

$$c_k=|a_{i_k k}|=\max_{k\leqslant i\leqslant n}|a_{ik}|。$$

② 若$c_k=0$,则输出错误信息;停机。

③ 若$i_k=k$,转④,否则执行换行

$$a_{kj}\Leftrightarrow a_{i_k j},\quad j=k,k+1,\cdots,n,$$

$$b_k\Leftrightarrow b_{i_k};\quad -\det\Rightarrow\det。$$

④ 消元计算:

$$l_{ik}=\frac{a_{ik}}{a_{kk}}\Rightarrow a_{ik},\quad i=k+1,\cdots,n,$$

$$a_{ij}-l_{ik}a_{kj}\Rightarrow a_{ij},\quad i,j=k+1,\cdots,n,$$

$$b_i-l_{ik}b_k\Rightarrow b_i,\quad i=k+1,\cdots,n。$$

⑤ $a_{kk}\cdot\det\Rightarrow\det$。

(3) 若$a_{nn}=0$,则判断b_n是否等于零:

① $b_n\neq 0$,则输出“无解”信息;停机。

② $b_n=0$,则输出“非唯一解”信息,停机。

若 $a_{nn}\neq 0$,则 $a_{nn}\cdot \det\Rightarrow \det$。

2. 回代过程：解冲掉 $\boldsymbol{b}$。

$$x_n=\frac{b_n}{a_{nn}}\Rightarrow b_n,$$

$$x_i=\frac{\left(b_i-\sum\limits_{j=i+1}^{n}a_{ij}b_j\right)}{a_{ii}}\Rightarrow b_i,\quad i=n-1,\cdots,2,1。$$

3. 输出 $x_1,x_2,\cdots,x_n$ 及 det。det 值的大小可以作为此线性方程组是否病态的参考。

高斯列主元消去法在计算机上编程实现,其框图见图 3.1。

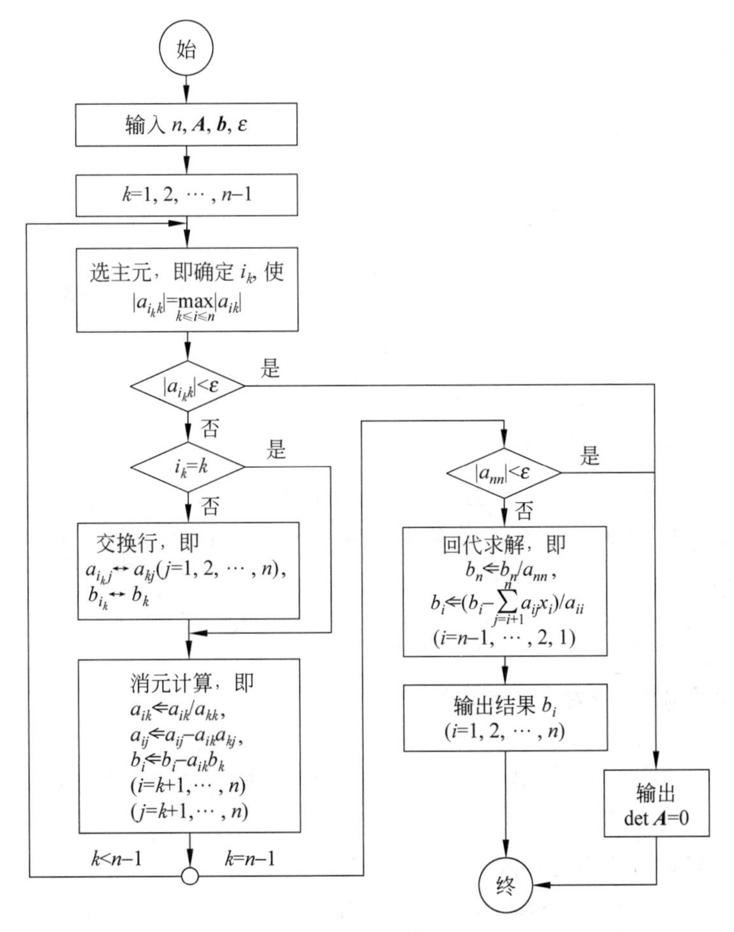

图 3.1 高斯列主元消去法求解线性方程组

例 4 求解线性方程组

$$\begin{cases}0.0003x_1+3.0000x_2=2.0001,\\1.0000x_1+1.0000x_2=1.0000\end{cases}$$

(准确解为 $x_1=1/3,x_2=2/3$)。

解 用四舍五入的五位有效数字浮点数计算。

(1) 不选主元的高斯消去法

$$\left(\begin{array}{cc:c}0.0003 & 3.0000 & 2.0001\\1.0000 & 1.0000 & 1.0000\end{array}\right)\rightarrow\left(\begin{array}{c:c:c}0.0003 & 3.0000 & 2.0001\\\hdashline 3333.3 & -9999.0 & -6666.0\end{array}\right),$$

其中右端矩阵左下角虚线下的数是行乘数 $l_{21}=\dfrac{1.0000}{0.0003}=3333.3$。

回代求解,得

$$x_2=\frac{2}{3}\approx 0.66667,$$

$$x_1=\frac{2.0001-3.0000\times(2/3)}{0.0003}\approx 0.30000。$$

我们看到,x_2 仅有 0.00000333…的误差,但在求 x_1 时,由"小主元"作除数得到的近似值只有一位有效数字,绝对误差为 0.0333…,相对误差达 11.11%,计算结果的有效数字严重丢失,这组解是无效的。

(2) 选列主元的高斯消去法

$$\left(\begin{array}{cc:c}0.0003 & 3.0000 & 2.0001\\1.0000 & 1.0000 & 1.0000\end{array}\right)\rightarrow\left(\begin{array}{cc:c}1.0000 & 1.0000 & 1.0000\\0.0003 & 3.0000 & 2.0001\end{array}\right)$$

$$\rightarrow\left(\begin{array}{c:c:c}1.0000 & 1.0000 & 1.0000\\0 & 2.9997 & 1.9998\end{array}\right),$$

回代求解,得

$$x_2=\frac{2}{3}\approx 0.66667,\quad x_1=\frac{1.0000-(2/3)}{1.0000}\approx 0.33333$$

这组解的五位数字都是有效数字。

选列主元的高斯消去法与不选主元的高斯消去法有什么关系呢?当线性方程组的系数矩阵满足一定的条件时,可以得到一些结论。为此下面先给出(按行)严格对角占优的概念,再给出相应的结论。

定义1(对角占优阵) 设 $\boldsymbol{A}=(a_{ij})_{n\times n}$,若 $|a_{ii}|>\sum\limits_{j=1,j\neq i}^{n}|a_{ij}|\ (i=1,2,\cdots,n)$,称 $\boldsymbol{A}$ 为(按行)严格对角占优阵(强对角占优阵)。

如矩阵 $\begin{pmatrix}-8 & 4 & 3\\3 & -5 & -1\\1 & -4 & 6\end{pmatrix}$,由于 $|-8|>4+3$,$|-5|>3+|-1|$,$6>1+|-4|$,因此该矩阵为(按行)严格对角占优矩阵。

定理3 如果一个线性方程组的系数矩阵对称且(按行)严格对角占优,则不选主元的高斯消去法即选列主元的高斯消去法。

当线性方程组的系数矩阵元素的数量级相差很大时,即使用高斯列主元消去法,求解过程中有效数字也会严重损失。为避免这一现象发生,可先将系数矩阵元素的数量级大体均衡一下,例如用每行元素的绝对值最大模的数除该行各元素,称为行标度化,然后再施行高斯列主元消去法。但要指出的是,标度化的目的是找到真正的主元,消元过程仍是对原线性方程组进行的。

实现高斯列主元消去法的 MATLAB 函数文件 lgauss.m 如下。

```
function x=lgauss(a,b,flag)
%线性方程组求解的高斯列主元消去法,a 为系数矩阵,b 为常向量
%flag 若为 0,则显示中间过程,否则不显示,x 为解
[na,m]=size(a);n=length(b);
if na~=m,error('系数矩阵必须是方阵');return;end
if n~=m,error('系数矩阵 a 的列数必须等于 b 的行数');return;end
if nargin<3,flag=0; end;
a=[a,b];
for k=1:(n-1)
%选主元
[ap,p]=max(abs(a(k:n,k)));p=p+k-1;
if p>k,t=a(k,:);a(k,:)=a(p,:);a(p,:)=t;end
%消元
a((k+1):n,(k+1):(n+1))=a((k+1):n,(k+1):(n+1))-a((k+1):n,k)/a(k,k) * a(k,(k+1):(n+1));
a((k+1):n,k)=zeros(n-k,1);
if flag==0,a,end,end
%回代
x=zeros(n,1);x(n)=a(n,n+1)/a(n,n);
for k=n-1:-1:1
    x(k,:)=(a(k,n+1)-a(k,(k+1):n) * x((k+1):n))/a(k,k);
end
```

例 5 在 MATLAB 命令窗口求解例 4。

解 输入

```
format long;a=[0.0003 3.0000;1.0000 1.0000];b=[2.0001;1.0000];
x=lgauss(a,b)
```

3.3 矩阵分解在解线性方程组中的应用

本节介绍矩阵的杜利特尔(Doolittle)分解、楚列斯基(Cholesky)分解及其在解线性方程组中的应用,解三对角线性方程组的追赶法。

1. 杜利特尔分解

从上述两节我们知道,消去法是利用矩阵的行初等变换把原线性方程组化为一个等价的三角形线性方程组进行求解的方法。例如,对于线性方程组

$$\begin{cases} x_1+2x_2+x_3=0, \\ 2x_1+2x_2+3x_3=3, \\ -x_1-3x_2\qquad\ \ =2, \end{cases} \tag{3.9}$$

求解的过程是,对它的增广矩阵施行行初等变换

$$\begin{pmatrix} 1 & 2 & 1 & \vdots & 0 \\ 2 & 2 & 3 & \vdots & 3 \\ -1 & -3 & 0 & \vdots & 2 \end{pmatrix} \to \begin{pmatrix} 1 & 2 & 1 & \vdots & 0 \\ 0 & -2 & 1 & \vdots & 3 \\ 0 & -1 & 1 & \vdots & 2 \end{pmatrix} \to \begin{pmatrix} 1 & 2 & 1 & \vdots & 0 \\ 0 & -2 & 1 & \vdots & 3 \\ 0 & 0 & \frac{1}{2} & \vdots & \frac{1}{2} \end{pmatrix},$$

得到与线性方程组(3.9)等价的三角形线性方程组

$$\begin{cases} x_1+2x_2+x_3=0, \\ \quad -2x_2+x_3=3, \\ \qquad \dfrac{1}{2}x_3=\dfrac{1}{2}。\end{cases} \tag{3.10}$$

然后经回代求得解，由线性方程组(3.10)的最后一个方程得出 $x_3=1$，将 x_3 的值代入第2个方程解得 $x_2=-1$，最后将 x_3 和 x_2 的值代入第1个方程得到 $x_1=1$。

上述对增广矩阵实施行初等变换，实质上是先用初等矩阵 $\boldsymbol{L}_1$，再用初等矩阵 $\boldsymbol{L}_2$ 左乘该增广矩阵，其中

$$\boldsymbol{L}_1=\begin{pmatrix} 1 & 0 & 0 \\ -2 & 1 & 0 \\ 1 & 0 & 1 \end{pmatrix}, \quad \boldsymbol{L}_2=\begin{pmatrix} 1 & 0 & 0 \\ 0 & 1 & 0 \\ 0 & -\dfrac{1}{2} & 1 \end{pmatrix}。$$

若记线性方程组(3.9)的系数矩阵为 $\boldsymbol{A}$，线性方程组(3.10)的系数矩阵为 $\boldsymbol{R}$，则容易验证 $\boldsymbol{L}_2\boldsymbol{L}_1\boldsymbol{A}=\boldsymbol{R}$，或者说 $\boldsymbol{A}=(\boldsymbol{L}_2\boldsymbol{L}_1)^{-1}\boldsymbol{R}=\boldsymbol{L}_1^{-1}\boldsymbol{L}_2^{-1}\boldsymbol{R}$，且有

$$\boldsymbol{L}_1^{-1}=\begin{pmatrix} 1 & 0 & 0 \\ 2 & 1 & 0 \\ -1 & 0 & 1 \end{pmatrix}, \quad \boldsymbol{L}_2^{-1}=\begin{pmatrix} 1 & 0 & 0 \\ 0 & 1 & 0 \\ 0 & \dfrac{1}{2} & 1 \end{pmatrix}, \quad \boldsymbol{L}_1^{-1}\boldsymbol{L}_2^{-1}=\begin{pmatrix} 1 & 0 & 0 \\ 2 & 1 & 0 \\ -1 & \dfrac{1}{2} & 1 \end{pmatrix} \overset{\text{def}}{=\!=} \boldsymbol{L}。$$

于是

$$\boldsymbol{A}=\boldsymbol{L}\boldsymbol{R}。 \tag{3.11}$$

主对角线元都是1的下(上)三角矩阵称为单位下(上)三角矩阵。式(3.11)表明，方阵 $\boldsymbol{A}$ 可以分解成一个单位下三角矩阵与一个上三角矩阵的乘积。

定义2 如果方阵 $\boldsymbol{A}$ 可写成式(3.11)的形式，则称 $\boldsymbol{A}$ 可三角分解(或LU分解或LR分解)，而式(3.11)称为 $\boldsymbol{A}$ 的一个三角分解或杜利特尔分解。

我们指出，当 $\boldsymbol{A}$ 为可逆矩阵时，$\boldsymbol{R}$ 也是可逆矩阵，其主对角线元都不为零，因而 $\boldsymbol{R}$ 可进一步化为对角矩阵 $\boldsymbol{D}$ 与单位上三角矩阵 $\boldsymbol{R}_1$ 的乘积，即

$$\boldsymbol{A}=\boldsymbol{L}\boldsymbol{D}\boldsymbol{R}_1。 \tag{3.12}$$

其中 $\boldsymbol{L}$，$\boldsymbol{R}_1$ 分别为单位下三角矩阵和单位上三角矩阵，$\boldsymbol{D}$ 是对角矩阵，形如式(3.12)的分解为 $\boldsymbol{A}$ 的 $\boldsymbol{LDR}$ 分解。

关于矩阵的杜利特尔分解，我们不加证明地给出下述结论。

定理4 n 阶方阵 $\boldsymbol{A}$ 有唯一的杜利特尔分解的充分必要条件是 $\boldsymbol{A}$ 的前 $n-1$ 个顺序主子式 $D_k\neq 0(1\leqslant k\leqslant n-1)$。

如果已知方阵 $\boldsymbol{A}$ 的杜利特尔分解 $\boldsymbol{A}=\boldsymbol{L}\boldsymbol{R}$，那么解线性方程组

$$\boldsymbol{A}\boldsymbol{x}=\boldsymbol{b} \tag{3.13}$$

相当于解两个三角形线性方程组

$$\begin{cases} \boldsymbol{L}\boldsymbol{y}=\boldsymbol{b}, \\ \boldsymbol{R}\boldsymbol{x}=\boldsymbol{y}。\end{cases} \tag{3.14}$$

当 $\boldsymbol{A}$ 可逆时，由式(3.14)的第1个线性方程组依次递推地解出 $y_1,y_2,\cdots,y_n$，这个过程称为前

推或追；式(3.14)的第 2 个线性方程组可用上述的回代过程依次解出 $x_n, x_{n-1}, \cdots, x_1$，称为赶。

用这种方法求解线性方程组(3.13)需要假设 $\boldsymbol{A}$ 的前 $n-1$ 个顺序主子式不为零。但这对于解线性方程组(3.13)本身并不是必要的。实际上，只要 $\boldsymbol{A}$ 可逆，线性方程组(3.13)就存在唯一解。

例 6 求方阵 $\boldsymbol{A}$ 的三角分解，其中

$$\boldsymbol{A}=\begin{pmatrix}2 & -1 & 0 & 1\\ 1 & 3 & 0 & 1\\ 0 & 1 & -1 & 2\\ 1 & 0 & 0 & 1\end{pmatrix}。$$

解 因为 $D_1=2, D_2=7, D_3=-7$，所以 $\boldsymbol{A}$ 能直接三角分解，令 $\boldsymbol{A}=\boldsymbol{LR}$，便有

$$\boldsymbol{A}=\begin{pmatrix}2 & -1 & 0 & 1\\ 1 & 3 & 0 & 1\\ 0 & 1 & -1 & 2\\ 1 & 0 & 0 & 1\end{pmatrix}=\begin{pmatrix}1 & & & \\ \frac{1}{2} & 1 & & \\ 0 & \frac{2}{7} & 1 & \\ \frac{1}{2} & \frac{1}{7} & 0 & 1\end{pmatrix}\begin{pmatrix}2 & -1 & 0 & 1\\ & \frac{7}{2} & 0 & \frac{1}{2}\\ & & -1 & \frac{13}{7}\\ & & & \frac{3}{7}\end{pmatrix}。$$

由上述矩阵的三角分解，我们不难知道，当线性方程组 $\boldsymbol{Ax}=\boldsymbol{b}$ 的系数矩阵 $\boldsymbol{A}$ 实现了这种分解时，求解线性方程组的问题就很容易解决。

对于可直接三角分解的方阵 $\boldsymbol{A}$，我们可用待定系数法从 $\boldsymbol{A}=\boldsymbol{LR}$ 直接导出由 $\boldsymbol{A}$ 的元素计算 $\boldsymbol{L}$ 和 $\boldsymbol{R}$ 的元素的算法。事实上，由

$$\begin{pmatrix}1 & & & & \\ l_{21} & 1 & & & \\ \vdots & \vdots & \ddots & & \\ l_{n-1,1} & l_{n-1,2} & \cdots & 1 & \\ l_{n1} & l_{n2} & \cdots & l_{n,n-1} & 1\end{pmatrix}\begin{pmatrix}r_{11} & r_{12} & \cdots & r_{1n}\\ & r_{22} & \cdots & r_{2n}\\ & & \ddots & \vdots\\ & & & r_{nn}\end{pmatrix}=\begin{pmatrix}a_{11} & a_{12} & \cdots & a_{1n}\\ a_{21} & a_{22} & \cdots & a_{2n}\\ \vdots & \vdots & & \vdots\\ a_{n1} & a_{n2} & \cdots & a_{nn}\end{pmatrix},$$

可以推出这些元素之间的关系为

$$\begin{cases}r_{1j}=a_{1j}\,(j=1,2,\cdots,n), \quad l_{i1}=\dfrac{a_{i1}}{r_{11}} \quad (i=2,3,\cdots,n),\\ r_{kj}=a_{kj}-\displaystyle\sum_{m=1}^{k-1} l_{km}r_{mj} \quad (k=2,3,\cdots,n;\,j=k,k+1,\cdots,n),\\ l_{ik}=\left(a_{ik}-\displaystyle\sum_{m=1}^{k-1} l_{im}r_{mk}\right)/r_{kk} \quad (k=2,3,\cdots,n-1;\,i=k+1,\cdots,n)。\end{cases} \tag{3.15}$$

因此，从 $\boldsymbol{R}$ 的第 1 行和 $\boldsymbol{L}$ 的第 1 列开始，对于 $k=2,3,\cdots,n$，交替使用式(3.15)的第 2 式和第 3 式，计算共为 n 步，每步先计算 $\boldsymbol{R}$ 的一行，再计算 $\boldsymbol{L}$ 相应的一列，最后得出 $\boldsymbol{L}$ 和 $\boldsymbol{R}$。其计算过程如图 3.2 所示。

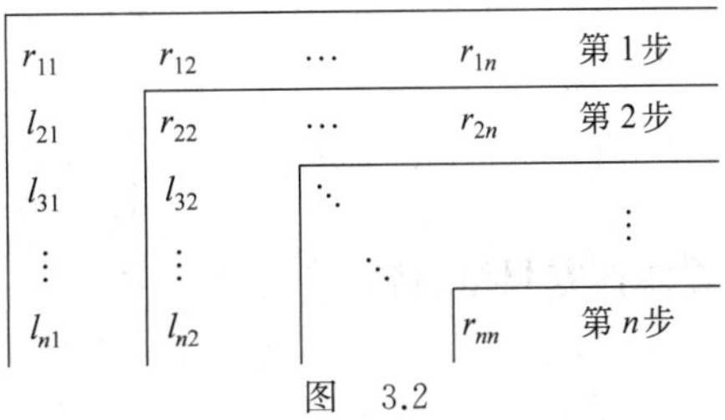

r_{11}	r_{12}	$\cdots$	r_{1n}	第 1 步
l_{21}	r_{22}	$\cdots$	r_{2n}	第 2 步
l_{31}	l_{32}	$\ddots$		$\vdots$
$\vdots$	$\vdots$	$\ddots$		
l_{n1}	l_{n2}		r_{nn}	第 n 步

图 3.2

在计算机上，算出的 $\boldsymbol{L}$ 和 $\boldsymbol{R}$ 的元素可存放在

A 的相应的位置上。

而等价的两个三角形线性方程组 $\boldsymbol{Ly}=\boldsymbol{b}$，$\boldsymbol{Rx}=\boldsymbol{y}$ 的求解公式为

$$\begin{cases} y_1=b_1, \quad & y_i=b_i-\sum_{j=1}^{i-1} l_{ij}y_j, \quad i=2,3,\cdots,n, \\ x_n=y_n/r_{nn}, \quad & x_i=\left(y_i-\sum_{j=i+1}^{n} r_{ij}x_j\right)/r_{ii}, \quad i=n-1,\cdots,1。\end{cases} \tag{3.16}$$

例 7 解线性方程组

$$\begin{cases} 3x_1+2x_2+5x_3=6, \\ -x_1+4x_2+3x_3=5, \\ x_1-x_2+3x_3=1。\end{cases}$$

解 按下表计算：

3	2	5
$-\frac{1}{3}$	$\frac{14}{3}$	$\frac{14}{3}$
$\frac{1}{3}$	$-\frac{5}{14}$	3

因此，由图 3.2 知

$$\boldsymbol{L}=\begin{pmatrix} 1 & & \\ -\frac{1}{3} & 1 & \\ \frac{1}{3} & -\frac{5}{14} & 1 \end{pmatrix}, \quad \boldsymbol{R}=\begin{pmatrix} 3 & 2 & 5 \\ 0 & \frac{14}{3} & \frac{14}{3} \\ 0 & 0 & 3 \end{pmatrix}。$$

解线性方程组 $\boldsymbol{Ly}=\boldsymbol{b}$，即

$$\begin{pmatrix} 1 & & \\ -\frac{1}{3} & 1 & \\ \frac{1}{3} & -\frac{5}{14} & 1 \end{pmatrix}\begin{pmatrix} y_1 \\ y_2 \\ y_3 \end{pmatrix}=\begin{pmatrix} 6 \\ 5 \\ 1 \end{pmatrix}。$$

得 $\boldsymbol{y}=\left(6,7,\frac{3}{2}\right)^{\mathrm{T}}$，再解线性方程组 $\boldsymbol{Rx}=\boldsymbol{y}$，即

$$\begin{pmatrix} 3 & 2 & 5 \\ 0 & \frac{14}{3} & \frac{14}{3} \\ 0 & 0 & 3 \end{pmatrix}\begin{pmatrix} x_1 \\ x_2 \\ x_3 \end{pmatrix}=\begin{pmatrix} 6 \\ 7 \\ \frac{3}{2} \end{pmatrix}$$

得原线性方程组的解

$$x_3=\frac{1}{2}, \quad x_2=1, \quad x_1=\frac{1}{2}。$$

如同消元法一样,在矩阵的三角分解过程中,也要采用选主元的办法,以便控制舍入误差的增大。选主元的三角分解算法实质上与高斯列主元消去法类似,具体如下。

选主元的杜利特尔三角分解算法

对于 $k=1,2,\cdots,n$,做(1)~(4)。

(1) 计算辅助量 s_i,s_i 冲掉 a_{ik}

$$s_i=a_{ik}-\sum_{m=1}^{k-1}l_{im}r_{mk}\Rightarrow a_{ik},\quad i=k,k+1,\cdots,n;$$

(2) 选主元,即确定行号 i_k 使

$$|s_{i_k}|=\max_{k\leqslant i\leqslant n}|s_i|,$$

并记录主元行号:$i_k\Rightarrow I_{p(k)}$($I_{p(k)}$ 是一维数组,目的是给出置换矩阵 $\boldsymbol{P}$)。

(3) 交换 $\boldsymbol{A}$ 的第 k 行与第 i_k 行元素

$$a_{kj}\Leftrightarrow a_{i_kj},\quad j=1,2,\cdots,n;$$

(4) 计算 $\boldsymbol{A}$ 的第 k 行与 $\boldsymbol{L}$ 的第 k 列元素:

$$r_{kk}=s_{i_k}=a_{kk},$$

$$r_{kj}=a_{kj}-\sum_{m=1}^{k-1}l_{km}r_{mj}\Rightarrow a_{kj},\quad j=k+1,\cdots,n,$$

$$l_{ik}=\frac{s_i}{r_{kk}}=\frac{a_{ik}}{a_{kk}}\Rightarrow a_{ik},\quad i=k+1,\cdots,n。$$

这个计算过程完成后就实现了 $\boldsymbol{A}$ 的 $\boldsymbol{LR}$ 分解,且 $\boldsymbol{R}$ 保存在 $\boldsymbol{A}$ 的上三角部分,$\boldsymbol{L}$ 保存在 $\boldsymbol{A}$ 的严格下三角部分,如下表所示。置换矩阵 $\boldsymbol{P}$ 由 $I_{p(k)}$ 的最后记录求得。

$$\boldsymbol{L}\quad\boldsymbol{R}\text{ 存储表}\quad\begin{pmatrix}r_{11} & r_{12} & r_{13} & \cdots & r_{1n}\\ l_{21} & r_{22} & r_{23} & \cdots & r_{2n}\\ l_{31} & l_{32} & r_{33} & \cdots & r_{3n}\\ \vdots & \vdots & \vdots & & \vdots\\ l_{n1} & l_{n2} & l_{n3} & \cdots & r_{nn}\end{pmatrix}。$$

在计算系数矩阵相同而右端列向量不同的一系列线性方程组时,用矩阵分解的方法能节省许多工作量。由于消元过程的乘除计算量约为$\frac{n^3}{3}$,而回代过程的乘除计算量约为$\frac{n^2}{2}$,所以当 n 较大时应尽量减少消元过程。如果要解 k 个线性方程组 $\boldsymbol{Ax}=\boldsymbol{b}_i(i=1,2,\cdots,k)$,且后一线性方程组的右端依赖于前一线性方程组的解,这时分别对 $(\boldsymbol{A}\,\vdots\,\boldsymbol{b}_i)$ 施行消元过程是不合算的,若先将 $\boldsymbol{A}$ 作三角分解(一次消元过程)$\boldsymbol{A}=\boldsymbol{LR}$,再求解

$$\begin{cases}\boldsymbol{Ly}_i=\boldsymbol{b}_i,\\ \boldsymbol{Rx}_i=\boldsymbol{y}_i,\end{cases}\quad i=1,2,\cdots,k,$$

计算量显然仍为$\frac{n^3}{3}$,更一般的稳定性结果请读者参考相关文献。

实现方阵杜利特尔分解的 MATLAB 函数文件 doolittle.m 如下。

```
function [L,U]=doolittle(a)
%矩阵的 Doolittle 分解,a 为待分解的矩阵,L,U 分别为单位下、上三角矩阵
[n,m]=size(a);e=1e-5;
```

```
if n~=m error('矩阵不是方阵');return;end
L=eye(n);U=zeros(n);
for k=1:n
    for j=k:n,z=0; for q=1:k-1,z=z+L(k,q)*U(q,j);end
        U(k,j)=a(k,j)-z;
    end
    if abs(U(k,k))<e error('失败');return;end;
    for i=k+1:n,z=0; for q=1:k-1,z=z+L(i,q)*U(q,k);end
        L(i,k)=(a(i,k)-z)/U(k,k);
    end;
end
```

例 8 在 MATLAB 命令窗口求解例 6。

解 输入

```
format long;a=[2 -1 0 1;1 3 0 1;0 1 -1 2;1 0 0 1];
[L,U]=doolittle(a)
```

2. 解三对角方程组的追赶法

在数值计算中,如三次样条插值(见 5.7 节)或用差分方法解常微分方程边值问题(见 8.8 节)时,常常会遇到以下形式的线性方程组:

$$\begin{cases}b_1x_1+c_1x_2=d_1,\\a_2x_1+b_2x_2+c_2x_3=d_2,\\a_3x_2+b_3x_3+c_3x_4=d_3,\\\quad\vdots\\a_{n-1}x_{n-2}+b_{n-1}x_{n-1}+c_{n-1}x_n=d_{n-1},\\a_nx_{n-1}+b_nx_n=d_n\text{。}\end{cases}\tag{3.17}$$

如果用矩阵形式简记为 $\boldsymbol{Ax}=\boldsymbol{d}$,其中系数矩阵

$$\boldsymbol{A}=\begin{pmatrix}b_1&c_1&&&&\\a_2&b_2&c_2&&&\\&a_3&b_3&c_3&&\\&&\ddots&\ddots&\ddots&\\&&&a_{n-1}&b_{n-1}&c_{n-1}\\&&&&a_n&b_n\end{pmatrix}\tag{3.18}$$

是一种特殊的稀疏矩阵,它的非零元素集中分布在主对角线及其相邻两条次对角线上,称为三对角矩阵,线性方程组(3.17)称为三对角线性方程组。

高斯消去法用于三对角线性方程组时消元过程可以大大简化。具体地说,第一次消元只要对第 2 个方程进行,也就是初等矩阵

$$\boldsymbol{L}_1=\begin{pmatrix}1&&&\\-l_{21}&1&&\\\vdots&\vdots&\ddots&\\-l_{n1}&0&\cdots&1\end{pmatrix}$$

中 $l_{i1}=0(i=3,4,\cdots,n)$。第一次消元后，第 2 个方程变成

$$a_{22}^{(2)}x_2+a_{23}^{(2)}x_3=d_2^{(2)}。$$

因而在第二次消元时只要对第 3 个方程进行消元，即 $\boldsymbol{L}_2$ 中 $l_{i2}=0(i=4,5,\cdots,n)$。依次类推可以得出，三对角矩阵作三角分解时，矩阵 $\boldsymbol{L},\boldsymbol{R}$ 的形式也比较简单，其中

$$\boldsymbol{L}=\begin{pmatrix}1 & & & & \\ l_2 & 1 & & & \\ & l_3 & 1 & & \\ & & \ddots & \ddots & \\ & & & l_n & 1\end{pmatrix}$$

是单位下二对角阵，而

$$\boldsymbol{R}=\begin{pmatrix}u_1 & r_1 & & & \\ & u_2 & r_2 & & \\ & & \ddots & \ddots & \\ & & & u_{n-1} & r_{n-1} \\ & & & & u_n\end{pmatrix}$$

是上二对角阵。

定理 5 设矩阵(3.18)满足下列条件：

$$\begin{cases}|b_1|>|c_1|>0, \\ |b_i|\geqslant|a_i|+|c_i|, \quad a_ic_i\neq 0, \quad i=2,3,\cdots,n-1, \\ |b_n|>|a_n|>0,\end{cases} \tag{3.19}$$

则它可以分解为

$$\boldsymbol{A}=\begin{pmatrix}1 & & & & \\ l_2 & 1 & & & \\ & l_3 & 1 & & \\ & & \ddots & \ddots & \\ & & & l_n & 1\end{pmatrix}\begin{pmatrix}u_1 & c_1 & & & & \\ & u_2 & c_2 & & & \\ & & u_3 & c_3 & & \\ & & & \ddots & \ddots & \\ & & & & u_{n-1} & c_{n-1} \\ & & & & & u_n\end{pmatrix}。 \tag{3.20}$$

其中 $c_i(i=1,2,\cdots,n-1)$ 由矩阵(3.18)给出，且分解是唯一的。

证 将式(3.20)右端按乘法规则展开，并与 $\boldsymbol{A}$ 进行比较，得

$$\begin{cases}b_1=u_1, \\ a_i=l_iu_{i-1}, \qquad i=2,3,\cdots,n。 \\ b_i=c_{i-1}l_i+u_i,\end{cases}$$

如果 $u_i\neq 0(i=1,2,\cdots,n-1)$，则由上式可得

$$\begin{cases}u_1=b_1, \\ l_i=a_i/u_{i-1}, \qquad i=2,3,\cdots,n, \\ u_i=b_i-c_{i-1}l_i,\end{cases} \tag{3.21}$$

按高斯消去法步骤易得，经过 $k-1$ 次消元后，线性方程组(3.17)的系数矩阵变成

$$\boldsymbol{A}^{(k)}=\begin{pmatrix} u_1 & c_1 & & & & & & \\ & \ddots & \ddots & & & & & \\ & & u_k & c_k & & & & \\ & & a_{k+1} & b_{k+1} & c_{k+1} & & & \\ & & & \ddots & \ddots & \ddots & & \\ & & & & a_{n-1} & b_{n-1} & c_{n-1} \\ & & & & & a_n & b_n \end{pmatrix},$$

其中 $u_k=b_k-\dfrac{c_{k-1}a_k}{u_{k-1}}(k=2,3,\cdots,n)$。

由于 $\boldsymbol{A}$ 满足条件(3.19),因此有

$$u_1=b_1\neq 0。$$

又因为$|b_1|>|c_1|,|b_2|\geqslant|a_2|+|c_2|$,于是

$$|b_1b_2|>|b_1a_2|+|b_1c_2|>|c_1a_2|+|b_1c_2|,$$

从而有

$$|u_2|=\left|b_2-\frac{c_1a_2}{u_1}\right|=\frac{|b_1b_2-c_1a_2|}{|b_1|}\geqslant\frac{|b_1b_2|-|c_1a_2|}{|b_1|}>\frac{|b_1c_2|}{|b_1|}=|c_2|,$$

故 $u_2\neq0$,且矩阵 $\boldsymbol{A}^{(2)}$ 仍满足条件(3.19)。同理可得出 $u_i\neq0(i=3,4,\cdots,n)$。因此由式(3.21)唯一地确定了 $\boldsymbol{L}$ 和 $\boldsymbol{R}$。

当矩阵(3.18)按式(3.21)计算进行三角分解后,求解线性方程组(3.17)可化为求解线性方程组 $\boldsymbol{Ly}=\boldsymbol{d}$ 和 $\boldsymbol{Rx}=\boldsymbol{y}$。解 $\boldsymbol{Ly}=\boldsymbol{d}$ 得

$$\begin{cases} y_1=d_1, \\ y_k=d_k-l_ky_{k-1}, \end{cases} \quad k=2,3,\cdots,n。\tag{3.22}$$

再解 $\boldsymbol{Rx}=\boldsymbol{y}$,得线性方程组(3.17)的解

$$\begin{cases} x_n=y_n/u_n, \\ x_k=(y_k-c_kx_{k+1})/u_k, \end{cases} \quad k=n-1,n-2,\cdots,1。\tag{3.23}$$

按上述过程求解三对角线性方程组称为**追赶法**,式(3.21)及式(3.22)结合称为"追"的过程,相当于高斯消去法中的消元过程。式(3.23)称为"赶"的过程,相当于回代过程。

三对角线性方程组的追赶法算法

(1) 输入 $\boldsymbol{a}=(a_2,\cdots,a_n),\boldsymbol{b}=(b_1,\cdots,b_n),\boldsymbol{c}=(c_1,\cdots,c_{n-1}),\boldsymbol{d}=(d_1,\cdots,d_n)$,维数 n;

(2) 对 $i=2,3,\cdots,n$,做:

$$a_i/b_{i-1}\Rightarrow a_i, \quad (l_i)$$
$$b_i-c_{i-1}a_i\Rightarrow b_i, \quad (u_i)$$
$$d_i-a_id_{i-1}\Rightarrow d_i; \quad (y_i)$$

(3) $d_n/b_n\Rightarrow d_n$; (x_n)

(4) 对 $i=n-1,n-2,\cdots,1$,做:

$$(d_i-c_id_{i+1})/b_i\Rightarrow d_i; \quad (x_i)$$

(5) 输出 $\boldsymbol{x}=\boldsymbol{d}$,停机。

追赶法的基本思想与高斯消去法及三角分解法相同,只是由于系数矩阵中出现了大量的零元素,计算中可将它们撇开,从而使得计算公式简化,也大大减少了计算量。为节省计

算机存储单元，计算得到的 l_k, u_k 分别存放在 a_k, b_k 的存储单元内，而 y_k, x_k 存放在 d_k 的存储单元内。

例 9 用追赶法求解三对角线性方程组

$$\begin{pmatrix} 4 & -1 & 0 \\ -1 & 4 & -1 \\ 0 & -1 & 4 \end{pmatrix}\begin{pmatrix} x_1 \\ x_2 \\ x_3 \end{pmatrix}=\begin{pmatrix} 2 \\ 4 \\ 10 \end{pmatrix}。$$

解 设有分解

$$\begin{pmatrix} 4 & -1 & 0 \\ -1 & 4 & -1 \\ 0 & -1 & 4 \end{pmatrix}=\begin{pmatrix} 1 & & \\ l_2 & 1 & \\ & l_3 & 1 \end{pmatrix}\begin{pmatrix} u_1 & -1 & \\ & u_2 & -1 \\ & & u_3 \end{pmatrix},$$

由公式

$$\begin{cases} u_1=b_1=4, \\ l_i=a_i/u_{i-1}, \\ u_i=b_i-c_{i-1}l_i \quad (i=2,3), \end{cases}$$

其中 b_i, a_i, c_i 分别是系数矩阵的主对角线元素及其下边和上边的次对角线元素，我们有

$$\begin{cases} u_1=4, \\ u_2=\dfrac{15}{4}, \\ u_3=\dfrac{56}{15}, \end{cases} \quad \begin{cases} l_2=-\dfrac{1}{4}, \\ l_3=-\dfrac{4}{15}。 \end{cases}$$

从而

$$\begin{pmatrix} 4 & -1 & 0 \\ -1 & 4 & -1 \\ 0 & -1 & 4 \end{pmatrix}=\begin{pmatrix} 1 & & \\ -\dfrac{1}{4} & 1 & \\ & -\dfrac{4}{15} & 1 \end{pmatrix}\begin{pmatrix} 4 & -1 & \\ & \dfrac{15}{4} & -1 \\ & & \dfrac{56}{15} \end{pmatrix}。$$

由此解两个特殊的简单线性方程组(二对角线性方程组)或者利用(3.22)、(3.23)两式得到

$$\begin{cases} x_1=1, \\ x_2=2, \\ x_3=3。 \end{cases}$$

3. 楚列斯基分解

当 $\boldsymbol{A}$ 是对称正定矩阵时，它的顺序主子式 $D_k>0(1\leqslant k\leqslant n)$，从而 $\boldsymbol{A}$ 有唯一的 $\boldsymbol{LDR}$ 分解，即 $\boldsymbol{A}=\boldsymbol{LDR}$，且 $\boldsymbol{D}=\mathrm{diag}(d_1,d_2,\cdots,d_n)$，其中 $d_i>0(1\leqslant i\leqslant n)$。因为 $\boldsymbol{A}^{\mathrm{T}}=\boldsymbol{A}$，所以有

$$\boldsymbol{LDR}=\boldsymbol{R}^{\mathrm{T}}\boldsymbol{DL}^{\mathrm{T}}。$$

故从分解式的唯一性知，$\boldsymbol{L}=\boldsymbol{R}^{\mathrm{T}}, \boldsymbol{R}=\boldsymbol{L}^{\mathrm{T}}$。因此，对于对称正定矩阵，有

$$\boldsymbol{A}=\boldsymbol{LDL}^{\mathrm{T}}。\tag{3.24}$$

若令 $\boldsymbol{D}^{1/2}=\mathrm{diag}(\sqrt{d_1},\sqrt{d_2},\cdots,\sqrt{d_n})$，则

$$\boldsymbol{A}=\boldsymbol{LD}^{1/2}\boldsymbol{D}^{1/2}\boldsymbol{L}^{\mathrm{T}}=(\boldsymbol{LD}^{1/2})(\boldsymbol{LD}^{1/2})^{\mathrm{T}}\xlongequal{\text{def}}\boldsymbol{GG}^{\mathrm{T}},\tag{3.25}$$

其中 $G=LD^{1/2}$ 是下三角矩阵，它的主对角元都大于0。这种分解称为对称正定矩阵的平方根分解或楚列斯基分解。

例 10 求对称正定矩阵

$$A=\begin{pmatrix}5 & -2 & 0\\ -2 & 3 & -1\\ 0 & -1 & 1\end{pmatrix}$$

的楚列斯基分解。

解 设

$$G=\begin{pmatrix}g_{11} & & \\ g_{21} & g_{22} & \\ g_{31} & g_{32} & g_{33}\end{pmatrix},$$

则式(3.25)给出

$$g_{11}^2=5,\quad g_{21}g_{11}=-2,\quad g_{21}^2+g_{22}^2=3,\quad g_{31}g_{11}=0,$$
$$g_{31}g_{21}+g_{32}g_{22}=-1,\quad g_{31}^2+g_{32}^2+g_{33}^2=1。$$

解得

$$g_{11}=\sqrt{5},\quad g_{21}=-\frac{2}{\sqrt{5}},\quad g_{22}=\sqrt{\frac{11}{5}},\quad g_{31}=0,$$

$$g_{32}=-\sqrt{\frac{5}{11}},\quad g_{33}=\sqrt{\frac{6}{11}}。$$

于是

$$A=\begin{pmatrix}\sqrt{5} & & \\ -\frac{2}{\sqrt{5}} & \sqrt{\frac{11}{5}} & \\ & -\sqrt{\frac{5}{11}} & \sqrt{\frac{6}{11}}\end{pmatrix}\begin{pmatrix}\sqrt{5} & -\frac{2}{\sqrt{5}} & \\ & \sqrt{\frac{11}{5}} & -\sqrt{\frac{5}{11}}\\ & & \sqrt{\frac{6}{11}}\end{pmatrix}。$$

当 $A=LDL^{\mathrm{T}}$ 时，其中 L 是单位下三角矩阵，D 是元素均为正数的对角矩阵，由分解式

$$A=LDL^{\mathrm{T}}=\begin{pmatrix}1 & & & \\ l_{21} & 1 & & \\ \vdots & \vdots & \ddots & \\ l_{n1} & l_{n2} & \cdots & 1\end{pmatrix}\begin{pmatrix}d_1 & & & \\ & d_2 & & \\ & & \ddots & \\ & & & d_n\end{pmatrix}\begin{pmatrix}1 & l_{21} & \cdots & l_{n1}\\ & 1 & \cdots & l_{n2}\\ & & \ddots & \vdots\\ & & & 1\end{pmatrix}$$

不难得出计算 L 和 D 的元素的递推公式：对于 $k=1,2,\cdots,n$，有

$$\begin{cases}l_{kj}=\left(a_{kj}-\sum\limits_{m=1}^{j-1}l_{km}l_{jm}d_m\right)\Big/d_j, & j=1,2,\cdots,k-1,\\ d_k=a_{kk}-\sum\limits_{m=1}^{k-1}l_{km}^2d_m。\end{cases}\tag{3.26}$$

在用式(3.26)计算 l_{kj} 时，由于求和号中每一项是三个数相乘，运算量大，为了避免重复计算，引进中间量 $t_{kj}=l_{kj}d_j$，并将式(3.26)改写为：对于 $k=1,2,\cdots,n$，有

$$\begin{cases} t_{kj} = a_{kj} - \sum_{m=1}^{j-1} t_{km} l_{jm}, & j = 1,2,\cdots,k-1, \\ l_{kj} = t_{kj}/d_j, & j = 1,2,\cdots,k-1, \\ d_k = a_{kk} - \sum_{m=1}^{k-1} t_{km} l_{km}. \end{cases} \tag{3.27}$$

有了矩阵 $\boldsymbol{A}$ 的分解式 $\boldsymbol{A}=\boldsymbol{LDL}^{\mathrm{T}}$ 后，线性方程组 $\boldsymbol{Ax}=\boldsymbol{b}$ 等价于三个简单的线性方程组

$$\boldsymbol{Ly}=\boldsymbol{b}, \quad \boldsymbol{Dz}=\boldsymbol{y}, \quad \boldsymbol{L}^{\mathrm{T}}\boldsymbol{x}=\boldsymbol{z}。$$

于是有求解公式

$$\begin{cases} y_i = b_i - \sum_{m=1}^{i-1} l_{im} y_m, & i = 1,2,\cdots,n, \\ z_i = y_i/d_i, & i = 1,2,\cdots,n, \\ x_i = z_i - \sum_{m=i+1}^{n} l_{mi} x_m, & i = n,n-1,\cdots,1。 \end{cases} \tag{3.28}$$

上述用 $\boldsymbol{A}$ 的 $\boldsymbol{LDL}^{\mathrm{T}}$ 分解求解线性方程组 $\boldsymbol{Ax}=\boldsymbol{b}$ 的方法称为对称正定线性方程组的**改进的平方根法**。

改进的平方根法在计算机上编程实现，其框图见图 3.3。

实现对称正定矩阵楚列斯基分解的 MATLAB 函数文件 cholesky.m 如下。

```
function L=cholesky(a)
%对称正定矩阵的 Cholesky 分解,a 为待分解的矩阵,L 为下三角矩阵
n=length(a);L=zeros(n);
for k=1:n,delta=a(k,k);
    for j=1:k-1,delta=delta-L(k,j)^2;end
    if delta<1e-10,error('失败');return;end
    L(k,k)=sqrt(delta);
for i=k+1:n,L(i,k)=a(i,k);
        for j=1:k-1,L(i,k)=L(i,k)-L(i,j) * L(k,j);end
        L(i,k)=L(i,k)/L(k,k);
    end;
end
```

例 11 在 MATLAB 命令窗口求解例 10。

解 输入

```
format long;a=[5 -2 0;-2 3 -1;0 -1 1];
L=cholesky(a)
```

例 12 在 6 位十进制的限制下，用改进的平方根法求解线性方程组 $\boldsymbol{Ax}=\boldsymbol{b}$，其中

$$\boldsymbol{A}=\begin{pmatrix} 5 & -4 & 1 \\ -4 & 6 & -4 \\ 1 & -4 & 6 \end{pmatrix}, \quad \boldsymbol{b}=\begin{pmatrix} 2 \\ -1 \\ -1 \end{pmatrix}。$$

解 容易验证 $\boldsymbol{A}$ 是对称正定矩阵，按式(3.27)算得 $\boldsymbol{L}$ 和 $\boldsymbol{D}$ 如下：

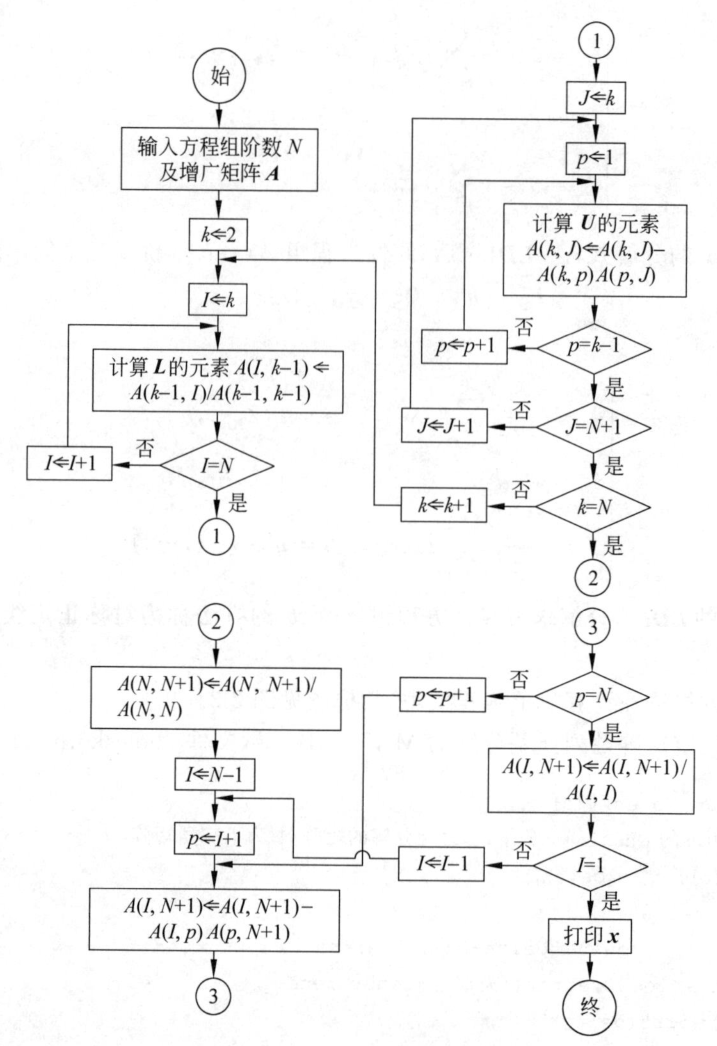

图 3.3 改进的平方根法

$$
\boldsymbol{L}=\begin{pmatrix} 1 & & \\ -0.800\,000 & 1 & \\ 0.200\,000 & -1.142\,86 & 1 \end{pmatrix},\quad \boldsymbol{D}=\begin{pmatrix} 5.000\,00 & & \\ & 2.800\,00 & \\ & & 2.142\,85 \end{pmatrix},
$$

再由式(3.28)求得

$$
y_1=2.000\,00,\quad y_2=0.600\,000,\quad y_3=-0.714\,284;
$$

$$
z_1=0.400\,000,\quad z_2=0.214\,286,\quad z_3=-0.333\,334;
$$

$$
x_3=-0.333\,334,\quad x_2=-0.166\,667,\quad x_1=0.333\,333。
$$

3.4 向量与矩阵的范数

向量与矩阵的范数是描述向量和矩阵“大小”的一种度量，正如在内积空间中，我们用内积来定义长度一样。但范数是比长度更广泛的概念，在数值分析中起着重要的作用。

用$\mathbb{R}^n$表示所有实的 n 维列向量 $\boldsymbol{x}=(x_1,x_2,\cdots,x_n)^{\mathrm{T}}$ 组成的实线性空间。

定义 3 如果向量 $\boldsymbol{x}\in\mathbb{R}^n$，按照一定的规则有一实数与之对应，记为 $\|\boldsymbol{x}\|$，若 $\|\boldsymbol{x}\|$ 满足：

(1) 对任意 $\boldsymbol{x}\in\mathbb{R}^n$，$\|\boldsymbol{x}\|\geqslant 0$，$\|\boldsymbol{x}\|=0$ 当且仅当 $\boldsymbol{x}=(0,0,\cdots,0)^{\mathrm{T}}$；

(2) 对任意常数 $\lambda\in\mathbb{R}$ 和任意 $\boldsymbol{x}\in\mathbb{R}^n$，有 $\|\lambda\boldsymbol{x}\|=|\lambda|\,\|\boldsymbol{x}\|$；

(3) 对任意 $\boldsymbol{x}\in\mathbb{R}^n$，$\boldsymbol{y}\in\mathbb{R}^n$，有 $\|\boldsymbol{x}+\boldsymbol{y}\|\leqslant\|\boldsymbol{x}\|+\|\boldsymbol{y}\|$；

则称 $\|\cdot\|$ 为$\mathbb{R}^n$上的向量范数。

下面我们给出几种常用的向量范数。

(1) 向量的∞-范数：$\|\boldsymbol{x}\|_\infty=\max\limits_{1\leqslant i\leqslant n}|x_i|$。

(2) 向量的 1-范数：$\|\boldsymbol{x}\|_1=\sum\limits_{i=1}^{n}|x_i|$。

(3) 向量的 2-范数：$\|\boldsymbol{x}\|_2=\left(\sum\limits_{i=1}^{n}x_i^2\right)^{\frac{1}{2}}$。

(4) 向量的 p-范数：$\|\boldsymbol{x}\|_p=\left(\sum\limits_{i=1}^{n}|x_i|^p\right)^{\frac{1}{p}}$，$p\in[1,+\infty)$。

例 13 计算向量 $\boldsymbol{x}=(3,-2,1)^{\mathrm{T}}$ 的∞-范数，1-范数，2-范数。

解 $\|\boldsymbol{x}\|_1=6$，$\|\boldsymbol{x}\|_2=\sqrt{14}$，$\|\boldsymbol{x}\|_\infty=3$。

用$\mathbb{R}^{n\times n}$表示全体 n 阶实矩阵

$$\boldsymbol{A}=\begin{pmatrix} a_{11} & a_{12} & \cdots & a_{1n}\\ a_{21} & a_{22} & \cdots & a_{2n}\\ \vdots & \vdots & & \vdots\\ a_{n1} & a_{n2} & \cdots & a_{nn}\end{pmatrix}$$

构成的空间。下面引入矩阵范数的概念。

定义 4 设 $\boldsymbol{A}\in\mathbb{R}^{n\times n}$，$\|\cdot\|$ 为$\mathbb{R}^n$上的向量范数，称

$$\max_{\|\boldsymbol{x}\|=1}\|\boldsymbol{A}\boldsymbol{x}\|$$

为 $\boldsymbol{A}$ 的(从属于向量范数的)矩阵范数，记为 $\|\boldsymbol{A}\|$。

对于从属于向量范数 $\|\boldsymbol{x}\|$ 的矩阵范数，有

$$\|\boldsymbol{A}\boldsymbol{x}\|\leqslant\|\boldsymbol{A}\|\,\|\boldsymbol{x}\|。$$

常用的是以下 3 种从属于向量范数的矩阵范数：

$$\|\boldsymbol{A}\|_1=\max_{\|\boldsymbol{x}\|_1=1}\|\boldsymbol{A}\boldsymbol{x}\|_1,\quad \|\boldsymbol{A}\|_2=\max_{\|\boldsymbol{x}\|_2=1}\|\boldsymbol{A}\boldsymbol{x}\|_2,\quad \|\boldsymbol{A}\|_\infty=\max_{\|\boldsymbol{x}\|_\infty=1}\|\boldsymbol{A}\boldsymbol{x}\|_\infty。$$

可以证明：

$\boldsymbol{A}$ 的 1- 范数(列范数) $\|\boldsymbol{A}\|_1=\max\limits_{1\leqslant j\leqslant n}\sum\limits_{i=1}^{n}|a_{ij}|$；

$\boldsymbol{A}$ 的 ∞- 范数(行范数) $\|\boldsymbol{A}\|_\infty=\max\limits_{1\leqslant i\leqslant n}\sum\limits_{j=1}^{n}|a_{ij}|$；

$\boldsymbol{A}$ 的 2-范数 $\|\boldsymbol{A}\|_2=\sqrt{\rho(\boldsymbol{A}^{\mathrm{T}}\boldsymbol{A})}=\sqrt{\lambda_{\max}(\boldsymbol{A}^{\mathrm{T}}\boldsymbol{A})}$，式中 $\rho(\boldsymbol{A}^{\mathrm{T}}\boldsymbol{A})$为矩阵 $\boldsymbol{A}^{\mathrm{T}}\boldsymbol{A}$ 的谱半径，即

$$\rho(\boldsymbol{A}^{\mathrm{T}}\boldsymbol{A})=\max\{\lambda:|\lambda\boldsymbol{E}-\boldsymbol{A}^{\mathrm{T}}\boldsymbol{A}|=0\}。$$

此外，可以将$\boldsymbol{A}=(a_{ij})_{n\times n}$视为$n^2$维向量，而引入一种矩阵范数

$$\|\boldsymbol{A}\|_F=\sqrt{\sum_{i=1}^{n}\sum_{j=1}^{n}|a_{ij}|^2}。$$

此范数称为Frobenius范数，简称F-范数。

例 14 设$\boldsymbol{A}=\begin{pmatrix}1&-1\\-3&2\end{pmatrix}$，求$\|\boldsymbol{A}\|_1,\|\boldsymbol{A}\|_2,\|\boldsymbol{A}\|_\infty,\|\boldsymbol{A}\|_F$。

解 由公式易知$\|\boldsymbol{A}\|_1=4,\|\boldsymbol{A}\|_\infty=5,\|\boldsymbol{A}\|_F=\sqrt{15}$。又

$$\boldsymbol{A}^T\boldsymbol{A}=\begin{pmatrix}1&-3\\-1&2\end{pmatrix}\begin{pmatrix}1&-1\\-3&2\end{pmatrix}=\begin{pmatrix}10&-7\\-7&5\end{pmatrix},$$

$\boldsymbol{A}^T\boldsymbol{A}$的特征方程为

$$|\lambda\boldsymbol{E}-\boldsymbol{A}^T\boldsymbol{A}|=\begin{vmatrix}\lambda-10&7\\7&\lambda-5\end{vmatrix}=0,$$

它的根为$\lambda_{1,2}=\dfrac{15\pm\sqrt{221}}{2}$，因而

$$\|\boldsymbol{A}\|_2=\sqrt{\frac{15+\sqrt{221}}{2}}\approx3.864。$$

矩阵的范数与谱半径之间有如下关系。

定理 6 设$\boldsymbol{A}\in\mathbb{R}^{n\times n}$，则对任意矩阵范数$\|\cdot\|$，有$\rho(\boldsymbol{A})\leqslant\|\boldsymbol{A}\|$；此外，对任意$\varepsilon>0$，存在矩阵范数$\|\cdot\|$，使$\|\boldsymbol{A}\|\leqslant\rho(\boldsymbol{A})+\varepsilon$。

3.5 误差分析

1. 线性方程组的病态

在建立线性方程组时，其系数往往含有误差，也就是说，所要求解的通常是有扰动的线性方程组，因此有必要研究扰动对解的影响。

例 15 考察线性方程组

$$\begin{cases}x_1+x_2=3,\\x_1+1.0001x_2=3.0001\end{cases}\tag{3.29}$$

和

$$\begin{cases}x_1+x_2=3,\\x_1+1.0001x_2=3。\end{cases}\tag{3.30}$$

上述两个线性方程组尽管只是右端项有微小的差别，但两者的解却大不相同：线性方程组(3.29)的解是$x_1=2,x_2=1$，而线性方程组(3.30)的解则为$x_1=3,x_2=0$。这类线性方程组称作是病态的。

为了定量刻画线性方程组"病态"的程度，现就一般线性方程组$\boldsymbol{Ax}=\boldsymbol{b}$进行讨论。首先考察右端项$\boldsymbol{b}$的扰动，相应的解$\boldsymbol{x}$的扰动记为$\delta\boldsymbol{x}$，即

$$\boldsymbol{A}(\boldsymbol{x}+\delta\boldsymbol{x})=(\boldsymbol{b}+\delta\boldsymbol{b}),$$

从中消去$\boldsymbol{Ax}=\boldsymbol{b}$便得到

$$A\delta x = \delta b,$$

故有

$$\| \delta x \| = \| A^{-1}\delta b \| \leqslant \| A^{-1} \| \ \| \delta b \|。$$

另一方面

$$\| x \| \geqslant \frac{\| Ax \|}{\| A \|} = \frac{\| b \|}{\| A \|},$$

因此有

$$\frac{\| \delta x \|}{\| x \|} \leqslant \| A \| \ \| A^{-1} \| \ \frac{\| \delta b \|}{\| b \|}。 \tag{3.31}$$

再考察系数矩阵 A 的扰动对解的影响。令 δA 表示 A 的扰动，相应的解 x 的扰动仍记为 δx，即

$$(A + \delta A)(x + \delta x) = b。$$

再从中消去 $Ax = b$ 便得到

$$A\delta x + \delta A(x + \delta x) = 0,$$

故有

$$\| \delta x \| = \| -A^{-1}\delta A(x + \delta x) \| \leqslant \| A^{-1} \| \ \| \delta A \| (\| x \| + \| \delta x \|)。$$

假设 δA 足够小，成立

$$\| A^{-1} \| \ \| \delta A \| < 1,$$

则由上式得

$$\frac{\| \delta x \|}{\| x \|} \leqslant \frac{\| A^{-1} \| \ \| \delta A \|}{1 - \| A^{-1} \| \ \| \delta A \|}。 \tag{3.32}$$

我们记 $\mathrm{cond}(A) \equiv \| A^{-1} \| \ \| A \|$，称为矩阵 A 的条件数。于是误差估计式(3.31)和式(3.32)可分别表示为

$$\frac{\| \delta x \|}{\| x \|} \leqslant \mathrm{cond}(A) \frac{\| \delta b \|}{\| b \|}$$

与

$$\frac{\| \delta x \|}{\| x \|} \leqslant \frac{\mathrm{cond}(A) \dfrac{\| \delta A \|}{\| A \|}}{1 - \mathrm{cond}(A) \dfrac{\| \delta A \|}{\| A \|}}。$$

这两个式子表明，右端项 b 和系数矩阵 A 的扰动对解的影响与条件数 $\mathrm{cond}(A)$ 的大小有关，$\mathrm{cond}(A)$ 越大，扰动对解的影响越大，因而条件数 $\mathrm{cond}(A)$ 的值刻画了线性方程组的病态的度。当然线性方程组的病态程度是相对的。

矩阵的条件数与所用的范数有关，有时记 $\mathrm{cond}_p(A) = \| A^{-1} \|_p \| A \|_p$。

我们再来看例 15，线性方程组(3.29)的系数矩阵

$$A = \begin{pmatrix} 1 & 1 \\ 1 & 1 + 10^{-4} \end{pmatrix}, \quad A^{-1} = \begin{pmatrix} 1 + 10^4 & -10^4 \\ -10^4 & 10^4 \end{pmatrix}。$$

这时条件数

$$\mathrm{cond}_\infty(A) = \| A \|_\infty \| A^{-1} \|_\infty \approx 4 \times 10^4,$$

值很大，因而它是病态的。

值得注意的是,不能用行列式值的大小来衡量线性方程组的病态程度。

2. 精度分析

求得线性方程组 $\boldsymbol{Ax}=\boldsymbol{b}$ 的一个近似解 $\bar{\boldsymbol{x}}$ 以后,自然希望判断其精度。检验精度的一个简单办法是,将近似解 $\bar{\boldsymbol{x}}$ 再回代到原线性方程组去求出 $\bar{\boldsymbol{x}}$ 的余量 $\boldsymbol{r}$,其中

$$\boldsymbol{r}=\boldsymbol{b}-\boldsymbol{A}\bar{\boldsymbol{x}}。$$

如果 $\boldsymbol{r}$ 很小,就认为解 $\bar{\boldsymbol{x}}$ 是相当精确的。

定理 7 设 $\bar{\boldsymbol{x}}$ 是线性方程组 $\boldsymbol{Ax}=\boldsymbol{b}$ 的一个近似解,其准确解记为 $\boldsymbol{x}^*$,$\boldsymbol{r}$ 为 $\bar{\boldsymbol{x}}$ 的余量,则有

$$\frac{\|\boldsymbol{x}^*-\bar{\boldsymbol{x}}\|}{\|\boldsymbol{x}^*\|}\leqslant \mathrm{cond}(\boldsymbol{A})\frac{\|\boldsymbol{r}\|}{\|\boldsymbol{b}\|}。\tag{3.33}$$

证 由于 $\boldsymbol{Ax}^*=\boldsymbol{b}$,$\boldsymbol{A}(\boldsymbol{x}^*-\bar{\boldsymbol{x}})=\boldsymbol{r}$,故有

$$\|\boldsymbol{b}\|=\|\boldsymbol{Ax}^*\|\leqslant\|\boldsymbol{A}\|\,\|\boldsymbol{x}^*\|,$$

$$\|\boldsymbol{x}^*-\bar{\boldsymbol{x}}\|=\|\boldsymbol{A}^{-1}\boldsymbol{r}\|\leqslant\|\boldsymbol{A}^{-1}\|\,\|\boldsymbol{r}\|。$$

由此易得式(3.33)成立。

估计式(3.33)表明,用余量大小来检验近似解精度的方法对于病态线性方程组是不可靠的。事实上,由例15看到,如果将线性方程组(3.30)的解 $x_1=3,x_2=0$ 作为线性方程组(3.29)的一个近似解,则余量 $r_1=0,r_2=0.0001$ 相当小,然而这个近似解却与准确解 $x_1=2,x_2=1$ 差别很大。

小　　结

本章主要讨论了解线性方程组的直接法。其重点是高斯消去法、列主元高斯消去法、追赶法和矩阵分解法。

(1) 列主元高斯消去法是为了控制计算过程中舍入误差的增长;

(2) 当系数矩阵是三对角矩阵时,可用追赶法求解;

(3) 对于对称矩阵还可用矩阵分解的平方根法求解;

(4) 系数矩阵的条件数是判断线性方程组病态程度和近似解精确程度的重要指标。

习　题　3

1. 用高斯消去法求解下列线性方程组:

(1) $\begin{cases}10x_1-2x_2-x_3=3,\\-2x_1+10x_2-x_3=15,\\-x_1-2x_2+5x_3=10;\end{cases}$　　(2) $\begin{cases}x_1+x_2+x_3=6,\\4x_2-x_3=5,\\2x_1-2x_2+x_3=1。\end{cases}$

2. 利用列主元消去法求解下列线性方程组:

(1) $\begin{cases}x_1+2x_2+x_3=0,\\2x_1+2x_2+3x_3=3,\\-x_1-3x_2=2;\end{cases}$　　(2) $\begin{pmatrix}-3&2&6\\10&-7&0\\5&-1&5\end{pmatrix}\begin{pmatrix}x_1\\x_2\\x_3\end{pmatrix}=\begin{pmatrix}4\\7\\6\end{pmatrix}$。

3. 用两种消去法求解线性方程组$\begin{cases}10^{-5}x_1+x_2=1,\\ x_1+x_2=2,\end{cases}$并分析相应的结论。

4. 用矩阵的直接分解法求解下列线性方程组：

(1) $\begin{pmatrix}1&0&2&0\\0&1&0&1\\1&2&4&3\\0&1&0&3\end{pmatrix}\begin{pmatrix}x_1\\x_2\\x_3\\x_4\end{pmatrix}=\begin{pmatrix}5\\3\\17\\7\end{pmatrix}$； (2) $\begin{pmatrix}1&2&3&-1\\2&-1&9&-7\\-3&4&-3&19\\4&-2&6&-21\end{pmatrix}\begin{pmatrix}x_1\\x_2\\x_3\\x_4\end{pmatrix}=\begin{pmatrix}5\\3\\17\\-13\end{pmatrix}$。

5. 用追赶法求解下列线性方程组：

(1) $\begin{pmatrix}2&1&0&0\\1&3&1&0\\0&1&1&1\\0&0&2&1\end{pmatrix}\begin{pmatrix}x_1\\x_2\\x_3\\x_4\end{pmatrix}=\begin{pmatrix}1\\2\\2\\0\end{pmatrix}$； (2) $\begin{pmatrix}2&-1&&&\\-1&2&-1&&\\&-1&2&-1&\\&&-1&2&-1\\&&&-1&2\end{pmatrix}\begin{pmatrix}x_1\\x_2\\x_3\\x_4\\x_5\end{pmatrix}=\begin{pmatrix}1\\0\\0\\0\\0\end{pmatrix}$。

6. 用平方根法求解线性方程组

$$\begin{pmatrix}3&2&3\\2&2&0\\3&0&12\end{pmatrix}\begin{pmatrix}x_1\\x_2\\x_3\end{pmatrix}=\begin{pmatrix}5\\3\\7\end{pmatrix}。$$

7. 用 $\boldsymbol{LDL}^{\mathrm{T}}$ 分解法求解线性方程组

$$\begin{pmatrix}3&3&5\\3&5&9\\5&9&17\end{pmatrix}\begin{pmatrix}x_1\\x_2\\x_3\end{pmatrix}=\begin{pmatrix}10\\16\\30\end{pmatrix}。$$

第4章 解线性方程组的迭代法

第 3 章介绍的解线性方程组的直接法是解低阶稠密线性方程组的有效方法。对于一些高阶线性方程组,用直接法求解的计算量过大。为了解决这个问题,有必要引入解线性方程组的迭代法。迭代法是一种逐步逼近的方法,尤其是随着高速计算机的出现和广泛应用,使得迭代法更加容易实现。求解线性方程组的迭代法具有存储空间小,程序设计简单等优点。对于大型线性方程组(尤其是大型工程问题所产生的线性方程组),迭代法更加优越。

本章首先介绍求解线性方程组的简单迭代法,讨论线性方程组迭代法的敛散性,给出收敛性定理,其中重点介绍了雅可比迭代法、高斯—塞德尔迭代法以及在大型工程问题中应用较广的逐次超松弛迭代法。

4.1 简单迭代法

设给定的线性代数方程组为

$$\boldsymbol{A}\boldsymbol{x}=\boldsymbol{b}, \tag{4.1}$$

这里 $\boldsymbol{A}\in\mathbb{R}^{n\times n}, \boldsymbol{x}, \boldsymbol{b}\in\mathbb{R}^n$。若将式(4.1)改写为等价的便于迭代的形式

$$\boldsymbol{x}=\boldsymbol{B}\boldsymbol{x}+\boldsymbol{f}, \tag{4.2}$$

此处 $\boldsymbol{B}=(b_{ij})_{n\times n}\in\mathbb{R}^{n\times n}, \boldsymbol{f}\in\mathbb{R}^n$。这种迭代总能实现,如令 $\boldsymbol{B}=\boldsymbol{E}-\boldsymbol{A}, \boldsymbol{f}=\boldsymbol{b}$,其中 $\boldsymbol{E}$ 为单位矩阵。对于等式(4.2)右端的 $\boldsymbol{x}$ 给定初始近似解(向量)$\boldsymbol{x}^{(0)}\in\mathbb{R}^n$,按迭代格式

$$\boldsymbol{x}^{(k+1)}=\boldsymbol{B}\boldsymbol{x}^{(k)}+\boldsymbol{f},\quad k=0,1,\cdots, \tag{4.3}$$

亦即

$$x_j^{(k+1)}=(\boldsymbol{B}\boldsymbol{x}^{(k)})_j+f_j,\quad j=1,2,\cdots,n;k=0,1,\cdots \tag{4.4}$$

或

$$\begin{cases} x_1^{(k+1)}=b_{11}x_1^{(k)}+b_{12}x_2^{(k)}+\cdots+b_{1n}x_n^{(k)}+f_1, \\ x_2^{(k+1)}=b_{21}x_1^{(k)}+b_{22}x_2^{(k)}+\cdots+b_{2n}x_n^{(k)}+f_2, \\ \quad\vdots \\ x_n^{(k+1)}=b_{n1}x_1^{(k)}+b_{n2}x_2^{(k)}+\cdots+b_{nn}x_n^{(k)}+f_n, \end{cases} \quad k=0,1,\cdots。 \tag{4.5}$$

可算出线性方程组(4.1)的近似解序列:$\boldsymbol{x}^{(0)}, \boldsymbol{x}^{(1)}, \cdots, \boldsymbol{x}^{(k)}, \cdots$。

我们称由公式(4.3)进行迭代求解的方法为简单迭代法,并称式(4.3)为简

单迭代格式,矩阵 $\boldsymbol{B}$ 称为迭代矩阵,$\boldsymbol{x}^{(0)}$ 称为初始近似解,$\boldsymbol{x}^{(k)}$ 称为 k 次近似解,k 称为迭代次数。若 $\lim\limits_{k\to\infty}\boldsymbol{x}^{(k)}=\boldsymbol{x}^*$,则称简单迭代法是收敛的,其极限值 $\boldsymbol{x}^*$ 即为线性方程组的解,否则就称简单迭代法发散。

例 1 用简单迭代法解线性方程组

$$\begin{cases}3x_1+x_2=2,\\x_1+2x_2=1。\end{cases}$$

解 首先将线性方程组改写成等价形式

$$\begin{cases}x_1=\dfrac{2-x_2}{3},\\[2mm]x_2=\dfrac{1-x_1}{2}。\end{cases}$$

取初始解 $\boldsymbol{x}^{(0)}=(0,0)^{\mathrm{T}}$,按

$$\begin{cases}x_1^{(k+1)}=\dfrac{2-x_2^{(k)}}{3},\\[2mm]x_2^{(k+1)}=\dfrac{1-x_1^{(k)}}{2},\end{cases}\quad k=0,1,\cdots$$

进行迭代,其计算结果见表 4.1。

表 4.1

k	0	1	2	3	4	5	6	7	8	9	…
$x_1^{(k)}$	0	0.666 67	0.500 00	0.611 11	0.583 33	0.601 85	0.597 22	0.600 31	0.599 54	0.600 05	…
$x_2^{(k)}$	0	0.500 00	0.166 67	0.250 00	0.194 45	0.208 33	0.199 08	0.201 39	0.199 85	0.200 23	…

所给的线性方程组的准确解为 $\boldsymbol{x}^*=(0.6,0.2)^{\mathrm{T}}$。若要求精度为 0.0005,由于

$$\|\boldsymbol{x}^{(8)}-\boldsymbol{x}^*\|_\infty=0.000\,46<0.000\,5,$$

因此可取 $\boldsymbol{x}^{(8)}=(0.599\,54,0.199\,85)^{\mathrm{T}}$ 为满足精度要求的近似解。

从表 4.1 发现 $\|\boldsymbol{x}^{(8)}-\boldsymbol{x}^{(9)}\|_\infty=0.000\,51$,与 0.000 5 相差无几。由于线性方程组的准确解往往不易求出,因此后一种误差估计很有实际意义,即判断相邻两次计算的结果是否充分接近预先给定的精度。一般地,对预先给定的精度 ε,若 $\|\boldsymbol{x}^{(k+1)}-\boldsymbol{x}^{(k)}\|_\infty<\varepsilon$,则认为 $\boldsymbol{x}^{(k+1)}$ 即为满足精度要求的近似解。

当然,以上终止条件 $\|\boldsymbol{x}^{(k+1)}-\boldsymbol{x}^{(k)}\|_\infty<\varepsilon$ 也可以用 $\|\boldsymbol{x}^{(k+1)}-\boldsymbol{x}^{(k)}\|_2<\varepsilon$ 或 $\|\boldsymbol{x}^{(k+1)}-\boldsymbol{x}^{(k)}\|_1<\varepsilon$ 来取代。

为了讨论迭代法的一些概念和性质,我们引入向量和矩阵序列极限的概念,其实它就是实数数列极限概念的推广。$\mathbb{R}^n$ 中向量序列记为 $\{\boldsymbol{x}^{(k)}\}_{k=0}^{\infty}$,在不引起混淆时简记为 $\{\boldsymbol{x}^{(k)}\}$。同理,$\mathbb{R}^{n\times n}$ 中矩阵序列记为 $\{\boldsymbol{A}^{(k)}\}_{k=0}^{\infty}$ 或 $\{\boldsymbol{A}^{(k)}\}$。

假设在 $\mathbb{R}^n$ 中定义了范数 $\|\cdot\|$,如果存在 $\boldsymbol{x}\in\mathbb{R}^n$ 使 $\lim\limits_{k\to\infty}\|\boldsymbol{x}^{(k)}-\boldsymbol{x}\|=0$,则称序列 $\{\boldsymbol{x}^{(k)}\}$ 收敛于 $\boldsymbol{x}$,记为 $\lim\limits_{k\to\infty}\boldsymbol{x}^{(k)}=\boldsymbol{x}$。$\mathbb{R}^n$ 中的向量范数具有等价性,即若向量序列按一种范数收敛于 $\boldsymbol{x}$,那么按另外一种范数也收敛于 $\boldsymbol{x}$。设 $\boldsymbol{x}^{(k)}=(x_1^{(k)},x_2^{(k)},\cdots,x_n^{(k)})^{\mathrm{T}}$,$\boldsymbol{x}=(x_1,x_2,\cdots,x_n)^{\mathrm{T}}$,按 ∞-范数,则有 $\lim\limits_{k\to\infty}\max\limits_{1\leqslant i\leqslant n}|x_i^{(k)}-x_i|=0\Leftrightarrow\lim\limits_{k\to\infty}|x_i^{(k)}-x_i|=0\,(i=1,2,\cdots,n)$,

即$\lim\limits_{k\to\infty}\boldsymbol{x}^{(k)}=\boldsymbol{x}\Leftrightarrow\lim\limits_{k\to\infty}x_i^{(k)}=x_i, i=1,2,\cdots,n$。

假设在$\mathbb{R}^{n\times n}$中定义了范数$\|\cdot\|$，如果存在$\boldsymbol{A}\in\mathbb{R}^{n\times n}$使$\lim\limits_{k\to\infty}\|\boldsymbol{A}^{(k)}-\boldsymbol{A}\|=0$，则称序列$\{\boldsymbol{A}^{(k)}\}$收敛于$\boldsymbol{A}$，记为$\lim\limits_{k\to\infty}\boldsymbol{A}^{(k)}=\boldsymbol{A}$。同理，由于矩阵范数具有等价性，因此，设$\boldsymbol{A}^{(k)}=(a_{ij}^{(k)})$，$\boldsymbol{A}=(a_{ij})$，则$\lim\limits_{k\to\infty}\boldsymbol{A}^{(k)}=\boldsymbol{A}$当且仅当$\lim\limits_{k\to\infty}a_{ij}^{(k)}=a_{ij}\ (i,j=1,2,\cdots,n)$。

定理1 $\lim\limits_{k\to\infty}\boldsymbol{A}^{(k)}=\boldsymbol{0}$当且仅当$\lim\limits_{k\to\infty}\boldsymbol{A}^{(k)}\boldsymbol{x}=\boldsymbol{0}, \forall\boldsymbol{x}\in\mathbb{R}^n$。

证 对于任意一种矩阵从属范数有$\|\boldsymbol{A}^{(k)}\boldsymbol{x}\|\leqslant\|\boldsymbol{A}^{(k)}\|\|\boldsymbol{x}\|$，从而可证必要性。

若取$\boldsymbol{x}$为第j个单位向量$\boldsymbol{e}_j\ (j=1,2,\cdots,n)$，则$\lim\limits_{k\to\infty}\boldsymbol{A}^{(k)}\boldsymbol{e}_j=\boldsymbol{0}$意味着$\boldsymbol{A}^{(k)}$的第$j$列元素极限为零，充分性得证。

定理2 设$\boldsymbol{B}\in\mathbb{R}^{n\times n}$，则下面3个命题等价：

(1) $\lim\limits_{k\to\infty}\boldsymbol{B}^k=\boldsymbol{0}$。

(2) $\rho(\boldsymbol{B})<1$。

(3) 至少存在一种从属于向量范数的矩阵范数$\|\cdot\|$，使$\|\boldsymbol{B}\|<1$。

证 (1)⇒(2)：用反证法，假设$\boldsymbol{B}$有一个特征值λ，满足$|\lambda|\geqslant1$，则有特征向量$\boldsymbol{x}\neq\boldsymbol{0}$，$\boldsymbol{Bx}=\lambda\boldsymbol{x}$。由此得$\|\boldsymbol{B}^k\boldsymbol{x}\|=|\lambda|^k\|\boldsymbol{x}\|$，进而$\lim\limits_{k\to\infty}\boldsymbol{B}^{(k)}\boldsymbol{x}\neq\boldsymbol{0}$，由定理1得$\lim\limits_{k\to\infty}\boldsymbol{B}^{(k)}\neq\boldsymbol{0}$，矛盾。

(2)⇒(3)：由第3章定理6，适当选择ε，可使$\|\boldsymbol{B}\|<1$。

(3)⇒(1)：因$\|\boldsymbol{B}\|<1$，$\|\boldsymbol{B}^k\|\leqslant\|\boldsymbol{B}\|^k$，从而有$\lim\limits_{k\to\infty}\|\boldsymbol{B}^k\|=0$，于是$\lim\limits_{k\to\infty}\boldsymbol{B}^k=\boldsymbol{0}$。

下面给出关于简单迭代法(4.3)的收敛定理。

由$\boldsymbol{x}^{(k)}=\boldsymbol{Bx}^{(k-1)}+\boldsymbol{f}$，$\boldsymbol{x}^*=\boldsymbol{Bx}^*+\boldsymbol{f}$可得

$$\begin{aligned}\boldsymbol{\varepsilon}^{(k)}&=\boldsymbol{x}^{(k)}-\boldsymbol{x}^*=\boldsymbol{B}(\boldsymbol{x}^{(k-1)}-\boldsymbol{x}^*)=\boldsymbol{B\varepsilon}^{(k-1)}\\&=\boldsymbol{B}^2\boldsymbol{\varepsilon}^{(k-2)}=\cdots=\boldsymbol{B}^k\boldsymbol{\varepsilon}^{(0)}。\end{aligned}$$

可见$\boldsymbol{x}^{(k)}\to\boldsymbol{x}^*\Leftrightarrow\boldsymbol{B}^k\to\boldsymbol{0}\ (k\to\infty)$。综上所述，我们有下面的定理。

定理3(迭代法收敛的充要条件) 设有线性方程组$\boldsymbol{x}=\boldsymbol{Bx}+\boldsymbol{f}$，则对于任意的初始向量$\boldsymbol{x}^{(0)}$，解此线性方程组的迭代法

$$\boldsymbol{x}^{(k+1)}=\boldsymbol{Bx}^{(k)}+\boldsymbol{f},\quad k=0,1,\cdots$$

收敛的充要条件是$\rho(\boldsymbol{B})<1$. 并且若用迭代格式(4.3)求得的向量序列$\{\boldsymbol{x}^{(k)}\}$的极限存在，其极限就是线性方程组$\boldsymbol{x}=\boldsymbol{Bx}+\boldsymbol{f}$的唯一解。

一般来说，由于求矩阵$\boldsymbol{B}$的谱半径$\rho(\boldsymbol{B})$是件很麻烦的事情，上述结果不便使用。由于对于任意矩阵范数$\|\cdot\|$，有$\rho(\boldsymbol{B})\leqslant\|\boldsymbol{B}\|$，可得以下定理。

定理4(迭代法收敛的充分条件) 设有线性方程组$\boldsymbol{x}=\boldsymbol{Bx}+\boldsymbol{f}$，如果存在某一范数$\|\cdot\|$，满足$\|\boldsymbol{B}\|=q<1$，则对于任意的初始向量$\boldsymbol{x}^{(0)}$，解此线性方程组的迭代法

$$\boldsymbol{x}^{(k+1)}=\boldsymbol{Bx}^{(k)}+\boldsymbol{f},\quad k=0,1,\cdots$$

收敛，且有

$$\|\boldsymbol{x}^{(k)}-\boldsymbol{x}^*\|\leqslant\frac{q^k}{1-q}\|\boldsymbol{x}^{(1)}-\boldsymbol{x}^{(0)}\|,\tag{4.6}$$

$$\|\boldsymbol{x}^{(k)}-\boldsymbol{x}^*\|\leqslant\frac{q}{1-q}\|\boldsymbol{x}^{(k)}-\boldsymbol{x}^{(k-1)}\|。\tag{4.7}$$

证 首先$\rho(\boldsymbol{B})\leqslant\|\boldsymbol{B}\|=q<1$，由定理3，迭代格式(4.3)收敛。其次

$$\| \boldsymbol{x}^{(k)} - \boldsymbol{x}^* \| = \| \boldsymbol{B}(\boldsymbol{x}^{(k-1)} - \boldsymbol{x}^*) \| \leqslant q \| \boldsymbol{x}^{(k-1)} - \boldsymbol{x}^{(k)} + \boldsymbol{x}^{(k)} - \boldsymbol{x}^* \|$$
$$\leqslant q(\| \boldsymbol{x}^{(k-1)} - \boldsymbol{x}^{(k)} \| + \| \boldsymbol{x}^{(k)} - \boldsymbol{x}^* \|),$$

于是

$$\| \boldsymbol{x}^{(k)} - \boldsymbol{x}^* \| \leqslant \frac{q}{1-q} \| \boldsymbol{x}^{(k)} - \boldsymbol{x}^{(k-1)} \| 。$$

又

$$\| \boldsymbol{x}^{(k)} - \boldsymbol{x}^{(k-1)} \| = \| \boldsymbol{B}(\boldsymbol{x}^{(k-1)} - \boldsymbol{x}^{(k-2)}) \| \leqslant q \| \boldsymbol{x}^{(k-1)} - \boldsymbol{x}^{(k-2)} \|$$
$$\leqslant \cdots \leqslant q^{k-1} \| \boldsymbol{x}^{(1)} - \boldsymbol{x}^{(0)} \|,$$

从而 $\| \boldsymbol{x}^{(k)} - \boldsymbol{x}^* \| \leqslant \frac{q^k}{1-q} \| \boldsymbol{x}^{(1)} - \boldsymbol{x}^{(0)} \|$。证毕。

由定理 4 及其误差估计式(4.6),可按三种常用的矩阵范数归纳成下面比较简便的判别简单迭代法收敛的 3 个充分条件和相应的误差估计式。

推论 1 若 $\| \boldsymbol{B} \|_\infty = \max_k \sum_{j=1}^n | b_{kj} | = \mu < 1$,则迭代格式(4.3)收敛,且

$$\| \boldsymbol{x}^{(k)} - \boldsymbol{x}^* \|_\infty \leqslant \frac{\mu^k}{1-\mu} \| \boldsymbol{x}^{(1)} - \boldsymbol{x}^{(0)} \|_\infty 。\tag{4.8}$$

推论 2 若 $\| \boldsymbol{B} \|_1 = \max_j \sum_{k=1}^n | b_{kj} | = \gamma < 1$,则迭代格式(4.3)收敛,且

$$\| \boldsymbol{x}^{(k)} - \boldsymbol{x}^* \|_1 \leqslant \frac{\gamma^k}{1-\gamma} \| \boldsymbol{x}^{(1)} - \boldsymbol{x}^{(0)} \|_1 。\tag{4.9}$$

推论 3 若 $\| \boldsymbol{B} \|_2 = \sqrt{\lambda_{\max}(\boldsymbol{B}^{\mathrm{T}}\boldsymbol{B})} \leqslant \sqrt{p} < 1, p = \sum_{k=1}^n \lambda_k(\boldsymbol{B}^{\mathrm{T}}\boldsymbol{B}) \xlongequal{\text{def}} \| \boldsymbol{B} \|_{\mathrm{F}}^2$,则迭代格式(4.3)收敛,且

$$\| \boldsymbol{x}^{(k)} - \boldsymbol{x}^* \|_2 \leqslant \frac{p^{\frac{k}{2}}}{1-p^{\frac{1}{2}}} \| \boldsymbol{x}^{(1)} - \boldsymbol{x}^{(0)} \|_2 。\tag{4.10}$$

注 以上 3 个条件只要有一个满足即可知简单迭代法 $\boldsymbol{x}^{(k+1)} = \boldsymbol{B}\boldsymbol{x}^{(k)} + \boldsymbol{f}\,(k=0,1,\cdots)$ 收敛,不必 3 个条件同时满足。

例 2 若线性方程组 $\boldsymbol{x} = \boldsymbol{B}\boldsymbol{x} + \boldsymbol{f}$ 中的迭代矩阵

$$\boldsymbol{B} = \begin{pmatrix} -\frac{1}{2} & \frac{1}{2} \\ 0 & \frac{1}{3} \end{pmatrix},$$

问用简单迭代格式 $\boldsymbol{x}^{(k+1)} = \boldsymbol{B}\boldsymbol{x}^{(k)} + \boldsymbol{f}$ 进行迭代求解是否收敛?

解 因 $\| \boldsymbol{B} \|_1 = \frac{5}{6} < 1$,故简单迭代格式 $\boldsymbol{x}^{(k+1)} = \boldsymbol{B}\boldsymbol{x}^{(k)} + \boldsymbol{f}$ 收敛。

值得注意的是,$\| \boldsymbol{B} \|_\infty = 1$,但不能由此判断迭代法发散。

4.2 雅可比迭代法

假设线性方程组(4.1)的系数矩阵 $\boldsymbol{A}$ 满足 $a_{ii} \neq 0\,(i=1,2,\cdots,n)$,现将 $\boldsymbol{A}$ 分裂成

$$\boldsymbol{A}=\begin{pmatrix}a_{11}&&&&\\&a_{22}&&&\\&&\ddots&&\\&&&\ddots&\\&&&&a_{nn}\end{pmatrix}+\begin{pmatrix}0&&&&\\a_{21}&0&&&\\a_{31}&a_{32}&\ddots&&\\\vdots&\vdots&&\ddots&\\a_{n1}&a_{n2}&\cdots&\cdots&0\end{pmatrix}+$$

$$\begin{pmatrix}0&a_{12}&a_{13}&\cdots&a_{1n}\\&0&a_{23}&\cdots&a_{2n}\\&&\ddots&&\vdots\\&&&\ddots&\vdots\\&&&&0\end{pmatrix}=\boldsymbol{D}+\boldsymbol{L}+\boldsymbol{U}。$$

将式(4.1)的第 i 个方程用 a_{ii} 去除,再移项,得等价的线性方程组

$$x_i=\frac{1}{a_{ii}}\left(b_i-\sum_{j=1,j\neq i}^{n}a_{ij}x_j\right),\quad i=1,2,\cdots,n,\tag{4.11}$$

简记为

$$\boldsymbol{x}=\boldsymbol{B}_0\boldsymbol{x}+\boldsymbol{f},\tag{4.12}$$

其中

$$\boldsymbol{B}_0=\boldsymbol{E}-\boldsymbol{D}^{-1}\boldsymbol{A}=-\boldsymbol{D}^{-1}(\boldsymbol{L}+\boldsymbol{U})=\begin{pmatrix}0&\frac{-a_{12}}{a_{11}}&\cdots&\frac{-a_{1n}}{a_{11}}\\\frac{-a_{21}}{a_{22}}&0&\cdots&\frac{-a_{2n}}{a_{22}}\\\vdots&\vdots&&\vdots\\\frac{-a_{n1}}{a_{nn}}&\frac{-a_{n2}}{a_{nn}}&\cdots&0\end{pmatrix},\tag{4.13}$$

$\boldsymbol{f}=\boldsymbol{D}^{-1}\boldsymbol{b}$。

对式(4.12)利用简单迭代法,得迭代格式

$$\boldsymbol{x}^{(k+1)}=\boldsymbol{B}_0\boldsymbol{x}^{(k)}+\boldsymbol{f},\quad k=0,1,\cdots,\tag{4.14}$$

称为解线性方程组(4.1)的雅可比(Jacobi)迭代法,$\boldsymbol{B}_0$ 称为雅可比迭代矩阵。格式(4.14)的分量形式为

$$x_i^{(k+1)}=\frac{1}{a_{ii}}\left(b_i-\sum_{j=1,j\neq i}^{n}a_{ij}x_j^{(k)}\right),\quad i=1,2,\cdots,n;k=0,1,\cdots。\tag{4.15}$$

雅可比迭代法比较简单,每迭代一次只需计算一次矩阵和向量乘法,故在计算机运算时仅需两组工作单元,用来存储 $\boldsymbol{x}^{(k+1)}$ 和 $\boldsymbol{x}^{(k)}$ 即可。

雅可比迭代法的算法

(1) 输入 $\boldsymbol{A}=(a_{ij})_{n\times n}$,$\boldsymbol{b}=(b_1,b_2,\cdots,b_n)^{\mathrm{T}}$,维数 n,$\boldsymbol{x}^{(0)}=(x_1^{(0)},x_2^{(0)},\cdots,x_n^{(0)})^{\mathrm{T}}$,容许误差 ε,最大容许迭代次数 N。

(2) 对 $i=1,2,\cdots,n$,置 $x_i=x_i^{(0)}$。

(3) 置 $k=1$。

(4) 对 $i=1,2,\cdots,n$,置

$$y_i=\frac{1}{a_{ii}}\left(b_i-\sum_{j=1,j\neq i}^{n}a_{ij}x_j\right)。$$

(5) 若$\max\limits_{1\leqslant i\leqslant n}|y_i-x_i|<\varepsilon$，输出 $y_i(i=1,2,\cdots,n)$，停机；否则转(6)。

(6) 若 $k<N$，置 $k\Leftarrow k+1,x_i\Leftarrow y_i(i=1,2,\cdots,n)$，转(4)；否则，输出失败信息，停机。

雅可比迭代法在计算机上编程实现，其框图见图 4.1。

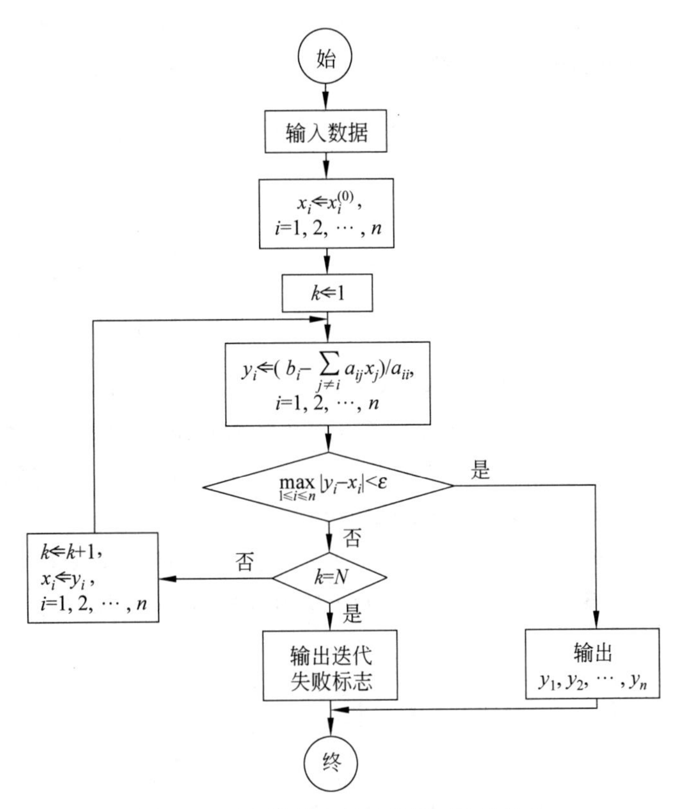

图 4.1 求解线性方程组的雅可比迭代法

例 3 写出求解以下方程组的雅可比迭代格式，并证明此格式发散。

$$\begin{pmatrix}1&2&0\\0&1&2\\2&0&1\end{pmatrix}\begin{pmatrix}x_1\\x_2\\x_3\end{pmatrix}=\begin{pmatrix}1\\2\\3\end{pmatrix}。$$

解 雅可比迭代格式为

$$\begin{cases}x_1^{(k+1)}=-2x_2^{(k)}+1,\\x_2^{(k+1)}=-2x_3^{(k)}+2,\\x_3^{(k+1)}=-2x_1^{(k)}+3,\end{cases}\quad k=0,1,\cdots。$$

迭代矩阵 $\boldsymbol{B}_0=\begin{pmatrix}0&-2&0\\0&0&-2\\-2&0&0\end{pmatrix}$，计算得出 $\boldsymbol{B}_0$ 的三个特征值均为-2，所以 $\rho(\boldsymbol{B}_0)=2>1$，从而雅可比迭代法发散。

可以看出，判别雅可比迭代法的收敛性时，估计 $\rho(\boldsymbol{B}_0)$ 是件较麻烦的事情，我们能否从线性方程组 $\boldsymbol{Ax}=\boldsymbol{b}$ 的系数矩阵 $\boldsymbol{A}$ 来判断求解此线性方程组所对应的雅可比格式的收敛性呢？

对于(按行)对角占优阵,有以下结果。

定理5(对角占优定理) 如果$\boldsymbol{A}=(a_{ij})_{n\times n}$为(按行)严格对角占优阵,则$\boldsymbol{A}$可逆。

证 采用反证法。若$|\boldsymbol{A}|=0$,则$\boldsymbol{Ax}=\boldsymbol{0}$有非零解$\boldsymbol{x}=(x_1,x_2,\cdots,x_n)^{\mathrm{T}}$,记$|x_k|=\max\limits_{1\leqslant i\leqslant n}|x_i|\neq 0$。

其次由线性方程组的第k个方程

$$\sum_{j=1}^{n}a_{kj}x_j=0$$

得

$$|a_{kk}x_k|=\left|\sum_{j=1,j\neq k}^{n}a_{kj}x_j\right|\leqslant\sum_{j=1,j\neq k}^{n}|a_{kj}x_j|\leqslant|x_k|\sum_{j=1,j\neq k}^{n}|a_{kj}|,$$

注意到$|x_k|\neq 0$,有$|a_{kk}|\leqslant\sum\limits_{j=1,j\neq k}^{n}|a_{kj}|$,与假设矛盾。故$|\boldsymbol{A}|\neq 0$,即$\boldsymbol{A}$可逆。证毕。

定理6(雅可比格式收敛定理) 设$\boldsymbol{Ax}=\boldsymbol{b}$,且系数矩阵$\boldsymbol{A}=(a_{ij})_{n\times n}$为(按行)严格对角占优阵,那么求解线性方程组$\boldsymbol{Ax}=\boldsymbol{b}$的雅可比迭代格式对任意的初始向量$\boldsymbol{x}^{(0)}$收敛。

证 由假设知$a_{ii}\neq 0(i=1,2,\cdots,n)$,求解$\boldsymbol{Ax}=\boldsymbol{b}$的雅可比迭代格式的迭代矩阵为$\boldsymbol{B}_0=-\boldsymbol{D}^{-1}(\boldsymbol{L}+\boldsymbol{U})$,下面考查$\boldsymbol{B}_0$的特征值情况。

$$|\lambda\boldsymbol{E}-\boldsymbol{B}_0|=|\lambda\boldsymbol{E}+\boldsymbol{D}^{-1}(\boldsymbol{L}+\boldsymbol{U})|=|\boldsymbol{D}^{-1}|\,|\lambda\boldsymbol{D}+\boldsymbol{L}+\boldsymbol{U}|。$$

由于$|\boldsymbol{D}^{-1}|\neq 0$,故$\boldsymbol{B}_0$的特征值即为$|\lambda\boldsymbol{D}+\boldsymbol{L}+\boldsymbol{U}|=0$的根。记

$$\boldsymbol{C}\overset{\text{def}}{=\!=\!=}\lambda\boldsymbol{D}+\boldsymbol{L}+\boldsymbol{U}=\begin{pmatrix}\lambda a_{11}&a_{12}&\cdots&a_{1n}\\a_{21}&\lambda a_{22}&\cdots&a_{2n}\\\vdots&\vdots&&\vdots\\a_{n1}&a_{n2}&\cdots&\lambda a_{nn}\end{pmatrix},$$

下面来证明当$|\lambda|\geqslant 1$时,$|\boldsymbol{C}|\neq 0$,即$\boldsymbol{B}_0$的特征值均满足$|\lambda|<1$,从而雅可比迭代法收敛。

事实上,当$|\lambda|\geqslant 1$时,由于$\boldsymbol{A}$为(按行)严格对角占优阵,因此有

$$|c_{ii}|=|\lambda a_{ii}|>|\lambda|\sum_{j=1,j\neq i}^{n}|a_{ij}|\geqslant\sum_{j=1,j\neq i}^{n}|c_{ij}|,\quad i=1,2,\cdots,n。$$

这说明,当$|\lambda|\geqslant 1$时,矩阵$\boldsymbol{C}$为(按行)严格对角占优阵,由定理5知,$|\boldsymbol{C}|\neq 0$。证毕。

例4 写出求解以下线性方程组的雅可比迭代格式,并证明此格式收敛。

$$\begin{pmatrix}7&-1&-3\\-5&8&2\\2&4&9\end{pmatrix}\begin{pmatrix}x_1\\x_2\\x_3\end{pmatrix}=\begin{pmatrix}1\\2\\3\end{pmatrix}。$$

解 此线性方程组的雅可比迭代格式为

$$\begin{cases}x_1^{(k+1)}=\dfrac{1}{7}(1+x_2^{(k)}+3x_3^{(k)}),\\x_2^{(k+1)}=\dfrac{1}{8}(2+5x_1^{(k)}-2x_3^{(k)}),\quad k=0,1,\cdots。\\x_3^{(k+1)}=\dfrac{1}{9}(3-2x_1^{(k)}-4x_2^{(k)}),\end{cases}$$

由于$|7|>|-1|+|-3|$,$|8|>|-5|+|2|$,$|9|>|2|+|4|$,故系数矩阵为(按行)严格对角占优阵,于是雅可比迭代格式收敛。

例 5 调整例 3 中线性方程组的顺序，保证同解线性方程组的雅可比迭代法收敛。

解 调整后的线性方程组为

$$\begin{pmatrix}2 & 0 & 1\\1 & 2 & 0\\0 & 1 & 2\end{pmatrix}\begin{pmatrix}x_1\\x_2\\x_3\end{pmatrix}=\begin{pmatrix}3\\1\\2\end{pmatrix},$$

此线性方程组与原线性方程组同解，且 $|2|>|1|$，故系数矩阵严格对角占优，于是雅可比迭代格式收敛。

实现求解线性方程组的雅可比迭代法的 MATLAB 函数文件 jacobi.m 如下。

```
function [x,k]=jacobi(a,b)
%求解线性方程组的 Jacobi 迭代法,a 为系数矩阵,b 为常向量
%e 为精度要求(默认 1e-5),m 为迭代次数上限(默认 200)
n=length(b); m=200;e=1e-5; x0=zeros(n,1);
k=0;x=x0;x0=x+2*e;d=diag(diag(a));l=-tril(a,-1);u=-triu(a,1);
while norm(x0-x,inf)>e&k<m,k=k+1;x0=x;
    x=inv(d)*(l+u)*x+inv(d)*b;k,disp(x'),end;
if k==m,error('失败或已达迭代次数上限');end
```

例 6 在 MATLAB 命令窗口求解例 4。

解 输入

```
format long;a=[7 -1 -3;-5 8 2;2 4 9];b=[1;2;3];
[x,k]=jacobi(a,b)
```

4.3 高斯—塞德尔迭代法

由雅可比迭代格式可知，在迭代的第 $k+1$ 步计算过程中是用 $\boldsymbol{x}^{(k)}$ 的全部分量来计算 $\boldsymbol{x}^{(k+1)}$ 的所有分量，显然在计算第 i 个分量 $x_i^{(k+1)}$ 时，对已经计算出的最新分量 $x_1^{(k+1)},x_2^{(k+1)},\cdots,x_{i-1}^{(k+1)}$ 没有利用。一般来说，最新算出的分量要比旧的分量更精确些。高斯—塞德尔(Gauss-Seidel)迭代法，简称 G-S 迭代法，就是对新算出的分量马上加以利用，其格式为

$$x_i^{(k+1)}=\frac{1}{a_{ii}}\left(b_i-\sum_{j=1}^{i-1}a_{ij}x_j^{(k+1)}-\sum_{j=i+1}^{n}a_{ij}x_j^{(k)}\right),\quad i=1,2,\cdots,n;k=0,1,\cdots。\tag{4.16}$$

式(4.16)中的第 2 个式子利用了最新算出的分量 $x_1^{(k+1)}$，第 i 个式子利用了最新算出的分量 $x_1^{(k+1)},x_2^{(k+1)},\cdots,x_{i-1}^{(k+1)}$。

式(4.16)还可以写成矩阵形式

$$\boldsymbol{D}\boldsymbol{x}^{(k+1)}=\boldsymbol{b}-\boldsymbol{L}\boldsymbol{x}^{(k+1)}-\boldsymbol{U}\boldsymbol{x}^{(k)},$$

或

$$(\boldsymbol{D}+\boldsymbol{L})\boldsymbol{x}^{(k+1)}=\boldsymbol{b}-\boldsymbol{U}\boldsymbol{x}^{(k)}。$$

若 $a_{ii}\neq 0(i=1,2,\cdots,n)$，则有

$$\boldsymbol{x}^{(k+1)}=(\boldsymbol{D}+\boldsymbol{L})^{-1}\boldsymbol{b}-(\boldsymbol{D}+\boldsymbol{L})^{-1}\boldsymbol{U}\boldsymbol{x}^{(k)}$$

或

$$\boldsymbol{x}^{(k+1)}=\boldsymbol{G}\boldsymbol{x}^{(k)}+\boldsymbol{f},\tag{4.17}$$

其中

$$G=-(D+L)^{-1}U, f=(D+L)^{-1}b。$$

G 称为高斯—塞德尔迭代法的迭代矩阵。

G-S 迭代法的一个明显优点是，在计算机运算时只需一组工作单元，以便存放近似解。可以说 G-S 迭代法是雅可比迭代法的一种加速方法。

高斯—塞德尔迭代法的算法

(1) 输入 $A=(a_{ij})_{n\times n}$，$b=(b_1,b_2,\cdots,b_n)^T$，维数 n，$x^{(0)}=(x_1^{(0)},x_2^{(0)},\cdots,x_n^{(0)})^T$，容许误差 ε，最大容许迭代次数 N。

(2) 对 $i=1,2,\cdots,n$，置 $x_i=x_i^{(0)}$，$y_i=x_i$。

(3) 置 $k=1$。

(4) 对 $i=1,2,\cdots,n$，置

$$y_i=\frac{1}{a_{ii}}\left(b_i-\sum_{j=1}^{i-1}a_{ij}y_j-\sum_{j=i+1}^{n}a_{ij}x_j\right)。$$

(5) 若 $\max\limits_{1\leqslant i\leqslant n}|y_i-x_i|<\varepsilon$，输出 $y_i(i=1,2,\cdots,n)$，停机；否则转(6)。

(6) 若 $k<N$，置 $k+1\Rightarrow k$，$y_i\Rightarrow x_i(i=1,2,\cdots,n)$，转(4)；否则，输出失败信息，停机。

高斯—塞德尔迭代法在计算机上编程实现，其框图见图 4.2。

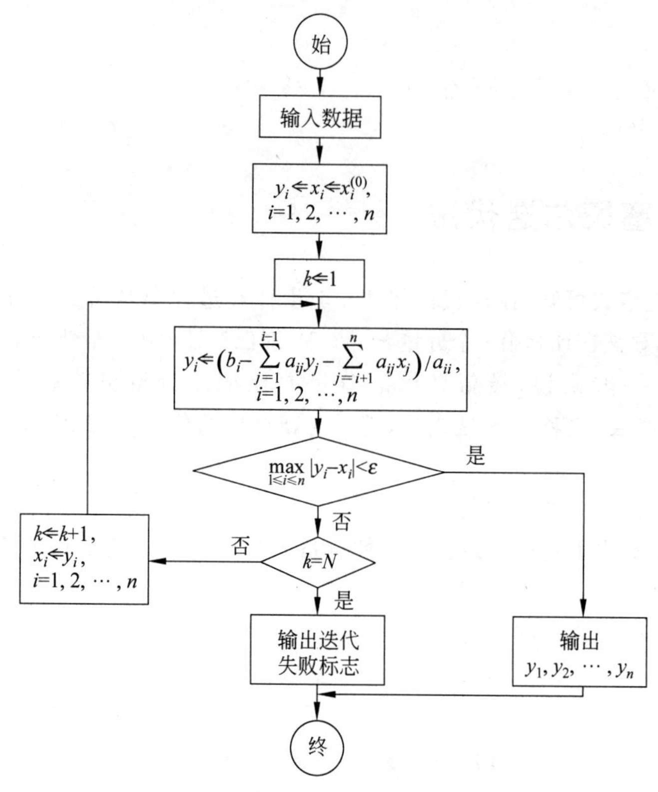

图 4.2 求解线性方程组的高斯—塞德尔迭代法

例 7 选用例 1 的线性方程组，用 G-S 迭代法求解。

解 G-S 迭代格式：

$$\begin{cases} x_1^{(k+1)} = \dfrac{2 - x_2^{(k)}}{3}, \\ x_2^{(k+1)} = \dfrac{1 - x_1^{(k+1)}}{2}, \end{cases} \quad k = 0,1,2,\cdots。$$

初始解 $x^{(0)} = (0,0)^{\mathrm{T}}$，计算结果见表 4.2。

表 4.2

k	0	1	2	3	4	5	…
$x_1^{(k)}$	0	0.666 67	0.611 11	0.601 86	0.600 31	0.600 05	…
$x_2^{(k)}$	0	0.166 67	0.194 44	0.199 07	0.199 85	0.199 97	…

例 1 的算法即为雅可比格式，迭代 8 次后 $\|\boldsymbol{x}^{(8)} - \boldsymbol{x}^*\|_\infty = 0.000\,46$。而用 G-S 迭代格式迭代 4 次后 $\|\boldsymbol{x}^{(4)} - \boldsymbol{x}^*\|_\infty = 0.000\,31$。

从例 7 中可以看出，G-S 迭代法比雅可比迭代法收敛快。但这个结论在一定条件下才是对的。甚至有这样的线性方程组，雅可比迭代法收敛，而 G-S 迭代法却发散。如对线性方程组

$$\begin{pmatrix} 1 & 2 & -2 \\ 1 & 1 & 1 \\ 2 & 2 & 1 \end{pmatrix} \begin{pmatrix} x_1 \\ x_2 \\ x_3 \end{pmatrix} = \begin{pmatrix} 1 \\ 1 \\ 1 \end{pmatrix}$$

使用以上两种迭代法求解就会产生这一现象。

现在我们讨论 G-S 迭代法的收敛性。由定理 3 知，G-S 迭代格式(4.17)收敛的充要条件为 $\rho(\boldsymbol{G}) < 1$。与雅可比迭代法相比，求 G-S 迭代法的迭代矩阵 $\boldsymbol{G}$ 及估计 $\rho(\boldsymbol{G}) < 1$ 相对来说更困难。因此，我们自然会想到能否与雅可比迭代法相似，由线性方程组 $\boldsymbol{Ax} = \boldsymbol{b}$ 的系数矩阵 $\boldsymbol{A}$ 来判断求解线性方程组的 G-S 格式的收敛性。

定理 7(G-S 格式收敛定理) 设 $\boldsymbol{Ax} = \boldsymbol{b}$，且系数矩阵 $\boldsymbol{A} = (a_{ij})_{n \times n}$ 为(按行)严格对角占优阵，那么求解线性方程组 $\boldsymbol{Ax} = \boldsymbol{b}$ 的 G-S 迭代格式对任意的初始向量 $\boldsymbol{x}^{(0)}$ 收敛。

证 由于系数矩阵 $\boldsymbol{A} = (a_{ij})_{n \times n}$ 为(按行)严格对角占优阵，故 $a_{ii} \neq 0 (i = 1,2,\cdots,n)$，$\boldsymbol{D} + \boldsymbol{L}$ 可逆。求解 $\boldsymbol{Ax} = \boldsymbol{b}$ 的 G-S 迭代格式的迭代矩阵为 $\boldsymbol{G} = -(\boldsymbol{D} + \boldsymbol{L})^{-1}\boldsymbol{U}$，下面考查 $\boldsymbol{G}$ 的特征值情况。考察行列式

$$|\lambda \boldsymbol{E} - \boldsymbol{G}| = |\lambda \boldsymbol{E} + (\boldsymbol{D} + \boldsymbol{L})^{-1}\boldsymbol{U}| = |(\boldsymbol{D} + \boldsymbol{L})^{-1}| \, |\lambda(\boldsymbol{D} + \boldsymbol{L}) + \boldsymbol{U}|。$$

由于 $\boldsymbol{D} + \boldsymbol{L}$ 可逆，故 $\boldsymbol{G}$ 的特征值即为 $|\lambda(\boldsymbol{D} + \boldsymbol{L}) + \boldsymbol{U}| = 0$ 的根。记

$$\boldsymbol{C} \xlongequal{\text{def}} \lambda(\boldsymbol{D} + \boldsymbol{L}) + \boldsymbol{U} = \begin{pmatrix} \lambda a_{11} & a_{12} & \cdots & a_{1n} \\ \lambda a_{21} & \lambda a_{22} & \cdots & a_{2n} \\ \vdots & \vdots & & \vdots \\ \lambda a_{n1} & \lambda a_{n2} & \cdots & \lambda a_{nn} \end{pmatrix},$$

下面来证明当 $|\lambda| \geqslant 1$ 时，$|\boldsymbol{C}| \neq 0$，即 $\boldsymbol{G}$ 的特征值均满足 $|\lambda| < 1$，从而 G-S 迭代法收敛。

事实上，当 $|\lambda| \geqslant 1$ 时，由于 $\boldsymbol{A}$ 为(按行)严格对角占优阵，则有

$$|c_{ii}| = |\lambda a_{ii}| > |\lambda| \sum_{j=1, j \neq i}^{n} |a_{ij}| = |\lambda| \left(\sum_{j=1}^{i-1} |a_{ij}| + \sum_{j=i+1}^{n} |a_{ij}| \right)$$

$$\geqslant\left(|\lambda|\sum_{j=1}^{i-1}|a_{ij}|+\sum_{j=i+1}^{n}|a_{ij}|\right)=\left(\sum_{j=1}^{i-1}|\lambda a_{ij}|+\sum_{j=i+1}^{n}|a_{ij}|\right)$$

$$=\sum_{j=1,j\neq i}^{n}|c_{ij}|\ (i=1,2,\cdots,n)。$$

这说明，当$|\lambda|\geqslant 1$时，矩阵$\boldsymbol{C}$为(按行)严格对角占优阵，于是$|\boldsymbol{C}|\neq 0$。证毕。

实现求解线性方程组的高斯－塞德尔迭代法的 MATLAB 函数文件 Segauss.m 如下。

```
function [x,k]=Segauss(a,b,x0,e,m)
%求解线性方程组的 Guass-Seidel 迭代法,a 为系数矩阵,b 为常向量
%e 为精度要求(默认 1e-5),m 为迭代次数上限(默认 200)
n=length(b); if nargin<5, m=200; end;
if nargin<4, e=1e-5; end;if nargin<3, x0=zeros(n,1); end;
k=0;x=x0;x0=x+2*e;al=tril(a);ial=inv(al);
while norm(x0-x,inf)>e&k<m,k=k+1;x0=x;x=-ial*(a-al)*x0+ial*b;disp(x'),end
if k==m,error('失败或已达迭代次数上限');end
```

例 8 在 MATLAB 命令窗口求解例 7。

解 输入

```
format long;a=[3 1;1 2];b=[2;1];x0=[0;0];e=1e-5;m=200;
[x,k]=Segauss(a,b,x0,e,m)
```

4.4 逐次超松弛迭代法

逐次超松弛迭代法(successive over relaxation method)，简称 SOR 方法，是 G-S 方法的一种加速方法，是解决大型稀疏线性方程组的有效方法之一，它具有计算公式简单，程序设计容易，占用计算机内存少等优点，但需要选择好的加速因子(即最佳松弛因子)。

假设已经算出了$\boldsymbol{x}^{(k)}$，记

$$\overline{x}_i^{(k+1)}=\frac{1}{a_{ii}}\left(b_i-\sum_{j=1}^{i-1}a_{ij}x_j^{(k+1)}-\sum_{j=i+1}^{n}a_{ij}x_j^{(k)}\right)。\tag{4.18}$$

上式相当于用 G-S 方法计算一个分量的公式。若对某个参数ω作加权平均：

$$x_i^{(k+1)}=\omega\overline{x}_i^{(k+1)}+(1-\omega)x_i^{(k)},\tag{4.19}$$

就得到新的计算格式，即 SOR 方法。整理式(4.18)、式(4.19)有

$$x_i^{(k+1)}=(1-\omega)x_i^{(k)}+\omega\frac{1}{a_{ii}}\left(b_i-\sum_{j=1}^{i-1}a_{ij}x_j^{(k+1)}-\sum_{j=i+1}^{n}a_{ij}x_j^{(k)}\right)。\tag{4.20}$$

SOR 迭代格式(4.20)与参数ω有关，称ω为松弛因子。当$\omega<1$时，式(4.20)称为低松弛法；当$\omega>1$时，式(4.20)称为超松弛法。显然$\omega=1$时，式(4.20)退化为 G-S 迭代法。

由式(4.20)有

$$a_{ii}x_i^{(k+1)}+\omega\sum_{j=1}^{i-1}a_{ij}x_j^{(k+1)}=(1-\omega)a_{ii}x_i^{(k)}-\omega\sum_{j=i+1}^{n}a_{ij}x_j^{(k)}+\omega b_i。\tag{4.21}$$

式(4.21)还可以写成矩阵形式

$$(\boldsymbol{D}+\omega\boldsymbol{L})\boldsymbol{x}^{(k+1)}=[(1-\omega)\boldsymbol{D}-\omega\boldsymbol{U}]\boldsymbol{x}^{(k)}+\omega\boldsymbol{b}。\tag{4.22}$$

若 $a_{ii} \neq 0 (i=1,2,\cdots,n)$，则有

$$\boldsymbol{x}^{(k+1)}=(\boldsymbol{D}+\omega \boldsymbol{L})^{-1}[(1-\omega)\boldsymbol{D}-\omega \boldsymbol{U}]\boldsymbol{x}^{(k)}+\omega(\boldsymbol{D}+\omega \boldsymbol{L})^{-1}\boldsymbol{b}, \tag{4.23}$$

或

$$\boldsymbol{x}^{(k+1)}=\boldsymbol{L}_{\omega}\boldsymbol{x}^{(k)}+\boldsymbol{f}, \tag{4.24}$$

其中

$$\boldsymbol{L}_{\omega}=(\boldsymbol{D}+\omega \boldsymbol{L})^{-1}[(1-\omega)\boldsymbol{D}-\omega \boldsymbol{U}],\quad \boldsymbol{f}=\omega(\boldsymbol{D}+\omega \boldsymbol{L})^{-1}\boldsymbol{b}。 \tag{4.25}$$

$\boldsymbol{L}_{\omega}$ 称为 SOR 迭代法的迭代矩阵。

在 SOR 迭代法中，每迭代一次主要的运算量是计算一次矩阵与向量的乘法。由式(4.20)可知，在计算机上应用 SOR 方法解线性方程组时只需一组工作单元，迭代终止的控制条件可以采用传统控制条件 $\|\boldsymbol{x}^{(k+1)}-\boldsymbol{x}^{(k)}\|_{\infty}<\varepsilon$ 来完成。

SOR 迭代法的算法

(1) 输入 $\boldsymbol{A}=(a_{ij})_{n\times n}$，$\boldsymbol{b}=(b_1,b_2,\cdots,b_n)^{\mathrm{T}}$，维数 n，$\boldsymbol{x}^{(0)}=(x_1^{(0)},x_2^{(0)},\cdots,x_n^{(0)})^{\mathrm{T}}$，参数 ω，容许误差 ε，最大容许迭代次数 N。

(2) 置 $k=1$。

(3) 置

$$x_1=(1-\omega)x_1^{(0)}+\frac{\omega}{a_{11}}\left(b_1-\sum_{j=2}^{n}a_{1j}x_j^{(0)}\right)。$$

(4) 对 $i=2,\cdots,n-1$，置

$$x_i=(1-\omega)x_i^{(0)}+\frac{\omega}{a_{ii}}\left(b_i-\sum_{j=1}^{i-1}a_{ij}x_j-\sum_{j=i+1}^{n}a_{ij}x_j^{(0)}\right)。$$

(5) 置

$$x_n=(1-\omega)x_n^{(0)}+\frac{\omega}{a_{nn}}\left(b_n-\sum_{j=1}^{n-1}a_{nj}x_j\right)。$$

(6) 若 $\max\limits_{1\leqslant i\leqslant n}\|x_i-x_i^{(0)}\|<\varepsilon$，输出 $x_i(i=1,2,\cdots,n)$，停机；否则转(7)。

(7) 若 $k<N$，置 $k+1\Rightarrow k$，$x_i\Rightarrow x_i^{(0)}(i=1,2,\cdots,n)$，转(3)；否则，输出失败信息，停机。

例 9 用 SOR 方法解线性方程组

$$\begin{pmatrix}-4 & 1 & 1 & 1\\ 1 & -4 & 1 & 1\\ 1 & 1 & -4 & 1\\ 1 & 1 & 1 & -4\end{pmatrix}\begin{pmatrix}x_1\\x_2\\x_3\\x_4\end{pmatrix}=\begin{pmatrix}1\\1\\1\\1\end{pmatrix},$$

它的准确解 $\boldsymbol{x}^*=(-1,-1,-1,-1)^{\mathrm{T}}$。

解 取 $\boldsymbol{x}^{(0)}=(0,0,0,0)^{\mathrm{T}}$，迭代公式为

$$\begin{cases}x_1^{(k+1)}=(1-\omega)x_1^{(k)}+\omega\dfrac{1}{-4}(1-x_2^{(k)}-x_3^{(k)}-x_4^{(k)}),\\ x_2^{(k+1)}=(1-\omega)x_2^{(k)}+\omega\dfrac{1}{-4}(1-x_1^{(k+1)}-x_3^{(k)}-x_4^{(k)}),\\ x_3^{(k+1)}=(1-\omega)x_3^{(k)}+\omega\dfrac{1}{-4}(1-x_1^{(k+1)}-x_2^{(k+1)}-x_4^{(k)}),\\ x_4^{(k+1)}=(1-\omega)x_4^{(k)}+\omega\dfrac{1}{-4}(1-x_1^{(k+1)}-x_2^{(k+1)}-x_3^{(k+1)}),\end{cases}\quad k=0,1,2,\cdots。$$

取 $\omega=1.3$，迭代 11 次后

$$x^{(11)}=(-0.999\,996\,46,-1.000\,003\,10,-0.999\,999\,53,-0.999\,999\,12)^{\mathrm{T}},$$
$$\|x^{(11)}-x^*\|_2\leqslant 0.481\times10^{-5}。$$

对于 ω 的取值，达到 $\varepsilon=10^{-5}$ 精度要求，迭代次数 k 如表 4.3 所示。

表 4.3

	$\varepsilon=10^{-5},\|x^{(k)}-x^*\|_2<\varepsilon$									
ω	1.0	1.1	1.2	1.3	1.4	1.5	1.6	1.7	1.8	1.9
k	22	17	12	11	14	17	23	33	53	109

从表 4.3 可以看出，松弛因子的选择至关重要，选择得好，会使 SOR 迭代法的收敛大大加速. 本例中 $\omega=1.3$ 是较好的松弛因子。

当 SOR 方法收敛时，通常希望对松弛因子 ω 选择一个最佳的值 ω_{opt} 使 SOR 迭代格式收敛速度最快。但遗憾的是，目前尚无确定最佳松弛因子 ω_{opt} 的一般理论结果。实际计算时，大都由经验或通过试算（即从同一初始向量出发，取不同的松弛因子 ω，迭代相同的次数，比较相应残量 $\boldsymbol{b}-\boldsymbol{A}x^{(i)}$ 或 $x^{(i)}-x^{(i+1)}$，选范数小的）来确定 ω_{opt} 的近似值。目前仅对某些特殊类型的矩阵有确定 ω_{opt} 的公式。例如针对一类椭圆型微分方程数值解得到的线性方程组 $\boldsymbol{A}x=\boldsymbol{b}$，Young 于 1950 年给出了一个最佳松弛因子的计算公式

$$\omega_{\mathrm{opt}}=\frac{2}{1+\sqrt{1-\rho^2(\boldsymbol{B})}},\tag{4.26}$$

其中 $\rho(\boldsymbol{B})$ 是雅可比迭代公式中迭代矩阵的谱半径。

现在我们讨论 SOR 迭代法的收敛性。由定理 3，SOR 迭代格式(4.24)收敛的充要条件为 $\rho(\boldsymbol{L}_\omega)<1$。与雅可比迭代法、G-S 迭代法相比，求迭代矩阵 $\boldsymbol{L}_\omega$ 及估计 $\rho(\boldsymbol{L}_\omega)<1$ 是件非常难的事情。因此，我们自然还会想到能否与雅可比迭代法、G-S 迭代法相似，从线性方程组 $\boldsymbol{A}x=\boldsymbol{b}$ 的系数矩阵 $\boldsymbol{A}$ 来判断求解方程组的 SOR 格式的收敛性问题。

定理 8（SOR 格式收敛的必要条件） *设求解线性方程组 $\boldsymbol{A}x=\boldsymbol{b}$ ($a_{ii}\neq0,i=1,2,\cdots,n$) 的 SOR 方法收敛，则 $0<\omega<2$。*

证 由于 SOR 迭代法收敛，故 $\rho(\boldsymbol{L}_\omega)<1$。一方面 $|\boldsymbol{L}_\omega|=|(\boldsymbol{D}+\omega\boldsymbol{L})^{-1}[(1-\omega)\boldsymbol{D}-\omega\boldsymbol{U}]|=(1-\omega)^n$；另一方面，由矩阵的特征值的乘积等于该矩阵的行列式值，加之谱半径的定义，有

$$\rho(\boldsymbol{L}_\omega)\geqslant\sqrt[n]{|(1-\omega)^n|}=|1-\omega|,$$

从而 $|\omega-1|<1$，即 $0<\omega<2$。证毕。

定理 8 只是 SOR 迭代法收敛的必要条件，即 SOR 迭代法收敛，则一定有 $0<\omega<2$；反之，当 $0<\omega<2$ 时，SOR 迭代法未必收敛。

定理 9（SOR 格式收敛的充分条件） *设 $\boldsymbol{A}x=\boldsymbol{b}$，系数矩阵 $\boldsymbol{A}=(a_{ij})_{n\times n}$ 为（按行）严格对角占优阵，且 $0<\omega\leqslant1$，那么求解线性方程组 $\boldsymbol{A}x=\boldsymbol{b}$ 的 SOR 迭代格式对任意的初始向量 $x^{(0)}$ 收敛。*

证 设 $\boldsymbol{L}_\omega$ 的特征值为 λ，且 $|\lambda|\geqslant1$。由 $0<\omega\leqslant1$ 可得 $1-\omega-\lambda\neq0$。于是由 $\lambda=(\lambda+\omega-1)+(1-\omega)$， 可得 $|\lambda+\omega-1|\geqslant|\lambda|-(1-\omega)$，故

$$\frac{\omega}{|\lambda+\omega-1|}\leqslant\frac{\omega|\lambda|}{|\lambda+\omega-1|}\leqslant\frac{\omega|\lambda|}{|\lambda|-(1-\omega)}\leqslant\frac{\omega|\lambda|}{|\lambda|-(1-\omega)|\lambda|}=1。$$

下面考查 $\boldsymbol{L}_\omega$ 的特征值情况。因 $\boldsymbol{A}$(按行)严格对角占优,故 $|(\boldsymbol{D}+\omega\boldsymbol{L})|\neq 0$,于是

$$\begin{aligned}|\lambda\boldsymbol{E}-\boldsymbol{L}_\omega|&=|\lambda\boldsymbol{E}-(\boldsymbol{D}+\omega\boldsymbol{L})^{-1}[(1-\omega)\boldsymbol{D}-\omega\boldsymbol{U}]\\&=|(\boldsymbol{D}+\omega\boldsymbol{L})^{-1}||\lambda(\boldsymbol{D}+\omega\boldsymbol{L})-(1-\omega)\boldsymbol{D}+\omega\boldsymbol{U}|。\end{aligned}$$

由于 $\boldsymbol{D}+\omega\boldsymbol{L}$ 可逆,故 $\boldsymbol{L}_\omega$ 的特征值即为 $|\lambda(\boldsymbol{D}+\omega\boldsymbol{L})-(1-\omega)\boldsymbol{D}+\omega\boldsymbol{U}|=0$ 的根。记

$$\boldsymbol{C}\xlongequal{\text{def}}(\lambda+\omega-1)\boldsymbol{D}+\omega\lambda\boldsymbol{L}+\omega\boldsymbol{U},$$

下面来证明当 $|\lambda|\geqslant 1$ 时,$|\boldsymbol{C}|\neq 0$,即 $\boldsymbol{L}_\omega$ 的特征值均满足 $|\lambda|<1$,从而 SOR 迭代法收敛。

事实上,当 $|\lambda|\geqslant 1$ 时,由 $\boldsymbol{A}$ 为(按行)严格对角占优阵,有

$$\begin{aligned}|c_{ii}|&=|(\lambda+\omega-1)a_{ii}|>|\lambda+\omega-1|\sum_{j=1,j\neq i}^{n}|a_{ij}|\\&=\sum_{j=1}^{i-1}|\lambda+\omega-1||a_{ij}|+\sum_{j=i+1}^{n}|\lambda+\omega-1||a_{ij}|\\&\geqslant|\lambda|\omega\sum_{j=1}^{i-1}|a_{ij}|+\omega\sum_{j=i+1}^{n}|a_{ij}|=\sum_{j=1}^{i-1}|c_{ij}|+\sum_{j=i+1}^{n}|c_{ij}|\quad(i=1,2,\cdots,n)。\end{aligned}$$

这说明,当 $|\lambda|\geqslant 1$ 时,矩阵 $\boldsymbol{C}$ 为(按行)严格对角占优阵,于是 $|\boldsymbol{C}|\neq 0$。证毕。

定理 9 给出 $0<\omega\leqslant 1$ 时,SOR 收敛对系数矩阵的要求。定理 8 指明,要想 SOR 迭代法收敛,须 $0<\omega<2$。那么,当 $0<\omega<2$ 时,系数矩阵满足什么条件 SOR 才收敛呢?以下定理回答了这个问题。

定理 10(SOR 格式收敛的充分条件) 设 $\boldsymbol{Ax}=\boldsymbol{b}$,系数矩阵 $\boldsymbol{A}=(a_{ij})_{n\times n}$ 为对称正定,且 $0<\omega<2$,那么求解线性方程组 $\boldsymbol{Ax}=\boldsymbol{b}$ 的 SOR 迭代格式对任意的初始向量 $\boldsymbol{x}^{(0)}$ 收敛。

证 设 λ 是 $\boldsymbol{L}_\omega$ 的任一特征值,$\boldsymbol{y}$ 是对应的特征向量。于是 $\boldsymbol{L}_\omega\boldsymbol{y}=\lambda\boldsymbol{y}$,即

$$(\boldsymbol{D}+\omega\boldsymbol{L})^{-1}[(1-\omega)\boldsymbol{D}-\omega\boldsymbol{U}]\boldsymbol{y}=\lambda\boldsymbol{y},$$

亦即

$$[(1-\omega)\boldsymbol{D}-\omega\boldsymbol{U}]\boldsymbol{y}=\lambda(\boldsymbol{D}+\omega\boldsymbol{L})\boldsymbol{y}。$$

现在为了寻找 λ 的表达式,考虑数量积

$$(((1-\omega)\boldsymbol{D}-\omega\boldsymbol{U})\boldsymbol{y},\boldsymbol{y})=\lambda((\boldsymbol{D}+\omega\boldsymbol{L})\boldsymbol{y},\boldsymbol{y}),$$

于是

$$\lambda=\frac{(1-\omega)(\boldsymbol{Dy},\boldsymbol{y})-\omega(\boldsymbol{Uy},\boldsymbol{y})}{(\boldsymbol{Dy},\boldsymbol{y})+\omega(\boldsymbol{Ly},\boldsymbol{y})}。$$

由于 $\boldsymbol{A}$ 正定,$\boldsymbol{y}$ 为非零向量,故

$$(\boldsymbol{Dy},\boldsymbol{y})=\sum_{i=1}^{n}a_{ii}|y_i|^2\xlongequal{\text{def}}\sigma>0。\tag{4.27}$$

记 $(\boldsymbol{Ly},\boldsymbol{y})=\alpha+\mathrm{i}\beta$,由于 $\boldsymbol{A}$ 对称,故 $\boldsymbol{U}=\boldsymbol{L}^{\mathrm{T}}$,于是

$$(\boldsymbol{Uy},\boldsymbol{y})=(\boldsymbol{y},\boldsymbol{Ly})=\overline{(\boldsymbol{Ly},\boldsymbol{y})}=\alpha-\mathrm{i}\beta,$$

$$0<(\boldsymbol{Ay},\boldsymbol{y})=((\boldsymbol{D}+\boldsymbol{L}+\boldsymbol{U})\boldsymbol{y},\boldsymbol{y})=\sigma+2\alpha,\tag{4.28}$$

从而

$$\lambda=\frac{(\sigma-\omega\sigma-\alpha\omega)+\mathrm{i}\omega\beta}{(\sigma+\alpha\omega)+\mathrm{i}\omega\beta},$$

因此

$$|\lambda|^2=\frac{(\sigma-\omega\sigma-\alpha\omega)^2+(\omega\beta)^2}{(\sigma+\alpha\omega)^2+(\omega\beta)^2}。$$

当 $0<\omega<2$ 时，利用式(4.27)和式(4.28)，有

$$(\sigma-\omega\sigma-\alpha\omega)^2-(\sigma+\alpha\omega)^2=\omega\sigma(\sigma+2\alpha)(\omega-2)<0,$$

所以 $|\lambda|<1$. 故 SOR 迭代法收敛。

实现求解线性方程组的逐次超松弛迭代法的 MATLAB 函数文件 SOR.m 如下。

```
function [x,k]=SOR(a,b,om,x0,e,m)
%求解线性方程组的逐次超松弛迭代法,a 为系数矩阵,b 为常向量
%om 为松弛因子,e 为精度要求(默认 1e-5),m 为迭代次数上限(默认 200)
n=length(b); if nargin<6, m=200; end;if nargin<5, e=1e-5; end;
if nargin<4, x0=zeros(n,1); end;if nargin<3, om=1.5; end;
k=0;x=x0;x0=x+2*e;l=tril(a,-1);u=triu(a,1);
while norm(x0-x,inf)>e&k<m,k=k+1;x0=x;for i=1:n,
    x1(i)=(b(i)-l(i,1:i-1)*x(1:i-1,1)-u(i,i+1:n)*x0(i+1:n,1))/a(i,i);
    x(i)=(1-om)*x0(i)+om*x1(i);end;disp(x'),end;
if k==m,error('失败或已达迭代次数上限');end
```

例 10 在 MATLAB 命令窗口求解例 9。

解 输入

```
format long;a=[-4 1 1 1;1 -4 1 1;1 1 -4 1;1 1 1 -4];b=[1;1;1;1];
om=1.3;x0=[0;0;0;0];e=1e-5;m=200;[x,k]=SOR(a,b,om,x0,e,m)
```

小 结

本章研究了线性方程组 $\boldsymbol{Ax}=\boldsymbol{b}$ 的各种迭代法，低阶线性方程组通常采用高斯—塞德尔迭代法，对于大型工程问题通常采用超松弛迭代法。

1. 简单迭代法

(1) 格式：$\boldsymbol{x}^{(k+1)}=\boldsymbol{Bx}^{(k)}+\boldsymbol{f},k=0,1,\cdots$；

(2) 收敛性：当 $\rho(\boldsymbol{B})<1$ 时，简单迭代格式收敛。

2. 雅可比(Jacobi)迭代法

(1) 格式：$\boldsymbol{x}^{(k+1)}=\boldsymbol{B}_0\boldsymbol{x}^{(k)}+\boldsymbol{f},k=0,1,\cdots,\boldsymbol{B}_0=-\boldsymbol{D}^{-1}(\boldsymbol{L}+\boldsymbol{U}),\boldsymbol{f}=\boldsymbol{D}^{-1}\boldsymbol{b}$。

(2) 收敛性：① 当 $\rho(\boldsymbol{B}_0)<1$ 时，雅可比迭代格式收敛；

② 若 $\boldsymbol{A}=(a_{ij})_{n\times n}$ 为(按行)严格对角占优阵，那么解 $\boldsymbol{Ax}=\boldsymbol{b}$ 的雅可比迭代格式收敛。

3. 高斯—塞德尔迭代法

(1) 格式：$\boldsymbol{x}^{(k+1)}=\boldsymbol{Gx}^{(k)}+\boldsymbol{f},k=0,1,\cdots,\boldsymbol{G}=-(\boldsymbol{D}+\boldsymbol{L})^{-1}\boldsymbol{U},\boldsymbol{f}=(\boldsymbol{D}+\boldsymbol{L})^{-1}\boldsymbol{b}$。

(2)收敛性：①当 $\rho(\boldsymbol{G})<1$ 时，高斯—塞德尔迭代格式收敛；

② 若 $\boldsymbol{A}=(a_{ij})_{n\times n}$ 为(按行)严格对角占优阵，那么解 $\boldsymbol{Ax}=\boldsymbol{b}$ 的高斯—塞德尔格式收敛。

4. SOR 迭代法

(1) 格式：$\boldsymbol{x}^{(k+1)}=\boldsymbol{L}_\omega x^{(k)}+\boldsymbol{f},\boldsymbol{L}_\omega=(\boldsymbol{D}+\omega\boldsymbol{L})^{-1}[(1-\omega)\boldsymbol{D}-\omega\boldsymbol{U}],\boldsymbol{f}=\omega(\boldsymbol{D}+\omega L)^{-1}\boldsymbol{b}$。

(2) 收敛性：① 当 $\rho(\boldsymbol{L}_\omega)<1$ 时，SOR 迭代格式收敛；

② 若 $\boldsymbol{A}=(a_{ij})_{n\times n}$ 为(按行)严格对角占优阵，且 $0<\omega\leqslant 1$，那么解 $\boldsymbol{Ax}=\boldsymbol{b}$ 的 SOR 格式收敛；

③ 若 $\boldsymbol{A}=(a_{ij})_{n\times n}$ 为对称正定阵，且 $0<\omega<2$，那么 SOR 迭代格式收敛。

习 题 4

1. 用简单迭代法求解线性方程组(精确到 10^{-2})

$$\begin{cases}2x_1+x_2=1,\\x_1-4x_2=5,\end{cases}$$

并讨论给出格式的收敛性。

2. 对线性方程组

$$\begin{pmatrix}7&1&2\\2&8&2\\2&2&9\end{pmatrix}\begin{pmatrix}x_1\\x_2\\x_3\end{pmatrix}=\begin{pmatrix}6\\-6\\0\end{pmatrix}$$

建立一个收敛的格式。

3. 设 $\boldsymbol{A}$ 是正定矩阵，求解线性方程组 $\boldsymbol{Ax}=\boldsymbol{b}$ 的一个迭代格式为

$$\boldsymbol{x}^{(k+1)}=\boldsymbol{x}^{(k)}+\omega(\boldsymbol{b}-\boldsymbol{Ax}^{(k)})。$$

若使以上格式收敛，求参数 ω 的取值范围。

4. 用雅可比迭代法求解线性方程组，写出收敛的格式，其中线性方程组为

$$\begin{cases}x_1+5x_2-3x_3=2,\\5x_1-2x_2+x_3=4,\\2x_1+x_2-5x_3=-11。\end{cases}$$

5. 用雅可比迭代法求解线性方程组，要求 $\|\boldsymbol{x}^{(k+1)}-\boldsymbol{x}^{(k)}\|<10^{-4}$，其中线性方程组为

$$\begin{pmatrix}5&2&1\\-1&4&2\\2&-3&10\end{pmatrix}\begin{pmatrix}x_1\\x_2\\x_3\end{pmatrix}=\begin{pmatrix}-12\\20\\3\end{pmatrix}。$$

6. 分别用雅可比迭代法与高斯—塞德尔迭代法求解线性方程组

$$\begin{cases}-8x_1+x_2+x_3=1,\\x_1-5x_2+x_3=16,\\x_1+x_2-4x_3=7。\end{cases}$$

取初值 $\boldsymbol{x}^{(0)}=(0,0,0)^{\mathrm{T}}$，准确到小数后三位。

7. 用高斯—塞德尔迭代法求解线性方程组

$$\begin{pmatrix}1&5&-3\\5&-2&1\\2&1&-5\end{pmatrix}\begin{pmatrix}x_1\\x_2\\x_3\end{pmatrix}=\begin{pmatrix}2\\4\\-11\end{pmatrix},$$

问建立的迭代格式是收敛还是发散?

8. 加工上述第 7 题，保证同解线性方程组的高斯—塞德尔迭代法收敛。

9. 用 SOR 方法解线性方程组(分别取松弛因子 $\omega=1.03,\omega=1,\omega=1.1$)

$$\begin{cases}4x_1 - x_2 = 1,\\ -x_1 + 4x_2 - x_3 = 4,\\ -x_2 + 4x_3 = -3,\end{cases}$$

准确解 $\boldsymbol{x}^* = \left(\frac{1}{2}, 1, -\frac{1}{2}\right)^{\mathrm{T}}$。要求当 $\| \boldsymbol{x}^{(k)} - \boldsymbol{x}^* \|_\infty < 5 \times 10^{-6}$ 时迭代终止，并且对每一个 ω 值确定迭代次数。

10. 用 SOR 方法求解线性方程组($\omega = 0.9$)

$$\begin{pmatrix} 5 & 2 & 1 \\ -1 & 4 & 2 \\ 2 & -3 & -10 \end{pmatrix}\begin{pmatrix} x_1 \\ x_2 \\ x_3 \end{pmatrix} = \begin{pmatrix} -12 \\ 20 \\ 3 \end{pmatrix},$$

要求 $\| \boldsymbol{x}^{(k+1)} - \boldsymbol{x}^{(k)} \|_\infty < 10^{-4}$ 时终止。

11. 设有线性方程组 $\boldsymbol{A}\boldsymbol{x} = \boldsymbol{b}$，其中 $\boldsymbol{A}$ 为对称正定阵，迭代公式

$$\boldsymbol{x}^{(k+1)} = \boldsymbol{x}^{(k)} + \omega(\boldsymbol{b} - \boldsymbol{A}\boldsymbol{x}^{(k)}), \quad k = 0, 1, \cdots。$$

证明：当 $0 < \omega < \frac{2}{\beta}$ 时，上述迭代法收敛($0 < \alpha \leqslant \lambda(\boldsymbol{A}) \leqslant \beta$)。

第5章

插值与拟合

函数逼近是对一个给定的函数，寻找一个简单易算的函数来代替这个函数，并使两者之差在某种度量意义下达到最小。插值法的思想是对给定函数在一些离散点上的值，寻找一个性质比较好的函数使之与给定函数在这些离散点上的值相等。拟合法的思想是对带有误差的函数值，寻找一个按某种规则达到最小的简单函数逼近这些函数值。最常用的拟合法是本章所要介绍的最小二乘法。

本章中将引入插值的概念，首先介绍拉格朗日插值，从拉格朗日插值的分析出发，进而提出牛顿插值、埃尔米特插值、分段低次插值和三次样条插值，最后从另外一个角度引入曲线拟合的最小二乘法。这些方法被广泛地应用于许多科学及工程技术领域，在科学计算中也有着广泛的应用。

5.1 引言

在生产与科学实验中，反映自然规律的函数关系一般没有解析表达式，而往往是通过实验、观察得到的某个区间$[a,b]$上一系列点x_i的函数值$y_i=f(x_i)(i=0,1,\cdots,n)$，这仅仅是一张表。有时，虽然给出了解析表达式，但是，由于解析表达式过于复杂，使用或计算起来十分麻烦，因此也需要建立一个函数表，如各种天气预报App所发布的气温大多是以小时为时间间隔的表格，以及概率论与数理统计课程中的各种分布表等。为了研究问题的需要，我们往往要求出不在表上的函数值。一个很自然的想法就是根据给定的函数表构造出一个与给定函数性质相近又容易计算函数值的近似函数，要求在以上一系列点上的函数值与给定的函数值相等，这就是插值问题。

1. 插值定义

定义1 设函数$y=f(x)$在区间$[a,b]$上的$n+1$个点$a\leqslant x_0,x_1,\cdots,x_n\leqslant b$上的函数值为$y_0,y_1,\cdots,y_n$，若存在函数$P(x)$，使

$$P(x_i)=y_i,\quad i=0,1,\cdots,n \tag{5.1}$$

成立，则称函数$P(x)$为$f(x)$的插值函数，$f(x)$称为被插值函数，点$x_0,x_1,\cdots,x_n$称为插值节点，包含插值节点的区间$[a,b]$称为插值区间，求插值函数的问题称为插值问题，这种方法称为插值方法。如果$P(x)$是次数不超过n

的实系数多项式，即

$$P(x)=a_0+a_1x+\cdots+a_nx^n, \tag{5.2}$$

则称 $P(x)$ 为插值多项式，相应的插值称为多项式插值。若 $P(x)$ 为分段的多项式，就称为分段插值。若 $P(x)$ 为三角多项式，就称为三角插值。

本章只讨论多项式插值与分段插值。

从以上定义我们看到，多项式 $P(x)$ 是否为函数 $y=f(x)$ 在节点 $x_0,x_1,\cdots,x_n$ 上的插值多项式，就看 $P(x)$ 是否满足两条：其一是 $P(x)$ 的次数不超过节点的个数减 1，其二是插值函数 $P(x)$ 与被插值函数 $f(x)$ 在节点上的值相等。

多项式插值的几何意义是：通过给定的 $n+1$ 个点 $(x_i,y_i)(i=0,1,\cdots,n)$，作一条曲线 $y=P(x)$ 近似代替曲线 $y=f(x)$，如图 5.1 所示。

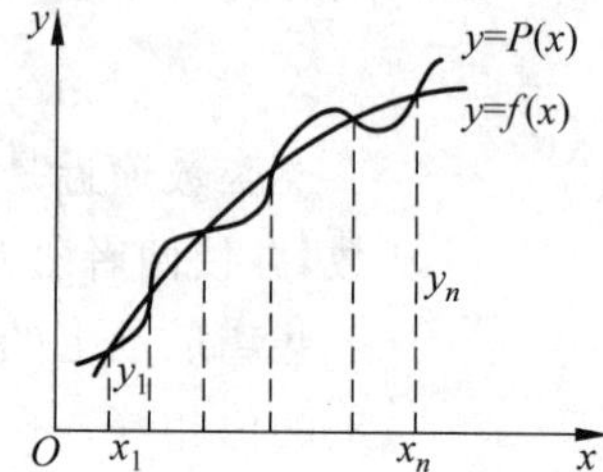

图 5.1　多项式插值的几何意义

插值中，我们必须解决以下 4 个问题：

(1) 插值多项式是否存在，若存在是否唯一。

(2) 怎样推导插值多项式。

(3) 如何估计其逼近程度。

(4) 如何应用插值多项式解决实际问题。

2. 插值定理

现在我们给出以上定义中的插值多项式存在且唯一的定理，即解决以上提出的第一个问题。

定理 1　在 $n+1$ 个相异插值节点 $x_0,x_1,\cdots,x_n$ 处取给定值 $y_0,y_1,\cdots,y_n$ 的次数不高于 n 的插值多项式存在且唯一。

证　令 $P_n(x)=a_0+a_1x+\cdots+a_nx^n$ 为在节点 $x_0,x_1,\cdots,x_n$ 处分别取值 $y_0,y_1,\cdots,y_n$ 的次数不高于 n 的插值多项式，则

$$P_n(x_i)=y_i,\quad i=0,1,\cdots,n。 \tag{5.3}$$

即

$$\begin{cases}P_n(x_0)=a_0+a_1x_0+\cdots+a_nx_0^n=y_0,\\ P_n(x_1)=a_0+a_1x_1+\cdots+a_nx_1^n=y_1,\\ \qquad\vdots\\ P_n(x_n)=a_0+a_1x_n+\cdots+a_nx_n^n=y_n。\end{cases} \tag{5.4}$$

式(5.4)是关于 $n+1$ 个未知数 $a_0,a_1,\cdots,a_n$ 的 $n+1$ 个方程构成的非齐次线性方程组，其系数行列式为范德蒙德(Vandermonde)行列式的转置

$$D=\begin{vmatrix}1 & x_0 & x_0^2 & \cdots & x_0^n\\ 1 & x_1 & x_1^2 & \cdots & x_1^n\\ \vdots & \vdots & \vdots & & \vdots\\ 1 & x_n & x_n^2 & \cdots & x_n^n\end{vmatrix}=\prod_{0\leqslant i<j\leqslant n}(x_j-x_i)。$$

由假设 $x_i\neq x_j(i\neq j)$，得 $D\neq 0$。由线性代数中的克莱姆(Cramer)法则可得，线性方程组(5.4)有唯一解 $a_0,a_1,\cdots,a_n$，于是插值多项式 $P_n(x)$ 存在且唯一。证毕。

以上定理的证明过程，实际上也为我们提供了构造插值多项式的一种方法。这种方法

就是对于给定的 $n+1$ 组数据 $(x_i,y_i)(i=0,1,\cdots,n)$，能够通过解线性方程组(5.4)求出多项式 $P_n(x)=a_0+a_1x+\cdots+a_nx^n$ 的系数 $a_0,a_1,\cdots,a_n$，进而得到插值多项式。但是，能否不通过解线性方程组而直接得到插值多项式呢？

5.2 拉格朗日插值

在5.1节中我们证明了插值多项式的存在性与唯一性。对线性方程组(5.4)用克莱姆法则来求解是一种方法，但这样做往往计算量过大，而且没有体现出插值问题的特性。因此，人们关注能否不解线性方程组，根据给出的数据表直接写出插值多项式。拉格朗日(Lagrange)解决了这一问题，其插值多项式记为 $L_n(x)$。

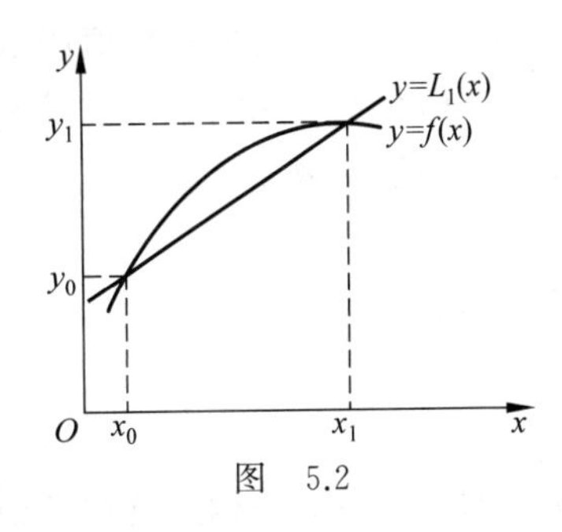

图 5.2

1. 线性插值

线性插值是多项式插值的最简单情形。

设函数 $y=f(x)$ 在区间 $[x_0,x_1]$ 两端点的函数值为 $y_0=f(x_0),y_1=f(x_1)$，要构造一次多项式 $L_1(x)$ 近似函数 $f(x)$，使得

$$L_1(x_0)=y_0,\quad L_1(x_1)=y_1, \tag{5.5}$$

则称一次多项式 $L_1(x)$ 为函数 $f(x)$ 的一次插值多项式或者线性插值多项式。如图5.2所示，由直线方程的两点式可求得

$$L_1(x)=y_0\frac{x-x_1}{x_0-x_1}+y_1\frac{x-x_0}{x_1-x_0}。 \tag{5.6}$$

设

$$l_0(x)=\frac{x-x_1}{x_0-x_1},\quad l_1(x)=\frac{x-x_0}{x_1-x_0},$$

则 $l_0(x)$ 和 $l_1(x)$ 都是 x 的一次函数，且满足

$$\begin{cases}l_0(x_0)=1,\\ l_0(x_1)=0,\end{cases}\quad \begin{cases}l_1(x_0)=0,\\ l_1(x_1)=1,\end{cases}$$

或者统一写为

$$l_i(x_j)=\begin{cases}0, & i\neq j,\\ 1, & i=j,\end{cases}\quad i,j=0,1。$$

这里，我们把具有这种性质的 $l_0(x)$ 和 $l_1(x)$ 称为一次拉格朗日插值基函数。于是公式(5.6)可以用插值基函数表示为

$$L_1(x)=y_0l_0(x)+y_1l_1(x)。 \tag{5.7}$$

我们称形如式(5.7)的一次插值多项式为一次拉格朗日插值多项式。

例1 已知 $\sqrt{81}=9,\sqrt{100}=10$，求 $\sqrt{90}$ 的线性插值的近似值。

解 依题意，$x_0=81,x_1=100;y_0=9,y_1=10$。

$$L_1(x)=9\frac{x-100}{81-100}+10\frac{x-81}{100-81}=\frac{x+90}{19},$$

$$\sqrt{90}\doteq L_1(90)=\frac{90+90}{19}\doteq 9.473\,684。$$

2. 抛物插值

现考察 $n=2$ 时的情形，即抛物插值。

设函数 $y=f(x)$ 在三个不同点 x_0，x_1，x_2 处的函数值分别为 $y_0=f(x_0)$，$y_1=f(x_1)$ 和 $y_2=f(x_2)$，要构造二次多项式 $L_2(x)$，使得

$$L_2(x_i)=y_i,\qquad i=0,1,2。\tag{5.8}$$

由于通过不在同一直线上的三点能够画出唯一一条抛物线，所以我们常称二次插值多项式 $L_2(x)$ 为 $f(x)$ 的抛物插值函数。

下面我们采用类似一次拉格朗日插值多项式(5.7)的构造方法给出 $L_2(x)$ 的表达式。设二次插值函数多项式为

$$L_2(x)=y_0l_0(x)+y_1l_1(x)+y_2l_2(x),\tag{5.9}$$

其中，$l_0(x)$，$l_1(x)$ 和 $l_2(x)$ 都是 x 的二次插值基函数，应满足

$$l_i(x_j)=\begin{cases}0, & i\neq j,\\ 1, & i=j,\end{cases}\qquad i,j=0,1,2。\tag{5.10}$$

现在的问题是如何构造这些插值基函数 $l_k(x)(k=0,1,2)$。我们先从构造 $l_0(x)$ 开始。根据插值基函数的函数特性(5.10)，$l_0(x_1)=0,l_0(x_2)=0$，可以知道 x_1,x_2 是函数 $l_0(x)$ 的两个零点，因此我们有

$$l_0(x)=k(x-x_1)(x-x_2)。$$

同时，又由于 $l_0(x_0)=1$，即 $l_0(x_0)=k(x_0-x_1)(x_0-x_2)=1$，所以

$$k=\frac{1}{(x_0-x_1)(x_0-x_2)},\qquad 故得\quad l_0(x)=\frac{(x-x_1)(x-x_2)}{(x_0-x_1)(x_0-x_2)}。$$

同理，我们可以得到

$$l_1(x)=\frac{(x-x_0)(x-x_2)}{(x_1-x_0)(x_1-x_2)},\qquad l_2(x)=\frac{(x-x_0)(x-x_1)}{(x_2-x_0)(x_2-x_1)}。$$

把它们代入式(5.9)，得

$$L_2(x)=y_0\frac{(x-x_1)(x-x_2)}{(x_0-x_1)(x_0-x_2)}+y_1\frac{(x-x_0)(x-x_2)}{(x_1-x_0)(x_1-x_2)}+y_2\frac{(x-x_0)(x-x_1)}{(x_2-x_0)(x_2-x_1)}。\tag{5.11}$$

我们称式(5.11)为函数 $f(x)$ 的二次拉格朗日插值多项式。

3. n 次拉格朗日插值公式

下面我们研究一般拉格朗日插值公式，即 n 次插值的情形。

设函数 $y=f(x)$ 在 $n+1$ 个不同点 $x_0,x_1,\cdots,x_n$ 处的函数值为 $y_i=f(x_i)(i=0,1,2,\cdots,n)$，要构造 n 次多项式 $L_n(x)$，使得

$$L_n(x_i)=y_i\qquad i=0,1,2,\cdots,n。\tag{5.12}$$

我们仍采用构造 n 次插值基函数的方法给出的 $L_n(x)$ 表达式。

设 n 次插值多项式为

$$L_n(x)=y_0l_0(x)+y_1l_1(x)+\cdots+y_nl_n(x),\tag{5.13}$$

其中，$l_i(x)$ 是 x 的 n 次插值基函数，应满足

$$l_i(x_j)=\begin{cases}0, & i\neq j,\\ 1, & i=j,\end{cases}\qquad i,j=0,1,2,\cdots,n。\tag{5.14}$$

仿造抛物插值中插值基函数的构造方法，不难得到

$$l_i(x)=\prod_{\substack{j=0\\ j\neq i}}^{n}\frac{x-x_j}{x_i-x_j},\qquad i=0,1,2,\cdots,n,\tag{5.15}$$

代入到式(5.13)，得

$$L_n(x)=\sum_{i=0}^{n}y_i\prod_{\substack{j=0\\ j\neq i}}^{n}\frac{x-x_j}{x_i-x_j}。\tag{5.16}$$

我们称式(5.16)为函数 $f(x)$ 的 n 次拉格朗日插值多项式，式(5.15)为 n 次拉格朗日插值基函数。

若引入

$$\omega_{n+1}(x)=\prod_{i=0}^{n}(x-x_i),\tag{5.17}$$

则

$$L_n(x)=\sum_{i=0}^{n}y_i\frac{\omega_{n+1}(x)}{(x-x_i)\omega'_{n+1}(x_i)}。\tag{5.18}$$

事实上，令

$$\varphi(x)=(x-x_0)(x-x_1)\cdots(x-x_{i-1})(x-x_{i+1})\cdots(x-x_n),$$

则

$$\omega_{n+1}(x)=(x-x_i)\varphi(x)。$$

于是

$$\omega'_{n+1}(x)=\varphi(x)+(x-x_i)\varphi'(x)。$$

因此

$$\omega'_{n+1}(x_i)=\varphi(x_i)=(x_i-x_0)(x_i-x_1)\cdots(x_i-x_{i-1})(x_i-x_{i+1})\cdots(x_i-x_n)。$$

式(5.16)和式(5.18)都是 n 次拉格朗日插值多项式，一般情况下式(5.16)用于计算机运算，式(5.18)用于理论推导。

例 2 已知函数 $y=f(x)$ 的观测数据为

x	-1	1	3	4
y	-2	0	-6	3

求其拉格朗日插值多项式。

解 这里节点个数为 4，故 $n=3$。

$$\begin{aligned}L_3(x)&=-2\frac{(x-1)(x-3)(x-4)}{(-1-1)(-1-3)(-1-4)}-6\frac{(x+1)(x-1)(x-4)}{(3+1)(3-1)(3-4)}+\\&\quad 3\frac{(x+1)(x-1)(x-3)}{(4+1)(4-1)(4-3)}\\&=x^3-4x^2+3。\end{aligned}$$

拉格朗日插值的算法如下：

(1) 输入 $x,x_i,y_i(i=0,1,2,\cdots,n)$。

(2) 对 $i=0,1,2,\cdots,n$ 置 $l_i=\prod\limits_{j=0,j\neq i}^{n}\dfrac{x-x_j}{x_i-x_j}$。

(3) 置 $L=\sum\limits_{i=0}^{n}y_il_i$。

(4) 输出 $L\approx f(x)$,停机。

拉格朗日插值在计算机上编程实现,其框图见图5.3。

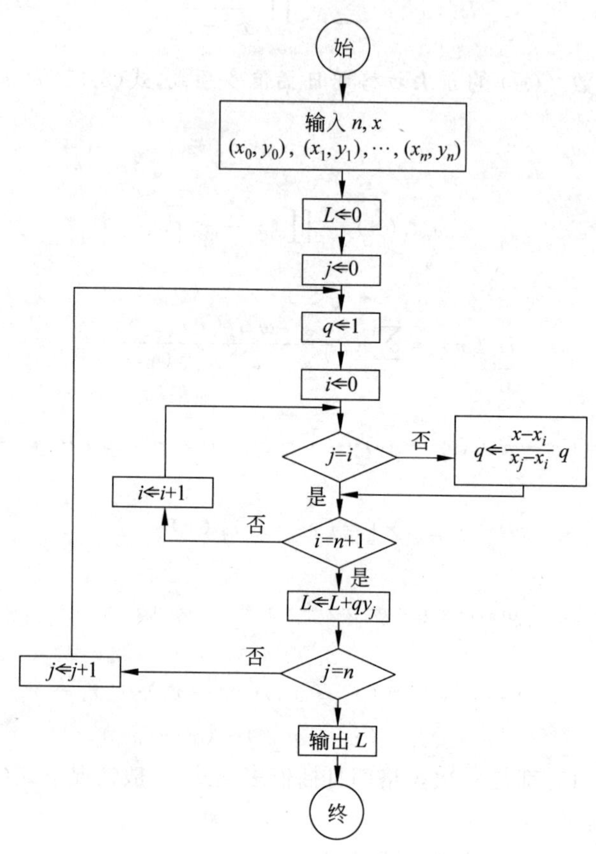

图5.3 拉格朗日插值

实现拉格朗日插值的MATLAB函数文件lagrange.m如下。

```
function yy=lagrange(x,y,xx)
%拉格朗日插值,x为节点向量,y为节点函数值,xx为插值点,yy为插值
n=length(y); m=length(x);
if m~=n,error('向量长度不一致');end;s=0;
for i=1:n;t=ones(1,length(xx));for j=1:n
        if j~=i,t=t.*(xx-x(j))/(x(i)-x(j));end;end;
    s=s+t*y(i);end
yy=s;
```

例3 在MATLAB命令窗口求解例1。

解 输入

```
format long;x=[81;100];y=[9;10];xx=90;
yy=lagrange(x,y,xx)
```

4. 插值余项

对于任意插值多项式 $P_n(x)$，它仅仅是被插值函数 $f(x)$ 的一种近似表达式，用它来代替 $f(x)$ 进行计算总会带来误差，把误差函数 $R_n(x)=f(x)-P_n(x)$ 称为插值多项式的余项。关于插值余项估计有以下定理。

定理 2 设 $f^{(n)}(x)$ 在区间 $[a,b]$ 上连续，$f^{(n+1)}(x)$ 在区间 (a,b) 内存在，$L_n(x)$ 是以 $a\leqslant x_0,x_1,\cdots,x_n\leqslant b$ 为节点的拉格朗日插值多项式，则对任何 $x\in[a,b]$，插值余项

$$R_n(x)=f(x)-L_n(x)=\frac{f^{(n+1)}(\xi)}{(n+1)!}\omega_{n+1}(x), \tag{5.19}$$

这里 $\xi\in(a,b)$，且仅依赖于 x，$\omega_{n+1}(x)$ 是式(5.17)所定义的函数。

证 下面我们分两种情况来证明此定理。

(1) 若 $x\in[a,b]$，且取 x 为某节点 $x_k(k=0,1,\cdots,n)$，则

$$R_n(x_k)=f(x_k)-L_n(x_k)=f(x_k)-f(x_k)=0,$$

而 $\omega_{n+1}(x_k)=0$，于是式(5.19)成立。

(2) 若 $x\in[a,b]$，但不取 x 为节点 $x_k(k=0,1,\cdots,n)$，则 $\omega_{n+1}(x)\neq 0$，令

$$k(x)=R_n(x)/\omega_{n+1}(x), \tag{5.20}$$

若确定了 $k(x)$ 即可求出 $R_n(x)$。对于固定的 x，作辅助函数

$$\varphi(t)=f(t)-L_n(t)-k(x)\omega_{n+1}(t), \tag{5.21}$$

于是 $\varphi(x)=0$，$\varphi(x_k)=0(k=0,1,\cdots,n)$。故 $\varphi(t)$ 在 $[a,b]$ 上有 $n+2$ 个零点，根据罗尔(Rolle)定理，$\varphi'(t)$ 在 $\varphi(t)$ 的两个相邻零点之间至少有一个零点，即 $\varphi'(t)$ 在 (a,b) 内至少有 $n+1$ 个零点。对 $\varphi'(t)$ 再应用罗尔定理，可知 $\varphi''(t)$ 在 (a,b) 内至少有 n 个零点。以此类推，$\varphi^{(n+1)}(t)$ 在 (a,b) 内至少有 1 个零点，记为 $\xi\in(a,b)$，使

$$\varphi^{(n+1)}(\xi)=f^{(n+1)}(\xi)-0-k(x)(n+1)!=0。$$

于是

$$k(x)=\frac{f^{(n+1)}(\xi)}{(n+1)!},\quad \xi\in(a,b)。 \tag{5.22}$$

将式(5.22)代入式(5.20)，就得到插值余项的表达式(5.19)。证毕。

注 1 $L_n(x)$ 为次数不高于 n 次的多项式，其次数可能小于 n。

注 2 若 $f(x)$ 是次数不超过 n 次的多项式，那么以 $n+1$ 个点为节点的插值多项式就一定是其本身，即 $f(x)\equiv L_n(x)$。这是由于此时 $R_n(x)\equiv 0$；特别是当取 $f(x)\equiv 1$ 时，得恒等式

$$\sum_{i=0}^{n} l_i(x)\equiv 1. \tag{5.23}$$

这一等式为我们提供验证插值基函数的一种方法。

注 3 $R_n(x)$ 用于误差估计。若 $|f^{(n+1)}(x)|\leqslant M$，则

$$|R_n(x)|\leqslant\frac{M}{(n+1)!}|\omega_{n+1}(x)|。 \tag{5.24}$$

注 4 $L_n(x)$只与节点及函数 $f(x)$在节点处的值有关;而 $R_n(x)$与 $f(x)$关系最为密切。

例 4 用二次拉格朗日插值多项式求$\sqrt{7}$的近似值,并估计近似误差(计算结果保留 5 位小数)。

解 作函数 $f(x)=\sqrt{x}$,以 4,6.25,9 为插值节点作抛物插值,则

$$L_2(x)=2\frac{(x-9)(x-6.25)}{(4-9)(4-6.25)}+2.5\frac{(x-4)(x-9)}{(6.25-4)(6.25-9)}+3\frac{(x-4)(x-6.25)}{(9-4)(9-6.25)},$$

故$\sqrt{7}=f(7)\approx L_2(7)\approx 2.648\ 49$。

在区间[4,9]上,$|f'''(x)|\leqslant 0.011\ 719$,故

$$|R_2(7)|\leqslant\frac{0.011\ 719}{3!}|(7-4)(7-9)(7-6.25)|\approx 0.008\ 79。$$

5.3 差商与牛顿插值

5.2 节中给出的拉格朗日插值多项式,含义直观、形式对称,可用于节点一般分布的情况。但是插值函数 $l_i(x)$却依赖于全部节点,当节点增加时,插值多项式需要重新改写,势必造成先前的计算浪费。人们探索,能否建立节点增加时,新、旧插值多项式之间的递推公式?牛顿(Newton)插值多项式从另外一个角度构造插值多项式,解决了这一问题。为了导出牛顿插值多项式,我们先给出差商的概念和性质。

1. 差商

定义 2 设已给插值节点 $x_0,x_1,\cdots,x_n$ 以及相应的函数值 $f(x_0),f(x_1),\cdots,f(x_n)$,称

$$f[x_0,x_1]=\frac{f(x_1)-f(x_0)}{x_1-x_0}$$

为函数 $y=f(x)$关于点 x_0,x_1 的一阶差商(也称为一阶均差)。称

$$f[x_0,x_1,x_2]=\frac{f[x_1,x_2]-f[x_0,x_1]}{x_2-x_0}$$

为函数 $y=f(x)$关于点 x_0,x_1,x_2 的二阶差商。一般地,称

$$f[x_0,x_1,\cdots,x_k]=\frac{f[x_1,x_2,\cdots,x_k]-f[x_0,x_1,\cdots,x_{k-1}]}{x_k-x_0} \tag{5.25}$$

为函数 $y=f(x)$关于点 $x_0,x_1,\cdots,x_k$ 的 k 阶差商。

差商有以下性质:

(1) 线性性 k 阶差商 $f[x_0,x_1,\cdots,x_k]$是函数值 $f(x_0),f(x_1),\cdots,f(x_k)$的线性组合,即

$$f[x_0,x_1,\cdots,x_k]=\sum_{i=0}^{k}\frac{f(x_i)}{\omega'_{k+1}(x_i)},\quad 其中\quad \omega_{k+1}(x)=\prod_{i=0}^{k}(x-x_i)。\tag{5.26}$$

事实上,当 $k=1$ 时,式(5.26)左端为 $f[x_0,x_1]=\dfrac{f(x_1)-f(x_0)}{x_1-x_0}$,右端为

$$\frac{f(x_0)}{x_0-x_1}+\frac{f(x_1)}{x_1-x_0}=\frac{f(x_1)-f(x_0)}{x_1-x_0}=f[x_0,x_1]。$$

假设对 $k\leqslant n$ 时式(5.26)成立,则

$$f[x_0,x_1,\cdots,x_n]=\sum_{i=0}^{n}\frac{f(x_i)}{\omega'_{n+1}(x_i)},$$

$$f[x_1,x_2,\cdots,x_{n+1}]=\sum_{i=1}^{n+1}\frac{f(x_i)}{\bar{\omega}'_{n+1}(x_i)},$$

$$\bar{\omega}_{n+1}(x)=\prod_{i=1}^{n+1}(x-x_i)。$$

于是

$$\begin{aligned}f[x_0,x_1,\cdots,x_{n+1}]&=\frac{f[x_1,x_2,\cdots,x_{n+1}]-f[x_0,x_1,\cdots,x_n]}{x_{n+1}-x_0}\\&=\frac{1}{x_{n+1}-x_0}\left\{\sum_{i=1}^{n}\frac{[(x_i-x_0)-(x_i-x_{n+1})]f(x_i)}{\omega'_{n+2}(x_i)}+\right.\\&\quad\left.\frac{[x_{n+1}-x_0]f(x_{n+1})}{\omega'_{n+2}(x_{n+1})}-\frac{[x_0-x_{n+1}]f(x_0)}{\omega'_{n+2}(x_0)}\right\}\\&=\sum_{i=0}^{n+1}\frac{f(x_i)}{\omega'_{n+2}(x_i)}。\end{aligned}$$

即命题对任意自然数都是成立的。

(2) 对称性　差商 $f[x_0,x_1,\cdots,x_k]$是 $x_0,x_1,\cdots,x_k$ 的对称函数。即若 $i_0i_1\cdots i_k$ 为 0,1,2,…,k 的任一种排列,则恒有 $f[x_0,x_1,\cdots,x_k]=f[x_{i_0},x_{i_1},\cdots,x_{i_k}]$。

这个性质可从(5.26)立即归纳得到。

(3) 差商与导数关系　设函数 $f(x)$在区间$[a,b]$上存在 n 阶导数,且 $x_0,x_1,\cdots,x_n\in[a,b]$,则存在 $\xi\in(a,b)$,使

$$f[x_0,x_1,\cdots,x_n]=\frac{f^{(n)}(\xi)}{n!}。\tag{5.27}$$

性质(3)的证明将在讨论牛顿插值余项时给出。

2. 牛顿插值多项式

对于点 $x_0,x_1,\cdots,x_n,x\in[a,b]$,对应的函数值为 $f(x_0),f(x_1),\cdots,f(x_n),f(x)$,由差商定义,有

$$\begin{aligned}&f(x)=f(x_0)+(x-x_0)f[x,x_0],\\&f[x,x_0]=f[x_0,x_1]+(x-x_1)f[x,x_0,x_1],\\&f[x,x_0,x_1]=f[x_0,x_1,x_2]+(x-x_2)f[x,x_0,x_1,x_2],\\&\vdots\\&f[x,x_0,\cdots,x_{n-2}]=f[x_0,x_1,\cdots,x_{n-1}]+(x-x_{n-1})f[x,x_0,\cdots,x_{n-1}],\\&f[x,x_0,\cdots,x_{n-1}]=f[x_0,x_1,\cdots,x_n]+(x-x_n)f[x,x_0,\cdots,x_n]。\end{aligned}$$

依次将后一式代入前一式,最后有

$$f(x)=N_n(x)+R_n(x)。\tag{5.28}$$

这里

$$N_n(x)=f(x_0)+(x-x_0)f[x_0,x_1]+(x-x_0)(x-x_1)f[x_0,x_1,x_2]+\cdots+(x-x_0)(x-x_1)\cdots(x-x_{n-1})f[x_0,x_1,\cdots,x_n] \tag{5.29}$$

称为牛顿插值多项式。而式(5.28)中的$R_n(x)$称为牛顿插值多项式的余项，由上述代入过程不难得出

$$R_n(x)=f[x,x_0,x_1,\cdots,x_n]\omega_{n+1}(x)。\tag{5.30}$$

结合式(5.28)和式(5.30)，式(5.29)中的多项式显然满足插值多项式的两条：一是次数不高于n，二是在节点处多项式的值与已知函数的值相等。根据插值多项式的唯一性可知

$$N_n(x)=L_n(x),\tag{5.31}$$

因此牛顿插值多项式的余项与拉格朗日插值多项式的余项应相等，即

$$f[x,x_0,x_1,\cdots,x_n]\omega_{n+1}(x)\equiv\frac{f^{(n+1)}(\xi)}{(n+1)!}\omega_{n+1}(x)。\tag{5.32}$$

进而，便建立了差商与导数的关系式

$$f[x,x_0,x_1,\cdots,x_n]\equiv\frac{f^{(n+1)}(\xi)}{(n+1)!}。\tag{5.33}$$

更一般地，有

$$f[x_0,x_1,\cdots,x_n]\equiv\frac{f^{(n)}(\xi)}{n!}。\tag{5.34}$$

上式用一句话(即“多少”)概括为：多少阶差商就等于多少阶导数除以多少的阶乘。

由式(5.29)得

$$N_n(x)=N_{n-1}(x)+(x-x_0)(x-x_1)\cdots(x-x_{n-1})f[x_0,x_1,\cdots,x_n]。\tag{5.35}$$

由式(5.35)可知，牛顿插值多项式计算非常方便，增加一个插值节点只要在后面多计算一项。而$N_n(x)$的各项系数恰好又是各阶差商值，这可使用表5.1所列的差商表。

表5.1 差商表

x_i	$f(x_i)$	一阶差商	二阶差商	三阶差商	…
x_0	$\underline{f(x_0)}$				
x_1	$f(x_1)$	$\underline{f[x_0,x_1]}$			
x_2	$f(x_2)$	$f[x_1,x_2]$	$\underline{f[x_0,x_1,x_2]}$		
x_3	$f(x_3)$	$f[x_2,x_3]$	$f[x_1,x_2,x_3]$	$\underline{f[x_0,x_1,x_2,x_3]}$	
⋮	⋮	⋮	⋮	⋮	
x_n	$f(x_n)$	$f[x_{n-1},x_n]$	$f[x_{n-2},x_{n-1},x_n]$	$f[x_{n-3},x_{n-2},x_{n-1},x_n]$	…

当观测数据充分多的情况下，在计算机运算时先用低次插值，然后再用高一次的插值，直到前后两次插值的误差小于精度要求为止。

牛顿插值的算法如下：

(1) 输入$x,x_i,y_i(i=0,1,\cdots,n)$。

(2) 对$i=0,1,\cdots,n$置$f_i=y_i$。

(3) 对$i=1,2,\cdots,n$，置$\dfrac{f_{k-i}-f_k}{x_{k-i}-x_k}\Rightarrow f_k(k=n,n-1,\cdots,i)$。

(4) 置 $p=f_0+\sum_{k=1}^{n} f_k\left(\prod_{j=0}^{k-1}(x-x_j)\right)=f_0+(x-x_0)\{f_1+\cdots+(x-x_{n-3})[f_{n-2}+(x-x_{n-2})(f_{n-1}+(x-x_{n-1})f_n)]\}$

(5) 输出 $p\approx f(x)$,停机。

牛顿插值在计算机上编程实现,其框图见图 5.4。

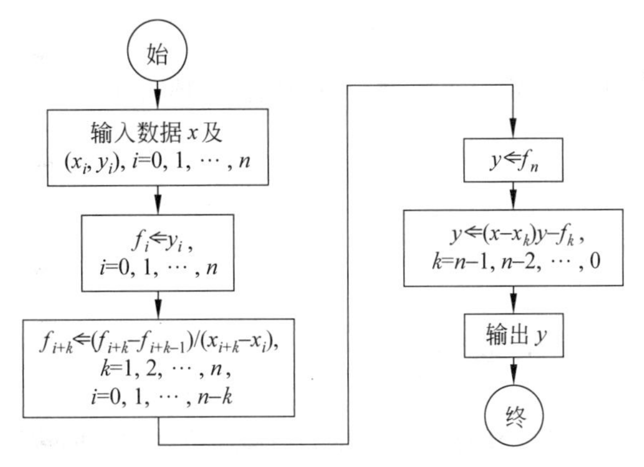

图 5.4 牛顿插值

例 5 已知 $y=f(x)$的观测数据如下:

x	1	2	3	4
y	2	4	5	8

求其三次牛顿插值多项式。

解 差商表如表 5.2 所示。

表 5.2 差商表

i	x_i	$f(x_i)$	一阶差商	二阶差商	三阶差商
0	1	2			
1	2	4	2		
2	3	5	1	−0.5	
3	4	8	3	1	0.5

从而得牛顿插值多项式为

$$N_3(x)=2+2(x-1)-0.5(x-1)(x-2)+0.5(x-1)(x-2)(x-3)。$$

实现牛顿插值的 MATLAB 函数文件 cnewton.m 如下。

```
function yi=cnewton(x,y,xi)
%牛顿插值,x 为节点向量,y 为节点函数值向量,xi 为插值点,yi 为插值
n=length(x); m=length(y);
if m~=n,error('向量长度不一致');return;end;
%计算差商表 Y
Y=zeros(n);Y(:,1)=y';
for k=1:n-1;for i=1:n-k;
```

```
        if abs(x(i+k)-x(i))<1e-10;error('数据错误');return;end;
        Y(i,k+1)=(Y(i+1,k)-Y(i,k))/(x(i+k)-x(i));end;end;
%计算插值
yi=0;
for i=1:n;z=1;for k=1:i-1;z=z*(xi-x(k));end;
yi=yi+Y(1,i)*z;
end
```

例 6 在 MATLAB 命令窗口求解例 5 中的插值多项式在 $x=2.5$ 处的值。

解 输入

```
format long;x=[1 2 3 4];y=[2 4 5 8];xi=2.5;
yi=cnewton(x,y,xi)
```

5.4 差分与等距节点插值

在 5.3 节,我们讨论了节点任意分布情况下牛顿插值多项式的构造方法,但在实际应用中,通常采用等距节点 $x_0,x_1,\cdots,x_n$,即 $x_{k+1}-x_k=h(k=0,1,\cdots,n-1)$,这时牛顿插值多项式的构造可以进一步简化,计算可以变得简单很多,因为节点是等距分布的,所以函数值的平均变化率与自变量的区间无关。此时,我们可以用下面要讲的差分代替差商。

1. 差分

定义 3 设函数 $y=f(x)$ 在等距节点 $x_k=x_0+kh(k=0,1,\cdots,n)$ 上的函数值为 $f_k=f(x_k)$,其中 $h=x_{k+1}-x_k$,称为步长,则记

$$\Delta f_k=f_{k+1}-f_k, \tag{5.36}$$

$$\nabla f_k=f_k-f_{k-1}, \tag{5.37}$$

分别为 f(x)在点 x_k 处的一阶向前差分,一阶向后差分。Δ,∇ 称为(向前,向后)差分算子。由此可归纳定义 n 阶(向前,向后)差分为

$$\Delta^n f_k=\Delta^{n-1}f_{k+1}-\Delta^{n-1}f_k,\quad \nabla^n f_k=\nabla^{n-1}f_k-\nabla^{n-1}f_{k-1}。$$

为方便,规定零阶差分为

$$\Delta^0 f_k=\nabla^0 f_k=f_k。$$

利用数学归纳法不难证明以下定理(其证明留给读者)。

定理 3 各阶差分与函数值的关系如下:

$$\Delta^n f_k=\sum_{s=0}^{n}(-1)^s C_n^s f_{n+k-s}, \tag{5.38}$$

$$\nabla^n f_k=\sum_{s=0}^{n}(-1)^{n-s} C_n^s f_{k+s-n}, \tag{5.39}$$

差分与差商的关系如下:

$$\Delta^n f_k=n!h^n f[x_k,x_{k+1},\cdots,x_{k+n}]=h^n f^{(n)}(\xi_1),\quad \xi_1\in[x_k,x_{k+n}], \tag{5.40}$$

$$\nabla^n f_k=n!h^n f[x_{k-n},x_{k-n+1},\cdots,x_k]=h^n f^{(n)}(\xi_2),\quad \xi_2\in[x_{k-n},x_k]。 \tag{5.41}$$

2. 牛顿前差和后差插值多项式

在 5.3 节中，牛顿插值多项式为

$$N_n(x)=f(x_0)+(x-x_0)f[x_0,x_1]+(x-x_0)(x-x_1)f[x_0,x_1,x_2]+\cdots+(x-x_0)(x-x_1)\cdots(x-x_{n-1})f[x_0,x_1,\cdots,x_n]。$$

在节点等距的情况下，我们根据差分与差商的关系简化它。由式(5.40)和式(5.41)有

$$f[x_0,x_1,\cdots,x_k]=\frac{\Delta^k f_0}{k!h^k},\tag{5.42}$$

$$f[x_{n-k},x_{n-k+1},\cdots,x_n]=\frac{\nabla^k f_n}{k!h^k}。\tag{5.43}$$

用关系式(5.42)代入牛顿插值多项式，得到

$$N_n(x)=f_0+\frac{\Delta f_0}{1!h}(x-x_0)+\frac{\Delta^2 f_0}{2!h^2}(x-x_0)(x-x_1)+\cdots+\frac{\Delta^n f_0}{n!h^n}(x-x_0)(x-x_1)\cdots(x-x_{n-1})。$$

由于 $x_k=x_0+kh\,(k=0,1,\cdots,n)$，令 $x=x_0+th$，则有 $x-x_k=(t-k)h$，于是

$$N_n(x)=N_n(x_0+th)=f_0+\frac{\Delta f_0}{1!}t+\frac{\Delta^2 f_0}{2!}t(t-1)+\cdots+\frac{\Delta^n f_0}{n!}t(t-1)\cdots(t-n+1)。\tag{5.44}$$

式(5.44)称为*牛顿前差公式*。余项为

$$R_n(x)=R_n(x_0+th)=\frac{f^{(n+1)}(\xi)}{(n+1)!}t(t-1)\cdots(t-n)h^{n+1}。\tag{5.45}$$

如果对节点按反序(即 $x_n,x_{n-1},\cdots,x_0$ 顺序)插值，则牛顿插值公式可写为

$$N_n(x)=f(x_n)+(x-x_n)f[x_n,x_{n-1}]+(x-x_n)(x-x_{n-1})f[x_n,x_{n-1},x_{n-2}]+\cdots+(x-x_n)(x-x_{n-1})\cdots(x-x_1)f[x_n,x_{n-1},\cdots,x_0]。\tag{5.46}$$

由此利用关系式(5.43)，并令 $x=x_n+th$，注意到

$$x_{n-k}=x_n-kh,\ x-x_{n-k}=(t+k)h,\quad k=0,1,\cdots,n,$$

立即得出

$$N_n(x)=N_n(x_n+th)=f_n+\frac{\nabla f_n}{1!}t+\frac{\nabla^2 f_n}{2!}t(t+1)+\cdots+\frac{\nabla^n f_n}{n!}t(t+1)\cdots(t+n-1)。\tag{5.47}$$

式(5.47)称为*牛顿后差公式*。余项为

$$R_n(x)=R_n(x_n+th)=\frac{f^{(n+1)}(\xi)}{(n+1)!}t(t+1)\cdots(t+n)h^{n+1}。\tag{5.48}$$

一般情况下，当求值点在插值区间的开头部分时使用前差公式进行插值，在末尾部分时使用后差公式进行插值。如果对相同节点进行插值，前差与后差两种公式只是形式上的差别。

从函数值 $f_k\,(k=0,1,\cdots,n)$ 出发计算各阶差分特别简单，仅包含减法运算，可按表 5.3

构造差分表。表中各列的首与尾分别为式(5.44)与式(5.47)所需的差分，它们分别用下横线和下浪线加以标示。

表 5.3 差分表

x_i	f_i	$\Delta(\nabla)$	$\Delta^2(\nabla^2)$	…	$\Delta^n(\nabla^n)$
x_0	$\underline{f_0}$				
x_1	f_1	$\underline{\Delta f_0}(\nabla f_1)$			
x_2	f_2	$\Delta f_1(\nabla f_2)$	$\underline{\Delta^2 f_0}(\nabla^2 f_2)$		
x_3	f_3	$\Delta f_2(\nabla f_3)$	$\Delta^2 f_1(\nabla^2 f_3)$		
⋮	⋮	⋮	⋮	…	…
x_n	f_n	$\Delta f_{n-1}(\nabla f_n)$	$\Delta^2 f_{n-2}(\nabla^2 f_n)$	…	$\underline{\Delta^n f_0}(\nabla^n f_n)$

例 7 已知 $y=f(x)$ 的观测数据如下：

x	1	2	3	4
y	2	4	5	8

试用前差公式求 $y=f(1.5)$ 的近似值，用后差公式求 $y=f(3.5)$ 的近似值。

解 差分表如表 5.4 所示。

表 5.4 差分表

x_i	f_i	Δ	Δ^2	Δ^3
1	$\underline{2}$			
2	4	$\underline{2}$		
3	5	1	$\underline{-1}$	
4	8	3	2	$\underline{3}$

(1) 用前差公式计算。$x=1.5, x_0=1.0, t=\dfrac{x-x_0}{h}=\dfrac{1.5-1}{1}=0.5$，

$$f(1.5)\approx N_3(1.5)=2+\frac{0.5}{1!}\cdot 2+\frac{0.5(0.5-1)}{2!}(-1)+\frac{0.5(0.5-1)(0.5-2)}{3!}\cdot 3$$
$$=3.3125。$$

(2) 用后差公式计算。$x=3.5, x_n=4, t=\dfrac{x-x_n}{h}=\dfrac{3.5-4}{1}=-0.5$，

$$f(3.5)\approx N_3(3.5)=8+\frac{-0.5}{1!}\cdot 3+\frac{-0.5(-0.5+1)}{2!}\cdot 2+$$
$$\frac{-0.5(-0.5+1)(-0.5+2)}{3!}\cdot 3=6.0625。$$

实现牛顿前差插值的 MATLAB 函数文件 lnewton.m 如下。

```
function yi=lnewton(x,y,xi)
%牛顿前差插值,x为节点向量,y为节点函数值,xi为插值点,yi为插值
h=x(2)-x(1);t=(xi-x(1))/h;
```

```
%计算差分表 Y
n=length(y);Y=zeros(n);Y(:,1)=y';
for k=1:n-1;Y(:,k+1)=[diff(y',k);zeros(k,1)];end;
%计算前差插值
yi=Y(1,1);
for i=1:n-1;z=t;for k=1:i-1;z=z*(t-k);end;
    yi=yi+Y(1,i+1)*z/prod([1:i]);
end
```

例 8 在 MATLAB 命令窗口求解例 7 的第一问。

解 输入

```
format long;x=[1 2 3 4];y=[2 4 5 8];xi=1.5;
yi=lnewton(x,y,xi)
```

5.5 埃尔米特插值

前面我们给出的插值多项式是寻找一个次数不超过节点个数减 1 的多项式,得到的拉格朗日插值多项式和牛顿插值多项式就是这种情形。然而在不少实际的插值问题中,不但要求在节点上函数值相等,而且还要求对应的导数值也相等,甚至要求高阶导数也相等,满足这种要求的插值多项式我们称为埃尔米特(Hermite)插值多项式。这里,我们仅讨论在节点上满足与已知函数值以及一阶导数值相等的埃尔米特插值。

1. 埃尔米特插值多项式及其余项

设已知函数 $y=f(x)$ 在节点 $x_0,x_1,\cdots,x_n$ 上的函数值 $y_i=f(x_i)(i=0,1,\cdots,n)$ 以及一阶导数值 $y_i'=f'(x_i)(i=0,1,\cdots,n)$,要求一个插值多项式 $H(x)$,使其满足

$$H(x_i)=y_i,\quad H'(x_i)=y_i',\quad i=0,1,\cdots,n。\tag{5.49}$$

显然,由条件(5.49)可以确定一个次数不高于 $2n+1$ 的代数多项式 $H_{2n+1}(x)$,曲线 $y=H_{2n+1}(x)$ 与 $y=f(x)$ 在节点处不仅重合而且有公共切线。我们采用拉格朗日插值基函数的方法。先求插值基函数 $\alpha_j(x),\beta_j(x)(j=0,1,\cdots,n)$,共 $2n+2$ 个基函数,每一个基函数都是一个 $2n+1$ 次多项式,且满足条件

$$\begin{cases}\alpha_j(x_k)=\delta_{jk}, & \alpha_j'(x_k)=0,\\ \beta_j(x_k)=0, & \beta_j'(x_k)=\delta_{jk},\end{cases}\quad j=0,1,\cdots,n。\tag{5.50}$$

这里

$$\delta_{jk}=\begin{cases}0, & j\neq k,\\ 1, & j=k。\end{cases}\tag{5.51}$$

于是满足条件(5.49)的插值多项式 $H(x)=H_{2n+1}(x)$ 可写成用插值基函数表示的形式

$$H_{2n+1}(x)=\sum_{j=0}^{n}[y_j\alpha_j(x)+y_j'\beta_j(x)]。\tag{5.52}$$

由条件(5.50),显然有 $H_{2n+1}(x_i)=y_i,H_{2n+1}'(x_i)=y_i'(i=0,1,\cdots,n)$。下面的问题就是要构造满足条件(5.50)的 $\alpha_j(x)$ 与 $\beta_j(x)$。为此,可利用拉格朗日插值基函数 $l_j(x)$。由

条件(5.50)，$\alpha_j(x)$有 n 个二重零点 $x_k(k=0,1,\cdots,n,k\neq j)$，于是可令

$$\alpha_j(x)=(ax+b)l_j^2(x)。$$

由条件(5.50)有

$$\alpha_j(x_j)=(ax_j+b)l_j^2(x_j)=1,$$

$$\alpha'_j(x_j)=l_j(x_j)[al_j(x_j)+2(ax_j+b)l'_j(x_j)]=0。$$

能够解出

$$a=-2l'_j(x_j),\quad b=1+2x_jl'_j(x_j)。$$

由于

$$l_j(x)=\frac{x-x_0}{x_j-x_0}\frac{x-x_1}{x_j-x_1}\cdots\frac{x-x_{j-1}}{x_j-x_{j-1}}\frac{x-x_{j+1}}{x_j-x_{j+1}}\cdots\frac{x-x_n}{x_j-x_n},$$

故

$$l'_j(x_j)=\sum_{\substack{k=0\\k\neq j}}^{n}\frac{1}{x_j-x_k},$$

于是

$$\alpha_j(x)=\left[1-2(x-x_j)\sum_{\substack{k=0\\k\neq j}}^{n}\frac{1}{x_j-x_k}\right]l_j^2(x)。\tag{5.53}$$

同理，可得

$$\beta_j(x)=(x-x_j)l_j^2(x)。\tag{5.54}$$

将式(5.53)、式(5.54)代入式(5.52)便得到埃尔米特插值多项式

$$H_{2n+1}(x)=\sum_{j=0}^{n}y_i\left[1-2(x-x_j)\sum_{\substack{k=0\\k\neq j}}^{n}\frac{1}{x_j-x_k}\right]l_j^2(x)+$$

$$\sum_{j=0}^{n}y'_j(x-x_j)l_j^2(x)。\tag{5.55}$$

满足条件(5.49)的埃尔米特插值多项式是唯一的。这可用反证法证明，此处从略。

关于埃尔米特插值多项式余项有如下定理。

定理4 设 $y=f(x)$在$[a,b]$上 $2n+2$ 次可导，$\{x_k\}(k=0,1,\cdots,n)$为一组互异的节点，则对于任意 $x\in[a,b]$，有与 x 有关的$\xi\in(a,b)$存在，使得

$$R_{2n+1}(x)=f(x)-H_{2n+1}(x)=\frac{f^{(2n+2)}(\xi)}{(2n+2)!}\omega_{n+1}^2(x),\tag{5.56}$$

其中 $\omega_{n+1}(x)=\prod_{i=0}^{n}(x-x_i)$。

只要注意到 $R_{2n+1}(x)$有 $n+1$ 个二重零点$\{x_k\}(k=0,1,\cdots,n)$，就可设 $R_{2n+1}(x)=H(x)\omega_{n+1}^2(x)$，$H(x)$为待定函数，然后采用与拉格朗日插值余项定理的证明完全类似的思路与过程就会得到式(5.56)，详细证明留给读者。

2. 两点三次埃尔米特插值

特别地，设已知 $y=f(x)$在$[a,b]$上的节点 x_0,x_1 上的函数值 y_0,y_1 及一阶导数值 y'_0,y'_1，则可按公式(5.55)写出三次埃尔米特插值多项式

$$H_3(x)=y_0\alpha_0(x)+y_1\alpha_1(x)+y'_0\beta_0(x)+y'_1\beta_1(x)$$

$$=y_0\left(1-2\frac{x-x_0}{x_0-x_1}\right)\left(\frac{x-x_1}{x_0-x_1}\right)^2+y_1\left(1-2\frac{x-x_1}{x_1-x_0}\right)\left(\frac{x-x_0}{x_1-x_0}\right)^2+$$
$$y'_0(x-x_0)\left(\frac{x-x_1}{x_0-x_1}\right)^2+y'_1(x-x_1)\left(\frac{x-x_0}{x_1-x_0}\right)^2,$$

其余项为

$$R_3(x)=\frac{f^{(4)}(\xi)}{4!}(x-x_0)^2(x-x_1)^2,\quad \xi\in(a,b)。$$

例 9 求一个插值多项式 $P(x)$,使其满足插值条件

$$P(x_i)=f(x_i),\quad i=0,1,2,\quad P'(x_0)=f'(x_0),$$

并给出余项表达式。

解 按插值条件,所求 $P(x)$ 是一个次数不超过 3 的多项式,它的曲线过三点 $(x_0,f(x_0)),(x_1,f(x_1)),(x_2,f(x_2))$,故可设

$$P_3(x)=N_2(x)+B(x-x_0)(x-x_1)(x-x_2),\tag{5.57}$$

其中

$$N_2(x)=f(x_0)+f[x_0,x_1](x-x_0)+f[x_0,x_1,x_2](x-x_0)(x-x_1),$$

B 是待定系数。不难验证 $P_3(x)$满足插值条件 $P(x_i)=f(x_i)(i=0,1,2)$,由

$$P'_3(x_0)=f[x_0,x_1]+f[x_0,x_1,x_2](x_0-x_1)+B(x_0-x_1)(x_0-x_2)=f'(x_0)$$

求出

$$B=\frac{f'(x_0)-f[x_0,x_1]-f[x_0,x_1,x_2](x_0-x_1)}{(x_0-x_1)(x_0-x_2)}。$$

代入式(5.57)即得所求 $P_3(x)$。

$P_3(x)$与 $f(x)$的误差函数 $R_3(x)=f(x)-P_3(x)$满足

$$R_3(x_i)=f(x_i)-P_3(x_i)=0,\quad i=0,1,2,\quad R'_3(x_0)=f'(x_0)-P'_3(x_0)=0,$$

故可设 $R_3(x)=K(x)(x-x_0)^2(x-x_1)(x-x_2)$。为求待定函数 $K(x)$,引进辅助函数

$$\varphi(t)=f(t)-P_3(t)-K(x)(t-x_0)^2(t-x_1)(t-x_2)。$$

假定 $f(x)$在(a,b)内 4 次可导,则 $\varphi(t)$也 4 次可导,且在(a,b)内至少有 5 个零点 x_0(二重零点算两个),x_1,x_2,x。由罗尔定理知 $\varphi^{(4)}(t)$在(a,b)内至少存在 1 个零点,即

$$\varphi^{(4)}(\xi)=f^{(4)}(\xi)-K(x)4!=0。$$

于是求得

$$K(x)=\frac{f^{(4)}(\xi)}{4!},$$

从而

$$R_3(x)=\frac{f^{(4)}(\xi)}{4!}(x-x_0)^2(x-x_1)(x-x_2)。$$

5.6 分段低次插值

1. 龙格现象

函数的多项式插值余项公式说明插值节点越多,一般说来误差越小,函数逼近越好。人

们自然会问，是否随着插值节点的增加，用高次插值所得的误差一定会小呢？其实不然。考察函数

$$f(x)=\frac{1}{1+x^2},\quad -5\leqslant x\leqslant 5,$$

将区间$[-5,5]$分成 n 等份，以 $L_n(x)$表示取 $n+1$ 个等分点作节点的插值多项式。图 5.5 给出了 $L_{10}(x)$的图像。

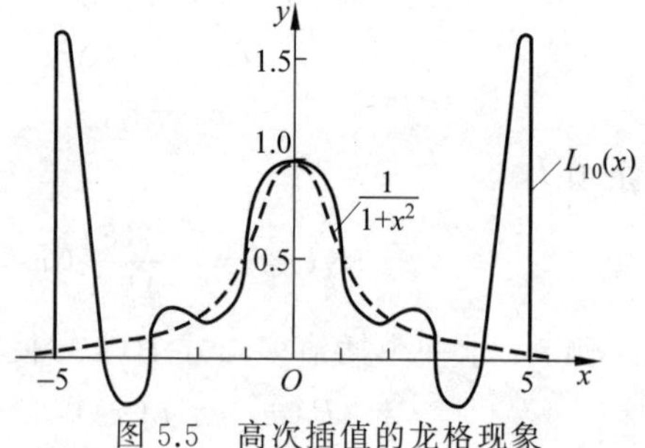

图 5.5 高次插值的龙格现象

从图 5.5 看到，随着节点的加密采用高次插值，虽然插值函数会在更多的点上与所逼近的函数取相同的值，但从整体上看，逼近效果却并不理想。事实上随着 n 的增大，插值函数 $L_n(x)$在两端会发生激烈的振荡(见图 5.5)，这就是所谓的龙格(Runge)现象。龙格现象表明，为减少逼近误差，盲目地采用高次插值是不可取的。

2. 分段线性插值

为消除龙格现象，可以考虑对被插值函数进行分段低次插值。这里我们介绍的分段线性插值就是其中最简单的一种方法。

对给定区间$[a,b]$作分割：$a=x_0<x_1<\cdots<x_n=b$，在每个小区间$[x_i,x_{i+1}]$上以 x_i，x_{i+1}为节点作 $f(x)$的线性插值：

$$S_i(x)=\frac{x-x_{i+1}}{x_i-x_{i+1}}f(x_i)+\frac{x-x_i}{x_{i+1}-x_i}f(x_{i+1}),\quad x\in[x_i,x_{i+1}]。\tag{5.58}$$

把每个小区间上的线性插值函数连接起来，我们就得到了 $f(x)$的以 $a=x_0<x_1<\cdots<x_n=b$ 为节点的分段线性插值函数$S(x)$。事实上如此得到的分段线性插值就是用过插值点$(x_i,f(x_i))$的折线来逼近曲线 $y=f(x)$。

若 $f(x)\in C^2[a,b]$，$x\in[x_i,x_{i+1}]$，由线性插值余项公式有

$$f(x)-S_i(x)=\frac{f''(\xi_i)}{2!}(x-x_i)(x-x_{i+1}),$$

因而

$$|f(x)-S(x)|=\max_i|f(x)-S_i(x)|=\max_i\left|\frac{f''(\xi_i)}{2!}(x-x_i)(x-x_{i+1})\right|,$$

所以

$$\begin{aligned}|f(x)-S(x)|&\leqslant\frac{M_2}{2}|(x-x_i)(x-x_{i+1})|\\&\leqslant\frac{M_2}{8}(x_i-x_{i+1})^2,\quad M_2=\max_{a\leqslant x\leqslant b}|f''(x)|。\end{aligned}\tag{5.59}$$

容易发现，当区间分割加密，即$\max\limits_i\{x_{i+1}-x_i\}\to 0$ 时，分段线性插值多项式收敛于 $f(x)$。

3. 分段三次埃尔米特插值

如果我们不仅知道在插值节点上的函数值 $f(x_i)$，还知道在这些节点上的一阶导数值

$f'(x_i)$，则可以构造被插值函数的分段三次埃尔米特插值多项式。

对区间$[a,b]$作分割 $a=x_0<x_1<\cdots<x_n=b$，在每个小区间$[x_i,x_{i+1}]$上，作 $f(x)$关于点 x_i,x_{i+1}的三次埃尔米特插值

$$\begin{aligned}S_i(x)=&f(x_i)\left(1-2\frac{x-x_i}{x_i-x_{i+1}}\right)\left(\frac{x-x_{i+1}}{x_i-x_{i+1}}\right)^2+\\&f(x_{i+1})\left(1-2\frac{x-x_1}{x_1-x_0}\right)\left(\frac{x-x_0}{x_1-x_0}\right)^2+\\&f'(x_i)(x-x_i)\left(\frac{x-x_{i+1}}{x_i-x_{i+1}}\right)^2+\\&f'(x_{i+1})(x-x_{i+1})\left(\frac{x-x_i}{x_{i+1}-x_i}\right)^2,\quad x\in[x_i,x_{i+1}]。\end{aligned}\tag{5.60}$$

把每个小区间上的三次插值函数连接在一起，就得到了$[a,b]$上 $f(x)$的按节点 $a=x_0<x_1<\cdots<x_n=b$的分段三次埃尔米特插值多项式 $S(x)$。与分段线性插值多项式类似，当区间分割加密，即$\max\limits_i\{x_{i+1}-x_i\}\to0$ 时，分段三次埃尔米特插值多项式收敛于 $f(x)$。

5.7 三次样条插值

5.6 节讨论的分段线性插值函数形式简单，且具有一致收敛性，但光滑性较差，对于像高速飞机的机翼型线、船体放样等型值线，人们往往要求其具有二阶连续导数。最早工程师制图时，用富有弹性的细长木条（称为样条），把它用压铁固定在样点上，在其他地方让它自由弯曲，然后画下长木条的曲线，称为样条曲线。它实际上是由分段三次曲线拼接而成，在连接点即样点上具有二阶导数连续，这一过程从数学上加以概括就得到数学样条这一概念。

定义 4 设在 xOy 平面上给定 $n+1$ 个有序点对$(x_0,y_0),(x_1,y_1),\cdots,(x_n,y_n)$，其中 $a=x_0<x_1<\cdots<x_n=b$，要构造一个函数 $S(x)$，使其满足以下 3 个条件：

(1) $S(x_k)=y_k$；

(2) 在区间$[a,b]$上 $S(x)$具有二阶连续导数；

(3) 在每个小区间$[x_{i-1},x_i]$上 $S(x)$是 x 的三次多项式。

则称函数 $S(x)$为关于型值点$(x_0,y_0),(x_1,y_1),\cdots,(x_n,y_n)$的三次样条函数或三次样条多项式。

要确定 $S(x)$，在每个小区间上要确定 4 个待定参数，n 个小区间，共需要确定 $4n$ 个待定系数。作为插值函数 $S(x)$，首先要保证在插值节点 x_k 处满足 $S(x_k)=y_k(k=0,1,2,\cdots,n)$，可建立 $n+1$ 个条件。同时，由于 $S(x)$ 在 $[a,b]$ 上具有二阶导数，因此在内节点 $x_1,x_2,\cdots,x_{n-1}$ 的每处应满足如下 3 个条件：

$$\begin{cases}S_k(x_k-0)=S_{k+1}(x_k+0),\\S'_k(x_k-0)=S'_{k+1}(x_k+0),\\S''_k(x_k-0)=S''_{k+1}(x_k+0),\end{cases}\quad k=1,2,\cdots,n-1。\tag{5.61}$$

这样共增加 $3n-3$ 个条件。这样，我们共有 $4n-2$ 个条件。因此还需要两个条件才能确定 $S(x)$。通常在区间 $[a,b]$ 的端点处补充两个边界条件。常见的边界条件有下面两种：

(1) 给定端点的一阶导数

$$S'(x_0)=y'_0,\quad S'(x_n)=y'_n; \tag{5.62}$$

(2) 给定端点的二阶导数:

$$S''(x_0)=y''_0,\quad S''(x_n)=y''_n。 \tag{5.63}$$

现在我们给出三次样条插值函数的具体构造方法,这里仅给出用节点处的二阶导数表示三次样条的构造方法。

设节点处的二阶导数 $S''(x_k)=M_k(k=0,1,\cdots,n)$,$M_k$ 在力学上可解释为细梁在 x_k 截面处的弯矩。

设在区间$[x_{k-1},x_k]$上 $S(x)=S_k(x)(k=1,2,\cdots,n)$。由定义中的条件(1)有

$$S_k(x_{k-1})=y_{k-1},\quad S_k(x_k)=y_k。 \tag{5.64}$$

同时,$S(x)$在 x_k 处的二阶导数为 M_k,则有

$$S''_k(x_{k-1})=M_{k-1},\quad S''_k(x_k)=M_k。 \tag{5.65}$$

由于 $S_k(x)$为三次多项式,故其二阶导数为线性函数,由式(5.65)有

$$S''_k(x)=M_{k-1}\frac{x_k-x}{h_k}+M_k\frac{x-x_{k-1}}{h_k},\quad h_k=x_k-x_{k-1}。 \tag{5.66}$$

对式(5.66)积分两次,并联立式(5.64)得

$$\begin{aligned}S_k(x)=&M_{k-1}\frac{(x_k-x)^3}{6h_k}+M_k\frac{(x-x_{k-1})^3}{6h_k}+\frac{x_k-x}{h_k}\left[y_{k-1}-\frac{M_{k-1}}{6}h_k^2\right]+\\&\frac{x-x_{k-1}}{h_k}\left[y_k-\frac{M_k}{6}h_k^2\right],\quad k=1,2,\cdots,n。\end{aligned} \tag{5.67}$$

只要求得 M_k,三次样条函数 $S(x)$在每个小区间上的表达式就是式(5.67)。为求 M_k,可以利用一阶导数连续的条件。为此,将式(5.67)对 x 求一阶导数,得到

$$S'_k(x)=-M_{k-1}\frac{(x_k-x)^2}{2h_k}+M_k\frac{(x-x_{k-1})^2}{2h_k}+\frac{y_k-y_{k-1}}{h_k}-\frac{h_k(M_k-M_{k-1})}{6}。 \tag{5.68}$$

同理有

$$S'_{k+1}(x)=-M_k\frac{(x_{k+1}-x)^2}{2h_{k+1}}+M_{k+1}\frac{(x-x_k)^2}{2h_{k+1}}+\frac{y_{k+1}-y_k}{h_{k+1}}-\frac{h_{k+1}(M_{k+1}-M_k)}{6}。 \tag{5.69}$$

于是

$$S'_k(x_k-0)=M_k\frac{h_k}{2}+\frac{y_k-y_{k-1}}{h_k}-\frac{h_k(M_k-M_{k-1})}{6}, \tag{5.70}$$

$$S'_{k+1}(x_k+0)=-M_k\frac{h_{k+1}}{2}+\frac{y_{k+1}-y_k}{h_{k+1}}-\frac{h_{k+1}(M_{k+1}-M_k)}{6}。 \tag{5.71}$$

利用 $S'_k(x_k-0)=S'_{k+1}(x_k+0)$,则有

$$\frac{h_kM_{k-1}}{6}+\frac{h_k+h_{k+1}}{3}M_k+\frac{h_{k+1}M_{k+1}}{6}=\frac{y_{k+1}-y_k}{h_{k+1}}-\frac{y_k-y_{k-1}}{h_k}。$$

上式两边同除以$\frac{h_k+h_{k+1}}{6}$,并令

$$\lambda_k=\frac{h_{k+1}}{h_k+h_{k+1}},\quad \mu_k=\frac{h_k}{h_k+h_{k+1}},$$
$$d_k=\frac{6}{h_k+h_{k+1}}\left(\frac{y_{k+1}-y_k}{h_{k+1}}-\frac{y_k-y_{k-1}}{h_k}\right),\tag{5.72}$$

得

$$\mu_k M_{k-1}+2M_k+\lambda_k M_{k+1}=d_k,\quad k=1,2,\cdots,n-1。\tag{5.73}$$

式(5.73)是关于 $n+1$ 个未知数 $M_0,M_1,\cdots,M_n$ 的 $n-1$ 个方程。由于每个方程涉及 3 个二阶导数值(弯矩),故以上方程组称为三弯矩方程。要唯一确定这 $n+1$ 个未知数,需要用到两个边界条件:式(5.62)或式(5.63)。

由式(5.62)和式(5.68),相当于增加了两个方程:

$$\begin{cases}2M_0+M_1=\dfrac{6}{h_1}\left(\dfrac{y_1-y_0}{h_1}-y_0'\right),\\ M_{n-1}+2M_n=\dfrac{6}{h_n}\left(y_n'-\dfrac{y_n-y_{n-1}}{h_n}\right)。\end{cases}\tag{5.74}$$

端点条件式(5.63)可以统一写成如下形式:

$$\begin{cases}2M_0+\lambda_0 M_1=d_0,\\ \mu_n M_{n-1}+2M_n=d_n。\end{cases}\tag{5.75}$$

其中

$$d_0=\frac{6\lambda_0}{h_1}\left(\frac{y_1-y_0}{h_1}-y_0'\right)+2(1-\lambda_0)y_0'',$$
$$d_n=\frac{6\mu_n}{h_n}\left(y_n'-\frac{y_n-y_{n-1}}{h_n}\right)+2(1-\mu_n)y_n''。\tag{5.76}$$

当 $\lambda_0=\mu_n=0$ 时,即为端点条件式(5.63);当 $\lambda_0=\mu_n=1$ 时,即为式(5.74)。

将式(5.73),式(5.75)合在一起得到线性方程组

$$\begin{pmatrix}2 & \lambda_0 & & & & & \\ \mu_1 & 2 & \lambda_1 & & & & \\ & \mu_2 & 2 & \lambda_2 & & & \\ & & \ddots & \ddots & \ddots & & \\ & & & \mu_{n-2} & 2 & \lambda_{n-2} & \\ & & & & \mu_{n-1} & 2 & \lambda_{n-1} \\ & & & & & \mu_n & 2\end{pmatrix}\begin{pmatrix}M_0\\ M_1\\ M_2\\ \vdots\\ M_{n-2}\\ M_{n-1}\\ M_n\end{pmatrix}=\begin{pmatrix}d_0\\ d_1\\ d_2\\ \vdots\\ d_{n-2}\\ d_{n-1}\\ d_n\end{pmatrix}。\tag{5.77}$$

线性方程组(5.77)是一个三对角线性方程组,由于系数矩阵为(按行)严格对角占优阵,可以证明其系数行列式不为零(见第 4 章定理 5),故线性方程组(5.77)有唯一解。求解线性方程组(5.77)通常用所谓的追赶法(见 3.3 节)。

由式(5.77)求得 $M_0,M_1,\cdots,M_n$ 后,代入式(5.67)即得出三次样条插值函数 $S(x)$。

计算步骤如下:

(1) 由 $(x_k,y_k)(k=0,1,\cdots,n)$,按公式(5.66),式(5.72)和式(5.76)求出 h_k,λ_k,μ_k,d_k;

(2) 由边界条件确定 λ_0,d_0 和 λ_n,d_n;

(3) 用追赶法解线性方程组(5.77),求出 $M_0, M_1, \cdots, M_n$;

(4) 由式(5.67)确定 $S_k(x)$,得到 $S(x)$。

例 10 设 $f(x)$为定义在[27.7,30]上的函数,在节点 $x_k(k=0,1,2,3)$上的值如下:

k	0	1	2	3
x_k	27.7	28	29	30
y_k	4.1	4.3	4.1	3.0

试求三次样条函数 $S(x)$,使它满足边界条件 $S'(27.7)=3.0, S'(30)=-4.0$。

解

(1) 由$(x_k, y_k)(k=0,1,\cdots,3)$,按公式(5.66)、式(5.72)和式(5.76)求出 $h_k, \lambda_k, \mu_k, d_k$。

k	0	1	2	3
h_k		0.3	1	1
λ_k	1	$\frac{10}{13}$	$\frac{1}{2}$	
μ_k		$\frac{3}{13}$	$\frac{1}{2}$	1
d_k	-46.6667	4.000 02	$-2.700\ 00$	-17.4

(2) 列出线性方程组:

$$\begin{pmatrix} 2 & 1 & & \\ \frac{3}{13} & 2 & \frac{10}{13} & \\ & \frac{1}{2} & 2 & \frac{1}{2} \\ & & 1 & 2 \end{pmatrix} \begin{pmatrix} M_0 \\ M_1 \\ M_2 \\ M_3 \end{pmatrix} = \begin{pmatrix} -46.6666 \\ -4.000\ 02 \\ -2.7000 \\ -17.4000 \end{pmatrix},$$

并求得 $M_0=-23.531, M_1=0.395, M_2=0.830, M_3=-9.115$。

(3) 由式(5.67)确定 $S_k(x)$,得到 $S(x)$:

$$S(x)=\begin{cases} -13.072\ 78(28-x)^3+14.843\ 22(28-x)+0.219\ 44(x-27.7)^3+ \\ \quad 14.313\ 58(x-27.7), \quad x\in[27.7,28], \\ 0.065\ 83(29-x)^3+4.234\ 17(29-x)+0.138\ 33(x-28)^3+ \\ 3.961\ 67(x-28), \quad x\in[28,29], \\ 0.138\ 33(30-x)^3+3.961\ 67(30-x)-1.519\ 17(x-29)^3+ \\ 4.519\ 17(x-29), \quad x\in[29,30]。\end{cases}$$

实现三次样条插值的 MATLAB 函数文件 spline.m 如下。

```
function yy=spline(x,y,dy,xx)
%三次样条插值,x为节点向量,y为节点函数值,dy为导数值,xx为插值点,yy为插值
%计算小区间个数
n=length(x);m=length(y);
if n~=m error('向量长度不一致');return;end;
```

```
if isempty(dy)==1
    dy=[(y(2)-y(1))/(x(2)-x(1)) (y(n)-y(n-1))/(x(n)-x(n-1))];end
h=zeros(1,n);lemda=ones(1,n);mu=ones(1,n);M=zeros(n,1);d=zeros(n,1);
for k=2:n h(k)=x(k)-x(k-1);
    if abs(h(k))<1e-10 error('数据错误');return;end;end;
for k=2:n-1 lemda(k)=h(k+1)/(h(k)+h(k+1));mu(k)=1-lemda(k);
    d(k)=6/(h(k)+h(k+1))*((y(k+1)-y(k))/h(k+1)-(y(k)-y(k-1))/h(k));end
d(1)=6/h(2)*((y(2)-y(1))/h(2)-dy(1));
d(n)=6/h(n)*(dy(2)-(y(n)-y(n-1))/h(n));A=diag(2*ones(1,n));
for i=1:n-1 A(i,i+1)=lemda(i);A(i+1,i)=mu(i+1);end
M=A\d;
for k=2:n if x(k-1)<=xx&xx<=x(k)
    yy=M(k-1)/6/h(k)*(x(k)-xx)^3+M(k)/6/h(k)*(xx-x(k-1)^3) +1/h(k)*(y(k)
        -M(k)*h(k)^2/6)*(xx-x(k-1))+1/h(k)*(y(k-1)-M(k-1)*h(k)^2/6)*(x(k)
        -xx);
return;end;end
```

例 11 在 MATLAB 命令窗口求解例 10 中的样条函数在 28.3 处的近似值。

解 输入

```
format long;x=[27.7 28 29 30];y=[4.1 4.3 4.1 3.0];dy=[3.0-4.0];xx=28.3;
yy=spline(x,y,dy,xx)
```

5.8 曲线拟合的最小二乘法

在生产实际和科学实验中经常会遇到这样一类问题：要求依据一组实验数据(x_k,y_k) $(k=1,2,\cdots,n)$确定函数$y=f(x)$的近似表达式$y=\varphi(x)$。一般给定数据点(x_k,y_k)的数量较大，但准确程度不一定高，甚至存在个别点误差很大的情况。若用插值法求之，欲使$y=\varphi(x)$满足插值条件，势必将误差带进近似函数$y=\varphi(x)$。同时，较大的实验数据量，必然得到次数较高的插值多项式，这样构造的插值函数既不稳定又缺乏实用价值，不能较好地描绘$y=f(x)$。因此，需要构造一种函数，它未必要通过所有的数据点(x_i,y_i)，但是从总体上与函数$y=f(x)$的偏差最小，我们称这样的函数为拟合函数。下面我们就介绍一种应用广泛的拟合函数的最小二乘法。

要描述拟合函数$\varphi(x)$和函数$f(x)$之间的偏差有很多不同的方法。例如：

用各点误差绝对值的和表示：$R_1=\sum\limits_{i=1}^{n}|\varphi(x_i)-y_i|$，

用各点误差绝对值的最大值表示：$R_\infty=\max\limits_{1\leqslant i\leqslant n}|\varphi(x_i)-y_i|$，

用各点误差的平方和表示：$R_2=\sum\limits_{i=1}^{n}(\varphi(x_i)-y_i)^2$，

其中，各点误差的平方和又被称为均方误差。由于在实际中，我们总是求偏差的最小值，为计算方便，人们往往采用均方误差最小的方法来构造拟合函数，这种构造拟合函数的方法，被称为曲线拟合的最小二乘法。

在实际问题中，如何根据观测数据设计一条“最贴近”的曲线呢？在对拟合曲线一无所知的情况下，人们通常通过绘制数据点，观测出拟合曲线的类型。更一般地，人们可以对数据进行多种曲线类型的拟合，并估算均方误差，找到“最贴合”的拟合曲线。这里我们分拟合函数为多项式和非多项式给出采用最小二乘法构造拟合曲线的具体方法。

1. 多项式拟合

在拟合函数为多项式的情形下，对于给定的数据点 $(x_i, y_i)(i=1,2,\cdots,n)$，拟合函数 $\varphi(x)$ 为幂函数系 $\{x^k\}$ 的线性组合：

$$\varphi(x)=\sum_{k=0}^{m}a_kx^k,\quad m<n,\tag{5.78}$$

其中 $a_k(k=0,1,\cdots,m)$为组合系数。

定义 5 确定 $a_k(k=0,1,\cdots,m)$使

$$R(a_0,a_1,\cdots,a_m)=\sum_{k=1}^{n}(\varphi(x_k)-y_k)^2\tag{5.79}$$

最小的问题称为多项式的最小二乘拟合问题，此时得到的 $\varphi(x)$也称为回归曲线。如

$$\varphi(x)=a_0+a_1x$$

为一次回归曲线(或线性回归曲线)；

$$\varphi(x)=a_0+a_1x+a_2x^2$$

为二次回归曲线；

$$\varphi(x)=a_0+a_1x+\cdots+a_mx^m$$

为 m 次回归曲线。

一般地，最小二乘法可以描述为欧式空间中的最佳平方逼近问题(见第6章)。既然欧式空间是一种特殊的内积空间，最佳平方逼近的一般理论已经保证了最小二乘问题解的存在唯一性。另一方面，由于欧式空间结构比较简单，最小二乘问题的解将会有更简单的表示形式。下面我们来推导这个表达式。

由于 $R(a_0,a_1,\cdots,a_m)\geqslant 0$，且为连续函数，故一定存在唯一一组 $a_k(k=0,1,\cdots,m)$使其达到极小。根据多元函数微分学理论，极值点必为驻点，即求解方程组

$$\begin{cases}\dfrac{\partial R(a_0,a_1,\cdots,a_m)}{\partial a_0}=0,\\[2ex]\dfrac{\partial R(a_0,a_1,\cdots,a_m)}{\partial a_1}=0,\\\quad\vdots\\\dfrac{\partial R(a_0,a_1,\cdots,a_m)}{\partial a_m}=0\end{cases}\tag{5.80}$$

通常称此方程组为正规方程组，也称为法方程组。

具体地，已知 $y=f(x)$的观测数据为$(x_k,y_k)(k=1,2,\cdots,n)$，设 $\varphi(x)$为 m 次回归曲线$\varphi(x)=a_0+a_1x+\cdots+a_mx^m$，由式(5.80)得正规方程组

$$\begin{pmatrix} n & \sum_{k=1}^{n} x_k & \sum_{k=1}^{n} x_k^2 & \cdots & \sum_{k=1}^{n} x_k^m \\ \sum_{k=1}^{n} x_k & \sum_{k=1}^{n} x_k^2 & \sum_{k=1}^{n} x_k^3 & \cdots & \sum_{k=1}^{n} x_k^{m+1} \\ \vdots & \vdots & \vdots & & \vdots \\ \sum_{k=1}^{n} x_k^m & \sum_{k=1}^{n} x_k^{m+1} & \sum_{k=1}^{n} x_k^{m+2} & \cdots & \sum_{k=1}^{n} x_k^{2m} \end{pmatrix} \begin{pmatrix} a_0 \\ a_1 \\ \vdots \\ a_m \end{pmatrix} = \begin{pmatrix} \sum_{k=1}^{n} y_k \\ \sum_{k=1}^{n} x_k y_k \\ \vdots \\ \sum_{k=1}^{n} x_k^m y_k \end{pmatrix}。 \tag{5.81}$$

解此方程组求出 $a_k(k=0,1,\cdots,m)$的值,即可求得拟合函数 $\varphi(x)$。

此方法为用 $R(a_0,a_1,\cdots,a_m)$极小的必要条件来求解,可以证明其解满足要求。

例 12 求如下实测数据的拟合曲线 $\varphi(x)=a_0+a_1x$.

k	1	2	3
x_k	2	3	4
y_k	4	5	9

解

(1) 造表。由式(5.81),因 $m=1$,故正规方程组中只涉及对 x_k,y_k,x_ky_k,x_k^2 分别求和,列表如下:

k	x_k	y_k	x_ky_k	x_k^2
1	2	4	8	4
2	3	5	15	9
3	4	9	36	16
$\sum$	9	18	59	29

(2) 建立正规方程组

$$\begin{pmatrix} 3 & 9 \\ 9 & 29 \end{pmatrix} \begin{pmatrix} a_0 \\ a_1 \end{pmatrix} = \begin{pmatrix} 18 \\ 59 \end{pmatrix},$$

解得 $a_0=-\dfrac{3}{2},a_1=\dfrac{5}{2}$,则拟合曲线为 $\varphi(x)=-\dfrac{3}{2}+\dfrac{5}{2}x$。

2. 非多项式拟合

在实际问题中,根据数据点的分布,拟合函数还可以选择非多项式函数类型,例如:

(1) 幂函数:$\varphi(x)=ax^b$;

(2) 指数函数:$\varphi(x)=a\mathrm{e}^{bx}$;

(3) 对数函数:$\varphi(x)=a+b\ln x$。

对于以上三种类型的函数经过转换后,仍可以化成用线性回归曲线来进行计算。例如,对于 $\varphi(x)=a\mathrm{e}^{bx}$,两端取对数可转换为 $\ln\varphi(x)=\ln a+bx$,同时,加工数据点为 $(x_k,\ln y_k)(k=1,2,\cdots,n)$就可以根据式(5.81)得到正规方程组,从而求得 $\ln a,b$ 的值,进而确定 a,b,得到 $\varphi(x)$。

例 13 求以下实测数据的拟合曲线 $\varphi(x)=a\mathrm{e}^{bx}$。

x_i	1	2	3	4	5	6	7	8
y_i	15.3	20.5	27.4	36.6	49.1	65.6	87.8	117.6

解 化拟合函数为线性形式 $\ln\varphi(x)=\ln a+bx$，令 $a'=\ln a$，$y'=\ln y$ 加工数据表如下：

x_i	1	2	3	4	5	6	7	8
y'_i	2.73	3.02	3.31	3.60	3.89	4.18	4.48	4.77

因而可以得到

x_i	1	2	3	4	5	6	7	8
y'_i	2.73	3.02	3.31	3.60	3.89	4.18	4.48	4.77
x_i^2	1	4	9	16	25	36	49	64
$x_iy'_i$	2.73	6.04	9.93	14.4	19.47	25.10	31.33	38.14

则正则方程组为

$$\begin{pmatrix}8 & 36\\36 & 204\end{pmatrix}\begin{pmatrix}a'\\b\end{pmatrix}=\begin{pmatrix}29.98\\147.14\end{pmatrix},$$

解得 $a'=2.44$，$b=0.29$，$a=\mathrm{e}^{2.44}=11.47$，则拟合曲线为 $\varphi(x)=11.47\mathrm{e}^{0.29x}$。

例 14 求以下实测数据的拟合曲线 $\varphi(x)=a+b\ln x$.

k	1	2	3
x_k	1	e	e^2
y_k	2	3	-1

解 令 $x'=\ln x$，得数据表如下：

k	1	2	3
x'_k	0	1	2
y_k	2	3	-1

拟合函数变换为 $\psi(x')=a+bx'$，相应数据表为

k	x'_k	y_k	x'_ky_k	x'^2_k
1	0	2	0	0
2	1	3	3	1
3	2	-1	-2	4
$\sum$	3	4	1	5

正规方程组为

$$\begin{pmatrix}3 & 3\\ 3 & 5\end{pmatrix}\begin{pmatrix}a\\ b\end{pmatrix}=\begin{pmatrix}4\\ 1\end{pmatrix},$$

解得 $a=\dfrac{17}{6},b=-\dfrac{3}{2}$,则拟合曲线为 $\varphi(x)=\dfrac{17}{6}-\dfrac{3}{2}\ln x$。

实现多项式最小二乘拟合的 MATLAB 函数文件 leastsq.m 如下。

```
function p=leastsq(x,y,n)
%多项式最小二乘拟合,x 为节点向量,y 为节点函数值,n 为多项式次数,p 为多项式
%系数按降幂排列
A=zeros(n+1,n+1);
for i=0:n for j=0:n A(i+1,j+1)=sum(x.^(i+j));end
    b(i+1)=sum(x.^i.*y);end
a=A\b';p=fliplr(a');
```

例 15 在 MATLAB 命令窗口求解例 12。

解 输入

```
format long;x=[2 3 4];y=[4 5 9];n=1;
p=leastsq(x,y,n)
```

3. 解超定方程组

由线性代数理论知,求解线性方程组时,当方程的个数多于未知量的个数时,此线性方程组往往无解,此类线性方程组称为*超定线性方程组*(也称为*矛盾线性方程组*)。用曲线拟合的最小二乘思想来求解超定线性方程组是最常用的一种方法。

设一般超定线性方程组为

$$\begin{cases}a_{11}x_1+a_{12}x_2+\cdots+a_{1m}x_m=b_1,\\ a_{21}x_1+a_{22}x_2+\cdots+a_{2m}x_m=b_2,\\ \qquad\vdots\\ a_{n1}x_1+a_{n2}x_2+\cdots+a_{nm}x_m=b_n,\end{cases}\quad m<n,\tag{5.82}$$

即 $\sum\limits_{j=1}^{m}a_{ij}x_j=b_i,\quad i=1,2,\cdots,n;m<n$。

由于式(5.82)为超定线性方程组,通常找不到同时满足这 n 个方程的解 $x_1,x_2,\cdots,x_m$,因此我们转而寻求它在某种意义下的最优解。这里我们仅介绍其在均方误差最小下的最优解。对于一组解 $x_1,x_2,\cdots,x_m$,每个方程的*偏差*为

$$\delta_i=\sum_{j=1}^{m}a_{ij}x_j-b_i,\quad i=1,2,\cdots,n。$$

超定线性方程组的*均方误差*为

$$Q=\sum_{i=1}^{n}\delta_i^2=\sum_{i=1}^{n}\left(\sum_{j=1}^{m}a_{ij}x_j-b_i\right)^2。\tag{5.83}$$

按照最小二乘原则,要使均方误差最小,我们能够得到其正规方程组

$$\begin{cases} \dfrac{\partial Q(x_1,\cdots,x_m)}{\partial x_1}=0, \\ \dfrac{\partial Q(x_1,\cdots,x_m)}{\partial x_2}=0, \\ \qquad\vdots \\ \dfrac{\partial Q(x_1,\cdots,x_m)}{\partial x_m}=0。 \end{cases} \tag{5.84}$$

具体地，$\dfrac{\partial Q}{\partial x_k}=\sum_{i=1}^{n}2a_{ik}\left(\sum_{j=1}^{m}a_{ij}x_j-b_i\right)=0(k=1,2,\cdots,m)$。简化为

$$\sum_{j=1}^{m}\left(\sum_{i=1}^{n}a_{ik}a_{ij}\right)x_j=\sum_{i=1}^{n}a_{ik}b_i, \qquad k=1,2,\cdots,m。 \tag{5.85}$$

这样我们就可以根据式(5.85)解出唯一的超定线性方程组的最小二乘解 $x_1,x_2,\cdots,x_m$。为方便记忆，我们将式(5.85)变换成更简易的形式

$$\begin{pmatrix} a_{11} & \cdots & a_{n1} \\ \vdots & & \vdots \\ a_{1m} & \cdots & a_{nm} \end{pmatrix}\begin{pmatrix} a_{11} & \cdots & a_{1m} \\ \vdots & & \vdots \\ a_{n1} & \cdots & a_{nm} \end{pmatrix}\begin{pmatrix} x_1 \\ \vdots \\ x_m \end{pmatrix}=\begin{pmatrix} a_{11} & \cdots & a_{n1} \\ \vdots & & \vdots \\ a_{1m} & \cdots & a_{nm} \end{pmatrix}\begin{pmatrix} b_1 \\ \vdots \\ b_n \end{pmatrix}。 \tag{5.86}$$

例 16 采用最小二乘原则求解超定线性方程组

$$\begin{cases} x=1, \\ x+y=3, \\ x+2y=2。 \end{cases}$$

解 根据式(5.86)，我们有

$$\begin{pmatrix} 1 & 1 & 1 \\ 0 & 1 & 2 \end{pmatrix}\begin{pmatrix} 1 & 0 \\ 1 & 1 \\ 1 & 2 \end{pmatrix}\begin{pmatrix} x \\ y \end{pmatrix}=\begin{pmatrix} 1 & 1 & 1 \\ 0 & 1 & 2 \end{pmatrix}\begin{pmatrix} 1 \\ 3 \\ 2 \end{pmatrix},$$

得到正规方程组

$$\begin{cases} 3x+3y=6, \\ 3x+5y=7。 \end{cases}$$

因此可解得最小二乘解 $x=\dfrac{3}{2},y=\dfrac{1}{2}$。

小　　结

本章给出了常用的各种插值法，介绍了最小二乘法。拉格朗日插值多项式是基础，牛顿插值多项式解决了当插值节点逐渐增加时的问题；一般情况下，等距节点时用牛顿前、后差公式。求值点在插值区间的开头部分时使用前差公式，在末尾部分时使用后差公式。如果对相同节点进行插值，前差与后差两种公式只是形式上的差别；埃尔米特插值多项式解决带导数的插值问题；最小二乘法解决工程上常用的不严格通过型值点的逼近方法。

1. 插值多项式：通过所有插值点的次数不超过节点个数减 1 的多项式。

2. 拉格朗日插值多项式

(1) 插值多项式

$$L_n(x)=\sum_{i=0}^{n} y_i \prod_{\substack{j=0\\ j\neq i}}^{n} \frac{x-x_j}{x_i-x_j};$$

(2) 余项

$$R_n(x)=f(x)-L_n(x)=\frac{f^{(n+1)}(\xi)}{(n+1)!}\omega_{n+1}(x),$$

$$\omega_{n+1}(x)=\prod_{i=0}^{n}(x-x_i)。$$

3. 牛顿插值多项式

(1) 插值多项式

$$N_n(x)=f(x_0)+(x-x_0)f[x_0,x_1]+(x-x_0)(x-x_1)f[x_0,x_1,x_2]+\cdots+ (x-x_0)(x-x_1)\cdots(x-x_{n-1})f[x_0,x_1,\cdots,x_n]。$$

(2) 余项

$$R_n(x)=f[x,x_0,x_1,\cdots,x_n]\omega_{n+1}(x)。$$

4. 牛顿前差、后差公式

(1) 前差公式

$$N_n(x)=N_n(x_0+th)=f_0+\frac{\Delta f_0}{1!}t+\frac{\Delta^2 f_0}{2!}t(t-1)+\cdots+ \frac{\Delta^n f_0}{n!}t(t-1)\cdots(t-n+1);$$

(2) 后差公式

$$N_n(x)=N_n(x_n+th)=f_n+\frac{\nabla f_n}{1!}t+\frac{\nabla^2 f_n}{2!}t(t+1)+\cdots+ \frac{\nabla^n f_n}{n!}t(t+1)\cdots(t+n-1)。$$

5. 埃尔米特插值多项式

(1) 插值多项式

$$H_{2n+1}(x)=\sum_{j=0}^{n} y_i\left(1-2(x-x_j)\sum_{\substack{k=0\\ k\neq j}}^{n}\frac{1}{x_j-x_k}\right)l_j^2(x)+ \sum_{j=0}^{n} y'_j(x-x_j)l_j^2(x);$$

(2) 余项

$$R_{2n+1}(x)=f(x)-H_{2n+1}(x)=\frac{f^{(2n+2)}(\xi)}{(2n+2)!}\omega_{n+1}^2(x)。$$

6. 三次样条插值

$$S_k(x)=M_{k-1}\frac{(x_k-x)^3}{6h_k}+M_k\frac{(x-x_{k-1})^3}{6h_k}+\frac{x_k-x}{h_k}\left[y_{k-1}-\frac{M_{k-1}}{6}h_k^2\right]+ \frac{x-x_{k-1}}{h_k}\left[y_k-\frac{M_k}{6}h_k^2\right],\quad k=1,2,\cdots,n。$$

7. 多项式拟合的最小二乘法

m 次拟合曲线 $\varphi(x)=a_0+a_1x+\cdots+a_mx^m$ 的系数满足：

$$\begin{pmatrix} n & \sum_{k=1}^{n}x_k & \sum_{k=1}^{n}x_k^2 & \cdots & \sum_{k=1}^{n}x_k^m \\ \sum_{k=1}^{n}x_k & \sum_{k=1}^{n}x_k^2 & \sum_{k=1}^{n}x_k^3 & \cdots & \sum_{k=1}^{n}x_k^{m+1} \\ \vdots & \vdots & \vdots & & \vdots \\ \sum_{k=1}^{n}x_k^m & \sum_{k=1}^{n}x_k^{m+1} & \sum_{k=1}^{n}x_k^{m+2} & \cdots & \sum_{k=1}^{n}x_k^{2m} \end{pmatrix}\begin{pmatrix} a_0 \\ a_1 \\ \vdots \\ a_m \end{pmatrix}=\begin{pmatrix} \sum_{k=1}^{n}y_k \\ \sum_{k=1}^{n}x_ky_k \\ \vdots \\ \sum_{k=1}^{n}x_k^my_k \end{pmatrix}。$$

8. 解超定线性方程组的最小二乘法

对于一般超定线性方程组

$$\begin{cases} a_{11}x_1+a_{12}x_2+\cdots+a_{1m}x_m=b_1, \\ a_{21}x_1+a_{22}x_2+\cdots+a_{2m}x_m=b_2, \\ \qquad\vdots \\ a_{n1}x_1+a_{n2}x_2+\cdots+a_{nm}x_m=b_n, \end{cases} \quad m<n,$$

其最小二乘解可通过求解下述线性方程组

$$\begin{pmatrix} a_{11} & \cdots & a_{n1} \\ \vdots & & \vdots \\ a_{1m} & \cdots & a_{nm} \end{pmatrix}\begin{pmatrix} a_{11} & \cdots & a_{1m} \\ \vdots & & \vdots \\ a_{n1} & \cdots & a_{nm} \end{pmatrix}\begin{pmatrix} x_1 \\ \vdots \\ x_m \end{pmatrix}=\begin{pmatrix} a_{11} & \cdots & a_{n1} \\ \vdots & & \vdots \\ a_{1m} & \cdots & a_{nm} \end{pmatrix}\begin{pmatrix} b_1 \\ \vdots \\ b_n \end{pmatrix}$$

获得。

习 题 5

1. 当 $x=1,-1,2$ 时，$f(x)=0,-3,4$，求 $f(x)$的二次插值多项式。

2. 不限制次数的插值多项式是否存在？若存在是否唯一？试举一个例子。

3. 当 $x=-1,1,2$ 时，$f(x)=-3,0,4$，求 $f(x)$的二次拉格朗日插值多项式，并求 $f(0)$ 的近似值。

4. 利用下述数据表，对于正弦积分 $\sin(x)=\int_0^x \frac{\sin t}{t}\mathrm{d}t$，当 $\sin(x)=0.45$ 时，求 x。

x	0	0.2	0.4	0.6	0.8	1.0
$\sin(x)$	0	0.199 56	0.396 46	0.588 13	0.772 10	0.946 08

5. 若 $x_k(k=0,1,\cdots,n)$为互异的节点，证明：

(1) $\sum_{k=0}^{n}x_k^m l_k(x)=x^m(m=0,1,\cdots,n)$；

(2) $\sum_{k=0}^{n}(x_k-x)^m l_k(x)=0(m=1,\cdots,n)$；

(3) $\sum_{k=0}^{n}x_k^m l_k(0)=\begin{cases} 1, & m=0; \\ 0, & m=1,2,\cdots,n; \\ (-1)^n x_0x_1\cdots x_n, & m=n+1。\end{cases}$

6. 设 $f(x)$ 在区间 $[a,b]$ 上具有二阶连续导数，试证

$$\max_{a\leqslant x\leqslant b}\left|f(x)-f(a)-\frac{f(b)-f(a)}{b-a}(x-a)\right|\leqslant\frac{1}{8}(b-a)^2\max_{a\leqslant x\leqslant b}|f''(x)|。$$

7. 已知函数 $y=f(x)$ 的函数表如下：

x_i	1	2	3
y_i	1	-1	2

求其牛顿插值多项式，并计算 $f(1.5)$ 的近似值。

8. 设 $f(x)=2x^9+796x^6+1$，求 $f[2^0,2^1,\cdots,2^9]$，$f[\sin 1,\sin 2,\cdots,\sin 11]$。

9. 证明 n 阶差商具有以下性质：

(1) 若 $F(x)=Cf(x)$，则 $F[x_0,x_1,\cdots,x_n]=Cf[x_0,x_1,\cdots,x_n]$；

(2) 若 $F(x)=f(x)+g(x)$，则

$$F[x_0,x_1,\cdots,x_n]=f[x_0,x_1,\cdots,x_n]+g[x_0,x_1,\cdots,x_n]。$$

10. 已知 $y_n=2^n$，求 $\Delta^4 y_n$。

11. 证明以下恒等式：

(1) $\Delta(f_k g_k)=f_k\Delta g_k+g_{k+1}\Delta f_k$；

(2) $\sum_{j=0}^{n-1}\Delta^2 y_j=\Delta y_n-\Delta y_0$。

12. 已知 $y=f(x)$ 的观测数据如下：

x_i	0	1	2	3	4
y_i	3	6	11	18	27

求其前差公式，并用其求 $f(1.5)$ 的近似值。

13. 求作次数不超过 2 的多项式 $P_2(x)$ 使其满足插值条件 $P_2(0)=1$，$P_2'(0)=0$，$P_2(1)=2$。

14. 求作次数不超过 3 的多项式 $P_3(x)$ 使其满足插值条件

$$P_3(0)=0,\quad P_3'(0)=1,\quad P_3(1)=1,\quad P_3'(1)=2。$$

15. 求分段三次埃尔米特插值的误差限。

16. 求龙格现象例题中的分段线性插值($n=10$)。

17. 已知函数表为

x_k	0	1	2	3
y_k	0	2	3	16
y_k'	1			0

求三次样条插值函数。

18. 已知函数表为

x_k	1	2	4	5
y_k	1	3	4	2
y''_k	0			0

求三次样条插值函数。

19. 设分段多项式

$$S(x)=\begin{cases}x^3+x^2, & x\in[0,1],\\ 2x^3+bx^2+cx-1, & x\in[1,2]\end{cases}$$

是以 0,1,2 为节点的三次样条函数，试确定待定系数 b 和 c 的值。

20. 用最小二乘法求一个形如 $\varphi(x)=a+bx+cx^2$ 的经验公式，使其与下列数据相拟合：

x_k	−1	0	1	2
y_k	2	1	2	3

21. 已知实验数据如下：

x_k	19	25	31	38	44
y_k	19.0	32.3	49.0	73.3	97.8

用最小二乘法求形如 $\varphi(x)=a+bx^2$ 的经验公式。

22. 求解超定线性方程组 $\begin{cases}x_1-x_2=1,\\ -x_1+x_2=2,\\ 2x_1-2x_2=3,\\ -3x_1+x_2=4\end{cases}$ 的最小二乘解。

第 6 章

函数逼近与计算

在数值计算中经常要计算函数值,如计算机中计算基本初等函数及其他特殊函数,而实际问题中遇到的函数是各种各样的,有的表达式很复杂,有的甚至给不出数学式子,只提供了一些离散数据,譬如某些点上的函数值。这些都涉及用简单函数近似已知函数的问题,这就是函数逼近问题。第 4 章讨论的插值与拟合就是常用的逼近方法。本章讨论的函数逼近,是指对给定的函数 $f(x)$,要求一个较简单而且便于计算的函数 $P(x)$,使得 $f(x)$与 $P(x)$的误差在某种度量意义下最小。本章主要介绍最佳一致逼近多项式、最佳平方逼近、正交多项式。

6.1 最佳一致逼近多项式

数值计算方法讨论的简单函数通常是代数多项式、分式有理函数或三角多项式。第 4 章插值与数据拟合利用的就是代数多项式。本章的简单函数只选取代数多项式。

1. 一般理论

对于区间$[a,b]$上的连续函数 $f(x)$,度量另一连续函数 $P(x)$与 $f(x)$近似程度的最常用的标准有两种。一种是

$$\| f(x)-P(x) \|_{\infty}=\max_{a \leqslant x \leqslant b} | f(x)-P(x) |,$$

这种度量下的函数逼近称为一致逼近,另一种是

$$\| f(x)-P(x) \|_{2}=\sqrt{\int_{a}^{b}[f(x)-P(x)]^{2} \mathrm{d} x},$$

在这种度量下的函数逼近称为平方逼近。

关于连续函数用多项式一致逼近的问题,下述的魏尔斯特拉斯(Weierstrass)定理解决了存在性问题。

定理 1 设 $f(x)$是区间$[a,b]$上的连续函数,则对于任何 $\varepsilon>0$,总存在一个代数多项式 $P(x)$,使得不等式

$$\| f(x)-P(x) \|_{\infty}<\varepsilon$$

在区间$[a,b]$上成立。

这个定理的证明方法很多，伯恩斯坦(Bernstein)给出了一个构造性的证明。由于线性变换

$$x = a + (b-a)t$$

可以把一般区间$[a,b]$变成区间$[0,1]$，因此不失一般性，可以只在区间$[0,1]$上考虑上述问题。称

$$B_n(f,x) = \sum_{k=0}^{n} f\left(\frac{k}{n}\right) C_n^k x^k (1-x)^{n-k}$$

为关于$f(x)$的n次伯恩斯坦多项式，并规定

$$B_n(f,0) = f(0), \quad B_n(f,1) = f(1)。$$

可以证明，$B_n(f,x)$在区间$[0,1]$上一致收敛于$f(x)$。

2. 最佳一致逼近多项式的定义和存在性

魏尔斯特拉斯定理肯定了存在多项式一致逼近已知的连续函数，而伯恩斯坦多项式就是具有这种性质的多项式，但其缺点是收敛太慢。若精度要求很高，则伯恩斯坦多项式的次数非常高。切比雪夫(Chebyshev)从另一观点去研究一致逼近问题。他不让多项式次数n趋于无穷大，而是固定n，在所有次数不超过n的多项式中讨论最佳逼近问题。

首先给出切比雪夫最佳一致逼近多项式的定义。

定义1 设函数$f(x)$是区间$[a,b]$上的连续函数，令H_n表示所有次数不超过n的多项式以及零多项式构成的集合，即$H_n = \mathrm{span}\{1, x, x^2, \cdots, x^n\}$。若$P_n \in H_n$，则称

$$\max_{a \leqslant x \leqslant b} |f(x) - P_n(x)|$$

为$P_n(x)$与$f(x)$的偏差。如果在H_n中存在一个多项式$P_n^*(x)$

$$\max_{a \leqslant x \leqslant b} |f(x) - P_n^*(x)| = \min_{P_n \in H_n} \max_{a \leqslant x \leqslant b} |f(x) - P_n(x)|,$$

那么，$P_n^*(x)$称为$f(x)$的n次最佳一致逼近多项式，简称为最佳逼近多项式。

人们自然要问，上述最佳逼近多项式是否存在？若存在是否唯一？下述切比雪夫定理作出了完整的回答。为此，需要给出下述定义。

定义2 设函数$g(x)$是区间$[a,b]$上的连续函数，若存在m个点

$$a \leqslant x_1 < x_2 < \cdots < x_m \leqslant b$$

使得

$$|g(x_i)| = \max_{a \leqslant x \leqslant b} |g(x)|, \quad i = 1, 2, \cdots, m,$$

且

$$g(x_i) = -g(x_{i+1}), \quad i = 1, 2, \cdots, m-1,$$

则称$x_1, x_2, \cdots, x_m$为$g(x)$在区间$[a,b]$上的交错点组。

定理2(切比雪夫定理) 设$f(x)$是区间$[a,b]$上的连续函数，$P_n(x) \in H_n$，则$P_n(x)$是$f(x)$的n次最佳一致逼近多项式的充分必要条件是$f(x) - P_n(x)$在$[a,b]$上存在一个至少有$n+2$个点组成的交错点组。

切比雪夫定理证明较长，此处从略。

由上述切比雪夫定理很容易证明下述定理。

定理3 设$f(x)$是区间$[a,b]$上的连续函数，则在H_n中存在$f(x)$的唯一的一个n次

最佳一致逼近多项式。

此外,我们还有下面的结论。

定理 4 设 $f(x)$在区间$[a,b]$上有 $n+1$ 阶导数,且 $f^{(n+1)}(x)$在$[a,b]$上保持定号(恒正或恒负),$P_n(x)\in H_n$ 是 $f(x)$的 n 次最佳一致逼近多项式,则区间$[a,b]$的端点属于 $f(x)-P_n(x)$的交错点组。

证 用反证法。设 a 或 b 不属于 $f(x)-P_n(x)$的交错点组,则在区间(a,b)内至少有 $n+1$个点 $a<x_1<x_2<\cdots<x_{n+1}<b$ 属于函数 $R_n(x)=f(x)-P_n(x)$的交错点组。显然这些点均是 $R_n(x)$的极值点,并且由假设可知 $R_n(x)$在区间$[a,b]$上可导,因此有

$$R'_n(x_i)=0,\quad i=1,2,\cdots,n+1。$$

反复应用罗尔(Rolle)定理,可知 $R_n^{(n+1)}(x)$在区间(a,b)内至少有一个零点,即有

$$R_n^{(n+1)}(\xi)=0,\quad \xi\in(a,b)。$$

但

$$R_n^{(n+1)}(x)=f^{(n+1)}(x)-P_n^{(n+1)}(x)=f^{(n+1)}(x),$$

因此有

$$f^{(n+1)}(\xi)=0,$$

这与 $f^{(n+1)}(x)$在$[a,b]$上保持定号的假设相矛盾。证毕。

3. 最佳一次逼近多项式

切比雪夫定理给出了 $f(x)$的 n 次最佳逼近多项式 $P_n(x)$的特性,但要求出 $P_n(x)$却相当困难。本节通过一个具体例子来介绍 $n=1$ 时的最佳逼近多项式的构造。

例 1 求函数 $f(x)=\sqrt{x}$ 在区间$\left[\frac{1}{4},1\right]$上的一次最佳一致逼近多项式。

解 设一次最佳一致逼近多项式为 $P_1(x)=ax+b$,则

$$R_1(x)=f(x)-P_1(x)=\sqrt{x}-ax-b,$$

$$R'_1(x)=\frac{1}{2\sqrt{x}}-a,$$

易知 $f''(x)$在区间$[\frac{1}{4},1]$上恒负。根据定理 4,假设交错点组为 $\frac{1}{4}=x_1<x_2<x_3=1$,则由 $R'_1(x_2)=0,R_1(x_1)=-R_1(x_2)=R_1(x_3)$,得方程组

$$\begin{cases}\dfrac{1}{2\sqrt{x_2}}-a=0,\\ \dfrac{1}{2}-\dfrac{1}{4}a-b=-\sqrt{x_2}+ax_2+b,\\ 1-a-b=-\sqrt{x_2}+ax_2+b。\end{cases}$$

解得

$$a=\frac{2}{3},\quad b=\frac{17}{48},\quad x_2=\frac{9}{16}。$$

因此求得 $f(x)$的一次最佳一致逼近多项式为

$$P_1(x)=\frac{2}{3}x+\frac{17}{48}。$$

图 6.1 直观地反映了最佳一致逼近多项式与被逼近函数的近似程度。

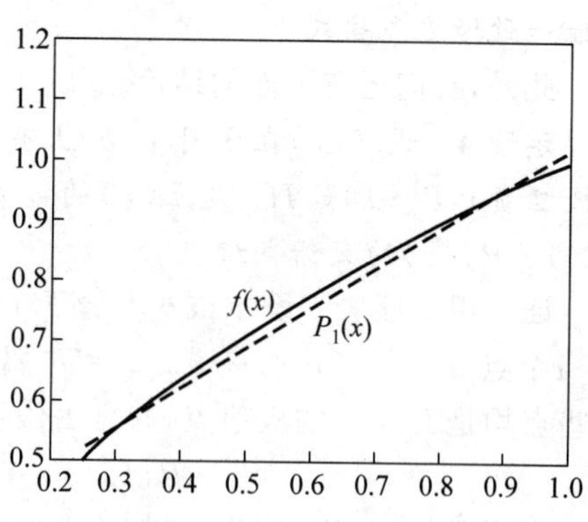

图 6.1 函数 $f(x)=\sqrt{x}$ 与其最佳一致逼近多项式 $P_1(x)=\frac{2}{3}x+\frac{17}{48}$ 的图像

6.2 函数的最佳平方逼近

用均方误差最小作为近似误差的度量标准,研究函数的逼近多项式,就是本节要讨论的最佳平方逼近问题。为了引入一般最佳平方逼近函数的定义,我们首先给出权函数的概念。

定义 3 设区间 (a,b) 内的非负函数 $\rho(x)$ 满足以下条件,则称为区间 (a,b) 内的**权函数**:

(1) $\int_a^b |x|^n \rho(x)\mathrm{d}x \quad (n=0,1,2,\cdots)$ 存在;

(2) 对于非负连续函数 $g(x)$,若 $\int_a^b g(x)\rho(x)\mathrm{d}x=0$,则在 (a,b) 内 $g(x)\equiv 0$。

定义 4 设函数 $f(x)$ 是区间 $[a,b]$ 上的连续函数,令 $\{\varphi_j(x)\}_{j=0}^n$ 是区间 $[a,b]$ 上的一个线性无关的连续函数系,$\rho(x)$ 为区间 (a,b) 内的一个权函数。确定广义多项式

$$\varphi(x)=\sum_{j=0}^{n} a_j\varphi_j(x) \tag{6.1}$$

的系数 $a_0,a_1,\cdots,a_n$,使

$$\int_a^b \rho(x)[f(x)-\varphi(x)]^2\mathrm{d}x=\min_{\Phi}\int_a^b \rho(x)[f(x)-\Phi(x)]^2\mathrm{d}x。 \tag{6.2}$$

这样得到的函数 $\varphi(x)$ 称为 $f(x)$ 是区间 $[a,b]$ 上关于权函数 $\rho(x)$ 的**最佳平方逼近函数**。

该问题等价于求多元函数

$$I(a_0,a_1,\cdots,a_n)=\int_a^b \rho(x)\left[\sum_{j=0}^{n} a_j\varphi_j(x)-f(x)\right]^2\mathrm{d}x$$

的最小值。由于 $I(a_0,a_1,\cdots,a_n)$ 是关于 $a_0,a_1,\cdots,a_n$ 的二次函数,利用多元微分学中极值存在的必要条件知,欲使式(6.2)成立的 $a_0,a_1,\cdots,a_n$ 必须满足线性方程组

$$\frac{\partial I}{\partial a_k}=2\int_a^b \rho(x)\left[\sum_{j=0}^{n} a_j\varphi_j(x)-f(x)\right]\varphi_k(x)\mathrm{d}x=0,\quad k=0,1,2,\cdots,n, \tag{6.3}$$

即

$$\sum_{j=0}^{n} a_j\int_a^b \rho(x)\varphi_k(x)\varphi_j(x)\mathrm{d}x=\int_a^b \rho(x)\varphi_k(x)f(x)\mathrm{d}x,\quad k=0,1,2,\cdots,n。$$

若记

$$(\varphi_k,\varphi_j)=\int_a^b \rho(x)\varphi_k(x)\varphi_j(x)\mathrm{d}x,\quad k,j=0,1,2,\cdots,n,$$

$$(\varphi_k,f)=\int_a^b \rho(x)\varphi_k(x)f(x)\mathrm{d}x,\quad k=0,1,2,\cdots,n,$$

则可将上述线性方程组写成

$$\begin{cases}(\varphi_0,\varphi_0)a_0+(\varphi_0,\varphi_1)a_1+\cdots+(\varphi_0,\varphi_n)a_n=(\varphi_0,f),\\(\varphi_1,\varphi_0)a_0+(\varphi_1,\varphi_1)a_1+\cdots+(\varphi_1,\varphi_n)a_n=(\varphi_1,f),\\\qquad\vdots\\(\varphi_n,\varphi_0)a_0+(\varphi_n,\varphi_1)a_1+\cdots+(\varphi_n,\varphi_n)a_n=(\varphi_n,f)。\end{cases}\tag{6.4}$$

关于上述线性方程组的系数行列式,我们有下述结论。

定理 5 $\{\varphi_j(x)\}_{j=0}^n$在区间$[a,b]$上线性无关的充分必要条件是

$$\begin{vmatrix}(\varphi_0,\varphi_0) & (\varphi_0,\varphi_1) & \cdots & (\varphi_0,\varphi_n)\\(\varphi_1,\varphi_0) & (\varphi_1,\varphi_1) & \cdots & (\varphi_1,\varphi_n)\\\vdots & \vdots & & \vdots\\(\varphi_n,\varphi_0) & (\varphi_n,\varphi_1) & \cdots & (\varphi_n,\varphi_n)\end{vmatrix}\neq 0。$$

根据线性代数理论,线性方程组(6.4)有唯一的一组解 $a_0,a_1,\cdots,a_n$。以下证明这样得到的广义多项式(6.1)确使式(6.2)成立,即对任一广义多项式 $\phi(x)=\sum_{j=0}^{n}b_j\varphi_j(x)$,有

$$\int_a^b\rho(x)[f(x)-\varphi(x)]^2\mathrm{d}x\leqslant\int_a^b\rho(x)[f(x)-\phi(x)]^2\mathrm{d}x。$$

为此只要考虑

$$\begin{aligned}D&=\int_a^b\rho(x)[f(x)-\phi(x)]^2\mathrm{d}x-\int_a^b\rho(x)[f(x)-\varphi(x)]^2\mathrm{d}x\\&=\int_a^b\rho(x)[\varphi(x)-\phi(x)]^2\mathrm{d}x+2\int_a^b\rho(x)[\varphi(x)-\phi(x)][f(x)-\varphi(x)]\mathrm{d}x。\end{aligned}$$

由于系数 $a_0,a_1,\cdots,a_n$ 是线性方程组(6.4)的解,因此由式(6.3)得

$$\begin{aligned}&\int_a^b\rho(x)[\varphi(x)-\phi(x)][f(x)-\varphi(x)]\mathrm{d}x\\&=\sum_{j=0}^{n}(b_j-a_j)\int_a^b\rho(x)[\varphi(x)-f(x)]\varphi_j(x)\mathrm{d}x=0。\end{aligned}$$

故

$$D=\int_a^b\rho(x)[\varphi(x)-\phi(x)]^2\mathrm{d}x\geqslant 0。$$

因此我们有下面的定理。

定理 6 设函数 $f(x)$是区间$[a,b]$上的连续函数,则其最佳平方逼近函数存在且唯一,并且可由线性方程组(6.4)解出。

线性方程组(6.4)通常称为正规方程组,也称为法方程组。

求最佳平方逼近函数的算法如下:

(1) 输入被逼近函数 $f(x)$和逼近区间$[a,b]$。选择逼近函数系$\{\varphi_j(x)\}_{j=0}^n$和权函数$\rho(x)$;

(2) 求解法方程组(6.4);

(3) 由此组成的广义多项式 $\varphi(x)=\sum_{j=0}^{n}a_j\varphi_j(x)$ 即为 $f(x)$的最佳平方逼近函数。

例 2 求 $f(x)=\sin\pi x$ 在$[0,1]$上的最佳平方逼近函数 $\varphi(x)=a_0+a_1x+a_2x^2$。

解 取 $\varphi_0(x)=1,\varphi_1(x)=x,\varphi_2(x)=x^2,\rho(x)=1$,则

$$(\varphi_i,\varphi_j)=\int_0^1 x^i x^j\mathrm{d}x=\frac{1}{i+j+1},\quad i,j=0,1,2,$$

$$(\varphi_0,f)=\int_0^1 \sin\pi x\,\mathrm{d}x=\frac{2}{\pi},$$

$$(\varphi_1,f)=\int_0^1 x\sin\pi x\,\mathrm{d}x=\frac{1}{\pi},$$

$$(\varphi_2,f)=\int_0^1 x^2\sin\pi x\,\mathrm{d}x=\frac{\pi^2-4}{\pi^3}。$$

于是得到法方程组为

$$\begin{cases}a_0+\dfrac{1}{2}a_1+\dfrac{1}{3}a_2=\dfrac{2}{\pi},\\ \dfrac{1}{2}a_0+\dfrac{1}{3}a_1+\dfrac{1}{4}a_2=\dfrac{1}{\pi},\\ \dfrac{1}{3}a_0+\dfrac{1}{4}a_1+\dfrac{1}{5}a_2=\dfrac{\pi^2-4}{\pi^3}。\end{cases}$$

解出

$$a_0=\frac{12\pi^2-120}{\pi^3}\approx-0.050\,465,$$

$$a_1=-a_2=\frac{720-60\pi^2}{\pi^3}\approx4.122\,512。$$

因此我们求得 $f(x)=\sin\pi x$ 在$[0,1]$上的最佳平方逼近多项式为

$$\varphi(x)=-4.122\,512x^2+4.122\,512x-0.050\,465。$$

应当指出的是,第4章讨论的曲线拟合的最小二乘法是关于离散数据的最佳平方逼近,本章介绍的是连续函数的最佳平方逼近。读者可以比较二者的相似之处。

实现函数最佳平方逼近共需要三个MATLAB函数。

(1) 计算最佳逼近函数系数的MATLAB函数文件optim.m如下。

```
function S=optim(a,b,n)
%函数最佳平方逼近,a,b为区间端点,n为最佳逼近次数,S为最佳逼近的系数(按升幂排列)
global i;global j;
if nargin<3 n=1;end
Phi2=zeros(n+1);
for i=0:n for j=0:n Phi2(i+1,j+1)=quad(@rho_phi,a,b);end;end
PhiF=zeros(n+1,1);
for i=0:n PhiF(i+1)=quad(@fun_phi,a,b);end
S=Phi2\PhiF;
```

(2) 计算权函数与基函数之积的MATLAB函数文件rho_phi.m如下。

```
function y=rho_phi(x)
global i;global j;
y=(rho(x).*phi_k(x,i)).*phi_k(x,j);
```

(3) 计算被逼近函数与基函数之积的MATLAB函数文件fun_phi.m如下。

```
function y=fun_phi(x)
global i;
y=(rho(x).*phi_k(x,i)).*obj(x);
```

例 3 在 MATLAB 命令窗口求解例 2。

解 对于本问题共需要三个 MATLAB 函数

(1) 权函数的 MATLAB 函数文件 rho.m 如下。

```
function y=rho(x)
y=1;
```

(2) 最佳平方逼近多项式的 MATLAB 函数文件 phi_k.m 如下。

```
function y=phi_k(x,k)
if k==0 y=ones(size(x));else y=x.^k;end
```

(3) 被逼近函数的 MATLAB 函数文件 obj.m 如下。

```
function y=obj(x)
y=sin(pi*x);
输入
format long;S=optim(0,1,2)
```

6.3 用正交多项式作最佳平方逼近

求解最小二乘法的正规方程组常常是病态的,当回归曲线的次数较高时尤其明显,这使得按第 4 章的方法求解时误差较大。正交函数系可以简化最小二乘法的求解,并提高解的精度。正交多项式系,由于其计算简便,是函数逼近的重要工具。

1. 一般理论

定义 5 设 $\varphi_n(x)$是首项(最高次项)系数 $a_n\neq 0$ 的 n 次多项式,如果多项式序列 $\varphi_0(x),\varphi_1(x),\cdots,\varphi_n(x),\cdots$满足

$$(\varphi_j,\varphi_k)=\int_a^b \rho(x)\varphi_j(x)\varphi_k(x)\mathrm{d}x=\begin{cases}0, & j\neq k,\\ A_k>0, & j=k,\end{cases}$$

$$j,k=0,1,2,\cdots, \tag{6.5}$$

则称多项式序列 $\varphi_0(x),\varphi_1(x),\cdots,\varphi_n(x),\cdots$ 在区间$[a,b]$上带权 $\rho(x)$正交,并称 $\varphi_n(x)$是$[a,b]$上带权 $\rho(x)$的 n 次正交多项式。

容易证明,对任意的 $n=0,1,2,\cdots$,正交多项式系 $\varphi_0(x),\varphi_1(x),\cdots,\varphi_n(x)$必定是线性无关的。

一般来说,当权函数 $\rho(x)$及区间$[a,b]$给定以后,可以由线性无关的多项式序列$\{1,x,\cdots,x^n,\cdots\}$利用格拉姆-施密特(Gram-Schmidt)正交化方法构造出正交多项式

$$\varphi_0(x)=1,\quad \varphi_n(x)=x^n-\sum_{k=0}^{n-1}\frac{(x^n,\varphi_k)}{(\varphi_k,\varphi_k)}\cdot\varphi_k(x),\quad n=1,2,\cdots。$$

容易证明这样构造的正交多项式有以下性质:

(1) $\varphi_n(x)$是首项(最高次项)系数为1的n次多项式。

(2) 任一n次多项式均可以表示为$\varphi_0(x),\varphi_1(x),\cdots,\varphi_n(x)$的线性组合。

(3) 当$n\neq m$时,$(\varphi_n,\varphi_m)=0$,且$\varphi_n(x)$与任一次数小于n的多项式正交。

(4) 有递推关系

$$\varphi_{n+1}(x)=(x-\alpha_n)\varphi_n(x)-\beta_n\varphi_{n-1}(x),\quad n=0,1,2,\cdots,$$

其中

$$\varphi_0(x)=1,\quad \varphi_{-1}(x)=0,$$

$$\alpha_n=\frac{(x\varphi_n,\varphi_n)}{(\varphi_n,\varphi_n)},\quad n=0,1,2,\cdots,$$

$$\beta_n=\frac{(\varphi_n,\varphi_n)}{(\varphi_{n-1},\varphi_{n-1})},\quad n=1,2,\cdots。$$

这里

$$(\varphi_n,\varphi_n)=\int_a^b\rho(x)\varphi_n^2(x)\mathrm{d}x,\quad (x\varphi_n,\varphi_n)=\int_a^b\rho(x)x\varphi_n^2(x)\mathrm{d}x。$$

(5) $\varphi_n(x)(n\geqslant 1)$恰有$n$个单实根,且都在区间$(a,b)$内。

以下讨论两类常见的而又十分重要的正交多项式。

2. 勒让德(Legendre)多项式

区间$[-1,1]$上、权函数为$\rho(x)\equiv 1$的正交多项式称为勒让德多项式,并用$\mathrm{P}_0(x)$,$\mathrm{P}_1(x),\cdots,\mathrm{P}_n(x),\cdots$表示。罗德利克(Rodrigul) 给出了简单表达式

$$\mathrm{P}_0(x)=1,\quad \mathrm{P}_n(x)=\frac{1}{2^n n!}\frac{\mathrm{d}^n}{\mathrm{d}x^n}[(x^2-1)^n],\quad n=1,2,\cdots。\tag{6.6}$$

由于$(x^2-1)^n$是$2n$次多项式,求n阶导数后得

$$\mathrm{P}_n(x)=\frac{1}{2^n n!}(2n)(2n-1)\cdots(n+1)x^n+a_{n-1}x^{n-1}+\cdots+a_0,$$

于是得首项x^n的系数$a_n=\dfrac{(2n)!}{2^n(n!)^2}$。易见最高次项系数为1的勒让德多项式为

$$\bar{\mathrm{P}}_n(x)=\frac{n!}{(2n)!}\frac{\mathrm{d}^n}{\mathrm{d}x^n}[(x^2-1)^n],\quad n=1,2,\cdots。\tag{6.7}$$

下面讨论勒让德多项式的一些重要性质。

性质1 正交性

$$\int_{-1}^1\mathrm{P}_n(x)\mathrm{P}_m(x)\mathrm{d}x=\begin{cases}0, & m\neq n,\\ \dfrac{2}{2n+1}, & m=n。\end{cases}$$

证 令$\phi(x)=(x^2-1)^n$,则$\phi^{(k)}(\pm 1)=0(k=0,1,\cdots,n-1)$.不妨假设$m\leqslant n$。由定积分的分部积分法知

$$\int_{-1}^1\mathrm{P}_n(x)\mathrm{P}_m(x)\mathrm{d}x=\frac{1}{2^n n!}\int_{-1}^1\phi^{(n)}(x)\mathrm{P}_m(x)\mathrm{d}x=-\frac{1}{2^n n!}\int_{-1}^1\phi^{(n-1)}(x)\mathrm{P}'_m(x)\mathrm{d}x$$

$$=\cdots=\frac{(-1)^n}{2^n n!}\int_{-1}^1\phi(x)\mathrm{P}_m^{(n)}(x)\mathrm{d}x。$$

下面分两种情况讨论。

(1) 当 $m<n$ 时,此时 $P_m^{(n)}(x)\equiv 0$。因此有

$$\int_{-1}^{1} P_n(x)P_m(x)\mathrm{d}x=0。$$

(2) 当 $m=n$ 时,即

$$P_m(x)=P_n(x)=\frac{(2n)!}{2^n(n!)^2}x^n+\cdots,$$

于是

$$P_m^{(n)}(x)=\frac{(2n)!}{2^n n!},$$

因此

$$\int_{-1}^{1} P_n^2(x)\mathrm{d}x=\frac{(-1)^n(2n)!}{2^{2n}(n!)^2}\int_{-1}^{1}(x^2-1)^n\mathrm{d}x=\frac{(2n)!}{2^{2n}(n!)^2}\int_{-1}^{1}(1-x^2)^n\mathrm{d}x。$$

由于

$$\int_{-1}^{1}(1-x^2)^n\mathrm{d}x=2\int_0^{\frac{\pi}{2}}\cos^{2n+1}t\,\mathrm{d}t=2\,\frac{2\cdot 4\cdot\cdots\cdot(2n)}{1\cdot 3\cdot\cdots\cdot(2n+1)},$$

于是有

$$\int_{-1}^{1} P_n^2(x)\mathrm{d}x=\frac{2}{2n+1}。$$

证毕。

性质 2 奇偶性 $P_n(-x)=(-1)^n P_n(x)$。

由于 $\phi(x)=(x^2-1)^n$ 是偶次多项式,经过偶数次求导仍为偶次多项式,经过奇数次求导则为奇次多项式,故 n 为偶数时 $P_n(x)$为偶函数,n 为奇数时 $P_n(x)$为奇函数,于是性质 2 成立。

性质 3 $P_n(1)=1, P_n(-1)=(-1)^n$。

证 将罗德利克公式(6.6)改写为

$$P_n(x)=\frac{1}{2^n n!}\frac{\mathrm{d}^n}{\mathrm{d}x^n}[(x-1)^n(x+1)^n],\quad n=1,2,\cdots。$$

利用莱布尼茨高阶导数公式

$$(uv)^{(n)}=\sum_{k=0}^{n}C_n^k u^{(k)}v^{(n-k)},\quad 其中\quad C_n^k=\frac{n!}{k!(n-k)!},$$

于是得到

$$P_n(x)=\frac{1}{2^n n!}\left[(x+1)^n\frac{\mathrm{d}^n(x-1)^n}{\mathrm{d}x^n}+n\frac{\mathrm{d}(x+1)^n}{\mathrm{d}x}\frac{\mathrm{d}^{n-1}(x-1)^n}{\mathrm{d}x^{n-1}}+\cdots+\frac{\mathrm{d}^n(x+1)^n}{\mathrm{d}x^n}(x-1)^n\right]。$$

显然

$$\frac{\mathrm{d}^n(x-1)^n}{\mathrm{d}x^n}=n!,\quad \left.\frac{\mathrm{d}^{n-k}(x-1)^n}{\mathrm{d}x^{n-k}}\right|_{x=1}=0,\quad k=1,2,\cdots,n,$$

因此有 $P_n(1)=1$。

再利用性质 2,可得 $P_n(-1)=(-1)^n P_n(1)=(-1)^n$。因此性质 3 成立。

性质4 $P_n(x)$在区间$(-1,1)$内有n个不同的实零点。

证 事实上，$2n-1$次多项式$\frac{d}{dx}(x^2-1)^n$有$n-1$重零点$x=\pm1$，及单零点$x=0$，它的一切根都限于此。$2n-2$次多项式$\frac{d^2}{dx^2}(x^2-1)^n$有$n-2$重零点$x=\pm1$。此外，根据罗尔定理，还有两个实根，一个根在$(-1,0)$内，另一个在$(0,1)$内。继续进行下去便可看出，$P_n(x)$在区间$(-1,1)$内有$n$个不同的实零点。

性质5 在所有最高次项系数为1的n次多项式中，勒让德多项式$\bar{P}_n(x)$在区间$[-1,1]$上与零的平方误差最小。

设$Q_n(x)$是任意一个最高次项系数为1的n次多项式，它可以表示为

$$Q_n(x)=\bar{P}_n(x)+\sum_{k=0}^{n-1}a_k\bar{P}_k(x),$$

于是

$$(Q_n,Q_n)=\int_{-1}^{1}Q_n^2(x)dx=(\bar{P}_n,\bar{P}_n)+\sum_{k=0}^{n-1}a_k^2(\bar{P}_k,\bar{P}_k)\geqslant(\bar{P}_n,\bar{P}_n),$$

当且仅当$a_0=a_1=\cdots=a_{n-1}=0$时等号成立，即当$Q_n(x)\equiv\bar{P}_n(x)$时平方误差最小。

性质6 递推关系

$$(n+1)P_{n+1}(x)=(2n+1)xP_n(x)-nP_{n-1}(x),\quad n=1,2,\cdots。$$

证 考虑$n+1$次多项式$xP_n(x)$，它可以表示为

$$xP_n(x)=a_0P_0(x)+a_1P_1(x)+\cdots+a_{n+1}P_{n+1}(x),$$

两边分别乘以$P_m(x)$，并从-1到1积分，得

$$\int_{-1}^{1}xP_n(x)P_m(x)dx=a_m\int_{-1}^{1}P_m^2(x)dx。$$

当$m\leqslant n-2$时，$xP_m(x)$次数不大于$n-1$，上式左端积分为零，故得$a_m=0$。当$m=n$时，$xP_n^2(x)$为奇函数，左端积分仍为零，故$a_n=0$。于是

$$xP_n(x)=a_{n-1}P_{n-1}(x)+a_{n+1}P_{n+1}(x),$$

其中

$$a_{n-1}=\frac{2n-1}{2}\int_{-1}^{1}xP_n(x)P_{n-1}(x)dx=\frac{2n-1}{2}\ \frac{2n}{4n^2-1}=\frac{n}{2n+1},$$

$$a_{n+1}=\frac{2n+3}{2}\int_{-1}^{1}xP_n(x)P_{n+1}(x)dx=\frac{2n+3}{2}\ \frac{2(n+1)}{(2n+1)(2n+3)}=\frac{n+1}{2n+1},$$

即性质6成立。

由$P_0(x)=1,P_1(x)=x$，利用性质6可推出前6个勒让德正交多项式为

$P_2(x)=(3x^2-1)/2,$ $P_4(x)=(35x^4-30x^2+3)/8,$

$P_3(x)=(5x^3-3x)/2,$ $P_5(x)=(63x^5-70x^3+15x)/8,$

$P_6(x)=(231x^6-315x^4+105x^2-5)/16,$

通过变量替换由勒让德多项式可以得到在任意区间$[a,b]$上关于权函数$\rho(x)\equiv1$的正交多项式系。

令$x=\frac{b+a}{2}+\frac{b-a}{2}t$，当$x$在区间$[a,b]$上变化时，对应的$t$在区间$[-1,1]$上变

化，故

$$\widetilde{L}_n(x)=P_n(t)=P_n\left(\frac{2x-(b+a)}{b-a}\right),\quad n=0,1,2,\cdots \tag{6.8}$$

为$[a,b]$上的正交多项式。例如，区间$[0,1]$上的前4个勒让德正交多项式为

$$\widetilde{L}_0(x)=P_0(2x-1)=1,$$
$$\widetilde{L}_1(x)=P_1(2x-1)=2x-1,$$
$$\widetilde{L}_2(x)=P_2(2x-1)=\frac{1}{2}[3(2x-1)^2-1]=6x^2-6x+1,$$
$$\begin{aligned}\widetilde{L}_3(x)=P_3(2x-1)&=\frac{1}{2}[5(2x-1)^3-3(2x-1)]\\&=20x^3-30x^2+12x-1。\end{aligned}$$

3. 切比雪夫(Chebyshev)多项式

区间$[-1,1]$上，权函数为$\rho(x)=\dfrac{1}{\sqrt{1-x^2}}$的正交多项式称为切比雪夫多项式，它可表示为

$$T_n(x)=\cos(n\arccos x),\quad |x|\leqslant 1. \tag{6.9}$$

若令$x=\cos\theta$，则

$$T_n(x)=\cos n\theta,\quad 0\leqslant\theta\leqslant\pi。 \tag{6.10}$$

切比雪夫多项式有很多重要性质。

性质1 切比雪夫多项式$T_n(x)$在区间$[-1,1]$上带权$\rho(x)=\dfrac{1}{\sqrt{1-x^2}}$正交，且

$$\int_{-1}^{1}\frac{T_n(x)T_m(x)}{\sqrt{1-x^2}}dx=\begin{cases}0, & m\neq n,\\ \dfrac{\pi}{2}, & m=n\neq 0,\\ \pi, & m=n=0。\end{cases} \tag{6.11}$$

证 令$x=\cos\theta$，则$dx=-\sin\theta\, d\theta$，于是由定积分的换元积分法得

$$\int_{-1}^{1}\frac{T_n(x)T_m(x)}{\sqrt{1-x^2}}dx=\int_0^{\pi}\cos n\theta\cos m\theta\, d\theta=\begin{cases}0, & m\neq n,\\ \dfrac{\pi}{2}, & m=n\neq 0,\\ \pi, & m=n=0。\end{cases}$$

性质2 递推关系

$$\begin{aligned}&T_0(x)=1,T_1(x)=x,\\&T_{n+1}(x)=2xT_n(x)-T_{n-1}(x),\quad n=1,2,\cdots。\end{aligned} \tag{6.12}$$

证 由于

$$\cos(n+1)\theta=2\cos\theta\cos(n\theta)-\cos(n-1)\theta,\quad n\geqslant 1。$$

令$x=\cos\theta$,容易验证上述递推公式成立。

利用上述递推关系可得前9个切比雪夫多项式为

$$
\begin{aligned}
&T_0(x)=1, && T_5(x)=16x^5-20x^3+5x,\\
&T_1(x)=x, && T_6(x)=32x^6-48x^4+18x^2-1,\\
&T_2(x)=2x^2-1, && T_7(x)=64x^7-112x^5+56x^3-7x,\\
&T_3(x)=4x^3-3x, && T_8(x)=128x^8-256x^6+160x^4-32x^2+1,\\
&T_4(x)=8x^4-8x^2+1。
\end{aligned}
$$

此外,由上述递推关系还可得到下述结论。

性质 3 $T_{2k}(x)$只含 x 的偶次幂，$T_{2k+1}(x)$只含 x 的奇次幂，即 $T_n(-x)=(-1)^n T_n(x)$。

性质 4 $T_n(x)$对零的偏差最小。在所有最高次项系数为 1 的 n 次多项式中,$\omega_n(x)=\frac{1}{2^{n-1}}T_n(x)$在区间$[-1,1]$上与零的偏差最小，其偏差为$\frac{1}{2^{n-1}}$。

证 由于

$$\omega_n(x)=\frac{1}{2^{n-1}}T_n(x)=x^n-P_{n-1}^*(x),$$

其中 $P_{n-1}^*(x)$为某一 $n-2$ 次多项式，因此

$$\max_{-1\leqslant x\leqslant 1}|\omega_n(x)|=\frac{1}{2^{n-1}}\max_{-1\leqslant x\leqslant 1}|T_n(x)|=\frac{1}{2^{n-1}},$$

且点 $x_k=\cos\frac{k}{n}\pi(k=0,1,2,\cdots,n)$是 $T_n(x)$的切比雪夫交错点组。由定理 2 可知，在区间$[-1,1]$上，x^n 的$n-1$ 次最佳一致逼近多项式为 $P_{n-1}^*(x)$，即 $\omega_n(x)$是与零的偏差最小的多项式。证毕。

利用切比雪夫多项式的上述性质，可以很容易求得一个多项式函数的最佳一致逼近多项式。

例 4 求函数 $f(x)=2x^3-2x^2+x-1$ 在区间$[-1,1]$上的 2 次最佳一致逼近多项式。

解 由题意，所求最佳一致逼近多项式 $P_2^*(x)$应满足

$$\max_{-1\leqslant x\leqslant 1}|f(x)-P_2^*(x)|=\min。$$

由性质 4 可知

$$f(x)-P_2^*(x)=\frac{1}{2}T_3(x)=2x^3-\frac{3}{2}x$$

与零的偏差最小，故

$$P_2^*(x)=f(x)-\frac{1}{2}T_3(x)=-2x^2+\frac{5}{2}x-1$$

就是 $f(x)$在区间$[-1,1]$上的 2 次最佳一致逼近多项式。

利用切比雪夫多项式的定义，容易得到下述结论。

性质 5 $T_n(x)$在区间$(-1,1)$内有 n 个单零点 $x_k=\cos\frac{2k-1}{2n}\pi(k=1,2,\cdots,n)$。

性质 6 $T_n(x)$在区间$[-1,1]$上有 $n+1$ 个极值点 $x_k=\cos\frac{k}{n}\pi(k=0,1,2,\cdots,n)$,且$|T_n(x_k)|=1(k=0,1,2,\cdots,n)$。

此外，实际计算中时常要求 x^n 用 $T_0,T_1,\cdots,T_n$ 的线性组合表示，其公式为

$$x^n = 2^{1-n}\sum_{k=0}^{\left[\frac{n}{2}\right]}\binom{n}{k}\mathrm{T}_{n-2k}(x)。$$

上式中规定 $\mathrm{T}_0=1/2$。$n=1,2,\cdots,6$ 时的结果如下：

$$1=\mathrm{T}_0,\qquad x=\mathrm{T}_1,\qquad x^2=\frac{1}{2}(\mathrm{T}_0+\mathrm{T}_2),$$

$$x^3=\frac{1}{4}(3\mathrm{T}_1+\mathrm{T}_3),\qquad x^4=\frac{1}{8}(3\mathrm{T}_0+4\mathrm{T}_2+\mathrm{T}_4),$$

$$x^5=\frac{1}{16}(10\mathrm{T}_1+5\mathrm{T}_3+\mathrm{T}_5),\qquad x^6=\frac{1}{32}(10\mathrm{T}_0+15\mathrm{T}_2+6\mathrm{T}_4+\mathrm{T}_6)。$$

4. 用正交多项式作最佳平方逼近

设 $f(x)$是区间$[a,b]$上的连续函数，本节讨论用正交多项式 $\varphi_0(x),\varphi_1(x),\cdots,\varphi_n(x)$作函数 $f(x)$的最佳平方逼近多项式：

$$Q_n(x)=\alpha_0\varphi_0(x)+\alpha_1\varphi_1(x)+\cdots+\alpha_n\varphi_n(x)。$$

由$\{\varphi_n(x)\}$的正交性以及法方程组(6.4)，可以求得系数

$$\alpha_k=\frac{(f,\varphi_k)}{(\varphi_k,\varphi_k)},\quad k=0,1,2,\cdots,n。$$

于是，$f(x)$的最佳平方逼近多项式为

$$Q_n(x)=\sum_{k=0}^{n}\frac{(f,\varphi_k)}{(\varphi_k,\varphi_k)}\varphi_k(x)。$$

以下考虑用勒让德多项式 $\mathrm{P}_0(x),\mathrm{P}_1(x),\cdots,\mathrm{P}_n(x)$作区间$[-1,1]$上连续函数 $f(x)$的最佳平方逼近多项式 $Q_n^*(x)$。设

$$Q_n^*(x)=\alpha_0^*\mathrm{P}_0(x)+\alpha_1^*\mathrm{P}_1(x)+\cdots+\alpha_n^*\mathrm{P}_n(x),\tag{6.13}$$

则

$$\alpha_k^*=\frac{(f,\mathrm{P}_k)}{(\mathrm{P}_k,\mathrm{P}_k)}=\frac{2k+1}{2}\int_{-1}^{1}f(x)\mathrm{P}_k(x)\mathrm{d}x,\quad k=0,1,2,\cdots,n。\tag{6.14}$$

例 5 利用勒让德多项式求函数 $f(x)=\mathrm{e}^{-x}$在区间$[-1,1]$上的 3 次最佳平方逼近多项式。

解 先计算$(f,\mathrm{P}_k)(k=0,1,2,3)$，即

$$(f,\mathrm{P}_0)=\int_{-1}^{1}\mathrm{e}^{-x}\mathrm{d}x=\mathrm{e}-\frac{1}{\mathrm{e}},$$

$$(f,\mathrm{P}_1)=\int_{-1}^{1}x\mathrm{e}^{-x}\mathrm{d}x=-\frac{2}{\mathrm{e}},$$

$$(f,\mathrm{P}_2)=\int_{-1}^{1}\left(\frac{3}{2}x^2-\frac{1}{2}\right)\mathrm{e}^{-x}\mathrm{d}x=\mathrm{e}-\frac{7}{\mathrm{e}},$$

$$(f,\mathrm{P}_3)=\int_{-1}^{1}\left(\frac{5}{2}x^3-\frac{3}{2}x\right)\mathrm{e}^{-x}\mathrm{d}x=5\mathrm{e}-\frac{37}{\mathrm{e}}。$$

由式(6.14)得

$$\alpha_0^* = \frac{1}{2}(f,\mathrm{P}_0) = \frac{1}{2}\left(\mathrm{e}-\frac{1}{\mathrm{e}}\right),\quad \alpha_1^* = \frac{3}{2}(f,\mathrm{P}_1) = -\frac{3}{\mathrm{e}},$$

$$\alpha_2^* = \frac{5}{2}(f,\mathrm{P}_2) = \frac{5}{2}\left(\mathrm{e}-\frac{7}{\mathrm{e}}\right),\quad \alpha_3^* = \frac{7}{2}(f,\mathrm{P}_3) = \frac{7}{2}\left(5\mathrm{e}-\frac{37}{\mathrm{e}}\right),$$

代入式(6.13)，得

$$\begin{aligned} Q_3^* &= \frac{35}{4}\left(5\mathrm{e}-\frac{37}{\mathrm{e}}\right)x^3 + \frac{15}{4}\left(\mathrm{e}-\frac{7}{\mathrm{e}}\right)x^2 + \frac{15}{4}\left(\frac{51}{\mathrm{e}}-7\mathrm{e}\right)x + \frac{3}{4}\left(\frac{11}{\mathrm{e}}-\mathrm{e}\right) \\ &= -0.176\,139x^3 + 0.536\,722x^2 - 0.997\,955x + 0.996\,294。\end{aligned}$$

由于勒让德多项式是在区间$[-1,1]$上由$\{1,x,\cdots,x^n,\cdots\}$正交化得到的，因此利用勒让德多项式求出的最佳平方逼近多项式与由

$$Q^*(x) = \alpha_0 + \alpha_1 x + \cdots + \alpha_n x^n$$

直接通过解法方程组得到的最佳平方逼近多项式是一致的，只是当n较大时求法方程组会出现病态方程，计算误差较大，不能使用。而用勒让德多项式无需解线性方程组，不存在病态问题，计算公式使用起来也较方便，因此通常都用此法求最佳平方逼近多项式。

小 结

本章主要介绍了改善全局逼近效果的最佳一致逼近多项式和最佳平方逼近函数，给出了一次最佳一致逼近多项式和任意最佳平方逼近函数的构造方法；由于正交多项式在求解最小二乘拟合和最佳平方逼近中的重要作用，介绍了正交多项式的基本性质和构造方法。

习 题 6

1. 设函数$f(x)$在区间$[a,b]$上连续，求$f(x)$的零次最佳一致逼近多项式。

2. 求下列函数在区间$[0,1]$上的一次最佳一致逼近多项式：

(1) $f(x)=x^4$；　(2) $f(x)=\mathrm{e}^x$；　(3) $f(x)=\dfrac{1}{1+x}$。

3. 求下列函数在指定区间上的一次最佳平方逼近多项式：

(1) $f(x)=x^4$，$[0,1]$；　(2) $f(x)=\dfrac{1}{x}$，$[1,2]$。

4. 求函数$f(x)=\cos x$在区间$[-\pi,\pi]$上的形如$P(x)=a+bx^2$的最佳平方逼近多项式。

5. 证明切比雪夫多项式$\mathrm{T}_n(x)$满足微分方程

$$(1-x^2)\mathrm{T}_n''(x) - x\mathrm{T}_n'(x) + n^2\mathrm{T}_n(x) = 0。$$

6. 利用勒让德多项式求函数$f(x)=\sin\dfrac{\pi}{2}x$在区间$[-1,1]$上的三次最佳平方逼近多项式。

第 7 章

数值积分与数值微分

在实际问题中，经常会遇到求积分和微分的情况，我们一般的做法是将积分和微分转化成不同形式的四则运算，即数值积分与数值微分。

本章分为两部分内容：数值积分和数值微分。其中，数值积分主要研究：求积公式和代数精度，牛顿—柯特斯公式和复化牛顿—柯特斯公式，龙贝格公式及高斯公式；数值微分主要研究差商法和插值法。

7.1 数值积分

在“高等数学”或“微积分”课程中计算积分 $I=\int_a^b f(x)\mathrm{d}x$ 采用的是著名的牛顿—莱布尼茨公式：

$$\int_a^b f(x)\mathrm{d}x=F(b)-F(a)。$$

这里 $F(x)$ 是 $f(x)$ 的原函数。从理论上讲这个公式很完善，但是在实际应用中，采取这种方式求 $f(x)$ 的积分往往会遇到很多困难：(1) $F(x)$ 不能表示成初等函数的有限四则运算形式，如 $f(x)=e^{-x^2}$ 的情形；(2) $F(x)$ 的表达式相当复杂，如 $f(x)=\frac{1}{1+x^4}$ 的情形，此时 $F(x)=\frac{1}{2\sqrt{2}}\arctan\left(\frac{\sqrt{2}x}{1-x^2}\right)+\frac{1}{4\sqrt{2}}\ln\frac{x^2+\sqrt{2}x+1}{x^2-\sqrt{2}x+1}+C$；(3) $f(x)$ 的函数关系式用表格或图形表示；(4) $F(x)$ 受误差影响较大。

我们一般的做法是用四则运算得到积分的近似值来代替原积分，即将积分转化成相应的数值积分进行研究。

1. 求积公式

求非负连续函数 $f(x)$ 在闭区间 $[a,b]$ 上的积分即为求曲线 $y=f(x)$ 与直线 $x=a$、$x=b$ 以及 x 轴围成的面积。所以，我们可以构造不同形式的面积公式来近似代替原积分，常见形式如下：

左矩形公式：

$$\int_a^b f(x)\mathrm{d}x \approx (b-a)f(a),$$

右矩形公式：

$$\int_a^b f(x)\mathrm{d}x \approx (b-a)f(b),$$

中矩形公式：

$$\int_a^b f(x)\mathrm{d}x \approx (b-a)f\left(\frac{a+b}{2}\right),$$

梯形公式：

$$\int_a^b f(x)\mathrm{d}x \approx \frac{b-a}{2}[f(a)+f(b)]。$$

不难理解，若积分区间为$[a,b]$，在区间上取一组节点：$a \leqslant x_0 < x_1 < \cdots < x_n \leqslant b$，则被积函数$f(x)$在$[a,b]$上的积分近似值可表示为

$$\int_a^b f(x)\mathrm{d}x \approx \sum_{k=0}^{n} A_k f(x_k), \tag{7.1}$$

其中x_k称为求积节点，A_k称为求积系数，亦称伴随节点x_k的权，A_k仅仅与节点x_k有关，与函数$f(x)$无关，形如式(7.1)的求积公式称为机械求积公式。

由第5章可知，$f(x)$可由n次拉格朗日插值多项式$L_n(x)$近似代替，则$\int_a^b f(x)\mathrm{d}x$可由$\int_a^b L_n(x)\mathrm{d}x$近似代替，具体做法如下：

在积分区间$[a,b]$上取一组点：$a \leqslant x_0 < x_1 < \cdots < x_n \leqslant b$，构造函数$f(x)$的$n$次拉格朗日插值多项式为

$$L_n(x) = \sum_{k=0}^{n} l_k(x) f(x_k),$$

其中

$$l_k(x) = \prod_{\substack{i=0 \\ i\neq k}}^{n} \frac{x-x_i}{x_k-x_i} = \frac{\omega_{n+1}(x)}{(x-x_k)\omega'_n(x_k)}。$$

这里$\omega_{n+1}(x) = \prod_{i=0}^{n}(x-x_i)$，从而得到如下数值积分公式：

$$\int_a^b f(x)\mathrm{d}x \approx \int_a^b L_n(x)\mathrm{d}x = \sum_{k=0}^{n} A_k f(x_k), \tag{7.2}$$

式中求积系数A_k通过插值基函数$l_k(x)$求积分得到，即

$$A_k = \int_a^b l_k(x)\mathrm{d}x。 \tag{7.3}$$

若求积公式(7.2)中的求积系数A_k是由式(7.3)确定的，则称该求积公式为插值型求积公式。即被积函数$f(x)$用拉格朗日插值多项式$L_n(x)$近似替代时所得到的机械求积公式为插值型求积公式。

由第5章的拉格朗日插值余项定理可知，对于插值型的求积公式(7.2)，其余项为

$$R[f] = \int_a^b f(x)\mathrm{d}x - \int_a^b L_n(x)\mathrm{d}x = \int_a^b \frac{f^{(n+1)}(\xi)}{(n+1)!}\omega_{n+1}(x)\mathrm{d}x, \tag{7.4}$$

其中 $\xi \in [a,b]$。

显然，用积分的余项可以衡量求积公式的精确程度。除此之外，代数精度也是判断一个求积公式优劣的标准之一。

2. 代数精度

定义 1 如果某个求积公式对于所有次数不超过 m（m 为一非负整数）的多项式均能准确成立，但对于某个 $m+1$ 次多项式不能准确成立，则称该求积公式具有 m 次代数精度。

由 m 次多项式的表达式为 $f(x)=a_0+a_1x+a_2x^2+\cdots+a_mx^m$ 可知，要使求积公式具有 m 次代数精度，只要令它分别对于 $f(x)=1,x,\cdots,x^m$ 能够准确成立，而对于 $f(x)=x^{m+1}$ 不能准确成立即可，这就要求

$$\begin{cases}\sum\limits_{k=0}^{n}A_k=\int_a^b 1\mathrm{d}x=b-a,\\ \sum\limits_{k=0}^{n}A_kx_k=\int_a^b x\mathrm{d}x=\dfrac{b^2-a^2}{2},\\ \quad\vdots\\ \sum\limits_{k=0}^{n}A_kx_k^m=\int_a^b x^m\mathrm{d}x=\dfrac{1}{m+1}(b^{m+1}-a^{m+1})。\end{cases}\tag{7.5}$$

同样，也可以根据给定的求积节点利用上式确定求积系数，使得所构造的求积公式的代数精度尽量高。

定理 1 对给定的 $n+1$ 个互异节点 $x_0,x_1,\cdots,x_n\in[a,b]$，总存在求积系数 $A_k(k=0,1,\cdots,n)$ 使得求积公式(7.1)至少具有 n 次代数精度。

证 如果求积公式(7.1)对于 $f(x)=1,x,\cdots,x^n$ 均能准确成立，则有

$$\begin{cases}A_0+A_1+\cdots+A_n=b-a,\\ A_0x_0+A_1x_1+\cdots+A_nx_n=\dfrac{b^2-a^2}{2},\\ \quad\vdots\\ A_0x_0^n+A_1x_1^n+\cdots+A_nx_n^n=\dfrac{1}{n+1}(b^{n+1}-a^{n+1})。\end{cases}$$

此式是关于未知量 $A_0,A_1,\cdots,A_n$ 的线性方程组，其系数行列式是范德蒙行列式。当 x_k 互异时，该系数行列式不等于零。由克莱姆法则可知此线性方程组存在唯一解。因此由这 $n+1$ 个互异节点 $x_0,x_1,\cdots,x_n$ 确定的求积公式至少具有 n 次代数精度。

例 1 设有求积公式

$$\int_{-1}^{1}f(x)\mathrm{d}x\approx A_0f(-1)+A_1f(0)+A_2f(1),$$

试求系数 A_0,A_1,A_2 使得求积公式的代数精度尽量高，并指出该求积公式的代数精度。

解 令 $f(x)$ 依次取 $1,x,x^2$，使求积公式成为等式，从而系数 A_0,A_1,A_2 满足线性方程组

$$\begin{cases}A_0+A_1+A_2=2,\\ -A_0+A_2=0,\\ A_0+A_2=\dfrac{2}{3},\end{cases}$$

解得 $A_0=\frac{1}{3},A_1=\frac{4}{3},A_2=\frac{1}{3}$。因此求积公式为

$$\int_{-1}^{1} f(x)\mathrm{d}x \approx \frac{1}{3}f(-1)+\frac{4}{3}f(0)+\frac{1}{3}f(1)。$$

又易验证此求积公式对于 $f(x)=x^3$ 也准确成立,但对于 $f(x)=x^4$ 此求积公式不能准确成立,故该求积公式具有3次代数精度。

定理2 形如(7.1)的求积公式至少具有 n 次代数精度的充分必要条件是它是插值型的。

证 如果求积公式(7.1)至少具有 n 次代数精度,由于插值基函数 $l_k(x)$ 为 n 次多项式,则此时公式(7.1)对于 $l_k(x)$ 准确成立,即有 $\int_a^b l_k(x)\mathrm{d}x=\sum_{j=0}^{n}A_j l_k(x_j)$。这里 $l_k(x_j)=\delta_{kj}=\begin{cases}1, & k=j,\\ 0, & k\neq j,\end{cases}$ 于是等式右端等于 A_k,因而公式(7.3)成立,即它是插值型的。

反之,若 $f(x)$ 为次数不超过 n 的插值多项式,则由余项公式(7.4)可知,其余项公式 $R[f]=0$,即 $\int_a^b f(x)\mathrm{d}x=\sum_{k=0}^{n}A_k f(x_k)$。因此,插值型求积公式至少具有 n 次代数精度。

例2 验证求积公式 $\int_0^1 f(x)\mathrm{d}x \approx \frac{1}{2}f\left(\frac{1}{4}\right)+\frac{1}{2}f\left(\frac{3}{4}\right)$ 是插值型的。

证 令 $f(x)=1$ 时,左边 $=\int_0^1 1\mathrm{d}x=1$,右边 $=\frac{1}{2}+\frac{1}{2}=1$;

令 $f(x)=x$ 时,左边 $=\int_0^1 x\,\mathrm{d}x=\frac{1}{2}$,右边 $=\frac{1}{2}\times\frac{1}{4}+\frac{1}{2}\times\frac{3}{4}=\frac{1}{2}$;

令 $f(x)=x^2$ 时,左边 $=\int_0^1 x^2\mathrm{d}x=\frac{1}{3}$,右边 $=\frac{1}{2}\times\frac{1}{4}\times\frac{1}{4}+\frac{1}{2}\times\frac{3}{4}\times\frac{3}{4}=\frac{5}{16}\neq\frac{1}{3}$。

因此求积公式具有1次代数精度。而它只有两个节点,故它是插值型求积公式。

代数精度是数值积分中衡量积分公式的计算精度简单有效且操作性好的工具,一个求积公式的代数精度越高,它就能对越多的被积函数准确成立,从而具有更好的实际意义。读者可以自己验证梯形公式的代数精度为1。

3. 数值积分公式的收敛性和稳定性

如果

$$\lim_{\substack{n\to\infty\\ h\to 0}}\sum_{k=0}^{n}A_k f(x_k)=\int_a^b f(x)\mathrm{d}x,$$

其中 $h=\max\limits_{1\leqslant k\leqslant n}\{x_k-x_{k-1}\}$,则称求积公式(7.1)是收敛的。

一个求积公式首先必须是收敛的。其次,由于计算函数值 $f(x_k)$ 时可能产生舍入误差 ε_k,必须考虑 ε_k 对计算结果产生的影响,即数值稳定性问题。设计算函数值 $f(x_k)$ 时的舍入误差为 ε_k,则求积公式(7.1)的右端项 $\sum_{k=0}^{n}A_k f(x_k)$ 变为 $\sum_{k=0}^{n}A_k(f(x_k)+\varepsilon_k)$,它们之间的误差为

$$E=\left|\sum_{k=0}^{n}A_k(f(x_k)+\varepsilon_k)-\sum_{k=0}^{n}A_kf(x_k)\right|=\left|\sum_{k=0}^{n}A_k\varepsilon_k\right|\leqslant\sum_{k=0}^{n}|A_k||\varepsilon_k|。$$

设 $\varepsilon=\max\limits_{1\leqslant k\leqslant n}|\varepsilon_k|$，由于求积公式(7.1)至少对于 $f(x)=1$ 准确成立，即

$$\sum_{k=0}^{n}A_k=\int_a^b 1\mathrm{d}x=b-a,$$

则当求积系数 A_k 全为正时有

$$E\leqslant\varepsilon\sum_{k=0}^{n}A_k=(b-a)\varepsilon。$$

此式表明当求积公式(7.1)的求积系数全为正时，该误差不超过最大舍入误差 ε 的常数倍，即计算过程是数值稳定的。

7.2 牛顿—柯特斯公式

1. 牛顿—柯特斯公式的建立

求积区间$[a,b]$内的求积节点等距分布时，得到的插值型求积公式(7.2)称为牛顿—柯特斯(Newton-Cotes)求积公式，下面给出该公式的具体形式。

在$[a,b]$上取 $n+1$ 个等距节点 $x_k=a+kh(k=0,1,\cdots,n)$，其中 $h=\dfrac{b-a}{n}$，令 $x=a+th$，由式(7.2)和(7.3)可得

$$\int_a^b f(x)\mathrm{d}x\approx(b-a)\sum_{k=0}^{n}C_k^{(n)}f(x_k),\tag{7.6}$$

其中

$$C_k^{(n)}=\frac{h}{b-a}\int_0^n\prod_{\substack{j=0\\j\neq k}}^{n}\frac{t-j}{k-j}\mathrm{d}t=\frac{(-1)^{n-k}}{nk!(n-k)!}\int_0^n\prod_{\substack{j=0\\j\neq k}}^{n}(t-j)\mathrm{d}t。$$

公式(7.6)称为牛顿—柯特斯公式，$C_k^{(n)}$ 称为柯特斯系数。由于是对多项式的积分，柯特斯系数的计算不会遇到实质性的困难，部分柯特斯系数如表 7.1 所列。

表 7.1 柯特斯系数

n	$C_k^{(n)}$								
1	$\frac{1}{2}$	$\frac{1}{2}$							
2	$\frac{1}{6}$	$\frac{4}{6}$	$\frac{1}{6}$						
3	$\frac{1}{8}$	$\frac{3}{8}$	$\frac{3}{8}$	$\frac{1}{8}$					
4	$\frac{7}{90}$	$\frac{16}{45}$	$\frac{2}{15}$	$\frac{16}{45}$	$\frac{7}{90}$				
5	$\frac{19}{288}$	$\frac{25}{96}$	$\frac{25}{144}$	$\frac{25}{144}$	$\frac{25}{96}$	$\frac{19}{288}$			

续表

n	$C_k^{(n)}$								
6	$\frac{41}{840}$	$\frac{9}{35}$	$\frac{9}{280}$	$\frac{34}{105}$	$\frac{9}{280}$	$\frac{9}{35}$	$\frac{41}{840}$		
7	$\frac{751}{17\,280}$	$\frac{3577}{17\,280}$	$\frac{1323}{17\,280}$	$\frac{2989}{17\,280}$	$\frac{2989}{17\,280}$	$\frac{1323}{17\,280}$	$\frac{3577}{17\,280}$	$\frac{751}{17\,280}$	
8	$\frac{989}{28\,350}$	$\frac{5888}{28\,350}$	$\frac{-928}{28\,350}$	$\frac{10\,496}{28\,350}$	$\frac{-4540}{28\,350}$	$\frac{10\,496}{28\,350}$	$\frac{-928}{28\,350}$	$\frac{5888}{28\,350}$	$\frac{989}{28\,350}$

柯特斯系数有如下性质：

(1) $\sum\limits_{k=0}^{n} C_k^{(n)}=1$；

(2) $C_{n-k}^{(n)}=C_k^{(n)}$。

这两个性质容易证明，留给读者去做。从表7.1可以看出当$n\geqslant 8$时柯特斯系数有正有负，稳定性得不到保证。因此实际计算不用高阶的牛顿—柯特斯公式，一般只采用几种低阶的牛顿—柯特斯公式。

2. 低阶牛顿—柯特斯公式

当$n=1$时，牛顿—柯特斯公式(7.6)变为

$$\int_a^b f(x)\mathrm{d}x \approx \frac{f(a)+f(b)}{2}(b-a)。 \tag{7.7}$$

称其为*梯形公式*，其几何意义就是用图7.1所示的梯形$aABb$的面积代替式(7.7)左端的定积分。

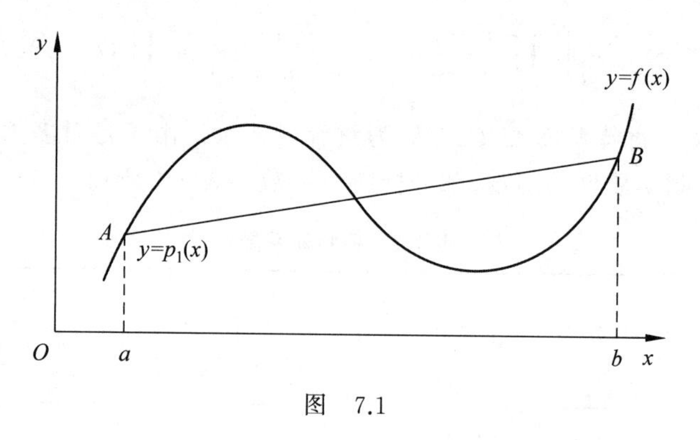

图 7.1

容易验证，梯形公式的代数精度为1。按照公式(7.4)，梯形公式的余项可以表示为

$$R_T=\int_a^b \frac{f''(\xi)}{2!}(x-a)(x-b)\mathrm{d}x。$$

这里$(x-a)(x-b)$在区间$[a,b]$上保号(非正)，应用定积分第二中值定理，在$[a,b]$内存在一点η，使得

$$R_T=\frac{f''(\eta)}{2}\int_a^b (x-a)(x-b)\mathrm{d}x=-\frac{f''(\eta)}{12}(b-a)^3。 \tag{7.8}$$

当 $n=2$ 时，牛顿—柯特斯公式(7.6)变为

$$\int_a^b f(x)\mathrm{d}x \approx \frac{b-a}{6}[f(a)+4f(c)+f(b)], \tag{7.9}$$

其中 $c=\frac{a+b}{2}$，称其为辛普森(Simpson)公式或抛物线公式，其几何意义就是用图 7.2 所示的由抛物线 $y=p_2(x)$ 围成的曲边梯形 $aACBb$ 的面积近似代替(7.9)式左端的定积分。

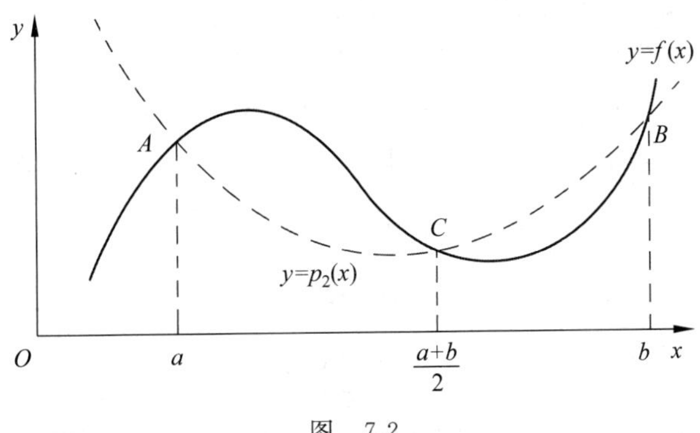

图 7.2

容易验证，辛普森公式的代数精度为 3。为研究辛普森公式的余项需构造次数不超过 3 的多项式 $H(x)$，使满足

$$H(a)=f(a),\quad H(b)=f(b),\quad H(c)=f(c),\quad H'(c)=f'(c)。$$

由于辛普森公式的代数精度为 3，它对于这样构造出的三次多项式 $H(x)$ 是准确成立的，即

$$\int_a^b H(x)\mathrm{d}x = \frac{b-a}{6}[H(a)+4H(c)+H(b)]。$$

故余项可写为

$$R_S=\int_a^b [f(x)-H(x)]\mathrm{d}x=\int_a^b \frac{f^{(4)}(\xi)}{4!}(x-a)(x-c)^2(x-b)\mathrm{d}x。$$

由于 $(x-a)(x-c)^2(x-b)$ 在区间 $[a,b]$ 上不变号，故由定积分中值定理，在 (a,b) 内存在一点 η，使得

$$R_S=\frac{f^{(4)}(\eta)}{4!}\int_a^b (x-a)(x-c)^2(x-b)\mathrm{d}x=-\frac{(b-a)^5}{2880}f^{(4)}(\eta)。 \tag{7.10}$$

当 $n=4$ 时，牛顿—柯特斯公式(7.6)变为

$$\int_a^b f(x)\mathrm{d}x \approx \frac{b-a}{90}[7f(a)+32f(x_1)+12f(x_2)+32f(x_3)+7f(b)],$$

其中 $x_i=a+i\frac{b-a}{4}(i=1,2,3)$，称为柯特斯公式，其代数精度为 5。关于柯特斯公式的积分余项，这里不再具体推导了，仅列出结果如下：

$$R_C=-\frac{2(b-a)}{945}\left(\frac{b-a}{4}\right)^6 f^{(6)}(\eta)。 \tag{7.11}$$

例 3 分别用梯形公式和辛普森公式计算 $\int_1^4 \frac{1}{x}\mathrm{d}x$。

解 由梯形公式($n=1$)，有

$$\int_1^4 \frac{1}{x}\mathrm{d}x \approx \frac{f(1)+f(4)}{2}(4-1)=1.875;$$

由辛普森公式($n=2$),有

$$\int_1^4 \frac{1}{x}\mathrm{d}x \approx \frac{4-1}{6}\left[f(1)+4f\left(\frac{5}{2}\right)+f(4)\right]=1.425。$$

牛顿—柯特斯公式是插值型求积公式,因此 n 阶牛顿—柯特斯公式至少具有 n 次代数精度。实际的代数精度是否可以进一步提高呢?

定理3 当 n 为偶数时,牛顿—柯特斯公式至少有 $n+1$ 次代数精度。

证 只需验证,当 n 为偶数时,牛顿—柯特斯公式对 $f(x)=x^{n+1}$ 的余项为零即可。

由插值型求积公式的余项公式(7.4),由于 $f^{(n+1)}(x)=(n+1)!$,从而有

$$R[f]=\int_a^b \prod_{j=0}^{n}(x-x_j)\mathrm{d}x。$$

引进变换 $x=a+th$,并且注意到 $x_j=a+jh$,有

$$R[f]=h^{n+2}\int_0^n \prod_{j=0}^{n}(t-j)\mathrm{d}t。$$

由于 n 为偶数,可设 $n=2k$(k 为正整数),再令 $t=u+k$,则有

$$R[f]=h^{2k+2}\int_{-k}^{k} \prod_{j=0}^{2k}(u+k-j)\mathrm{d}u。$$

令 $H(u)=\prod_{j=0}^{2k}(u+k-j)$,则有

$$\begin{aligned}H(u)&=(u+k)(u+k-1)\cdots u(u-1)\cdots(u-k+1)(u-k)\\&=\prod_{j=-k}^{k}(u-j),\end{aligned}$$

于是

$$\begin{aligned}H(-u)&=\prod_{j=-k}^{k}(-u-j)=(-1)^{2k+1}\prod_{j=-k}^{k}(u+j)\\&=-(u-k)(u-k+1)\cdots(u-1)u(u+1)\cdots(u+k+1)(u+k)\\&=-\prod_{j=-k}^{k}(u-j)=-H(u)。\end{aligned}$$

因此被积函数 $H(u)$ 是奇函数,在对称区间 $[-k,k]$ 上的积分为0,据此可以断定 $R[f]=0$。证毕。

3. 复化牛顿—柯特斯公式

牛顿—柯特斯公式是插值型求积公式,而多节点的高次插值有很大的误差,即有龙格(Runge)现象,因而高阶牛顿—柯特斯公式误差会很大。其次当 $n\geqslant 8$ 时,柯特斯系数会有正有负,从而也不能保证求积公式的稳定性。此外,当区间 $[a,b]$ 较大时,由误差表达式可以看出高阶牛顿—柯特斯公式精确度较差。

一种实用的做法是将积分区间 $[a,b]$ 等分成 n 个小区间,对每个小区间采用低阶的牛顿—柯特斯公式,再将结果加起来作为积分的近似值,这就是复化牛顿—柯特斯公式。

(1) 复化梯形公式

将$[a,b]$区间 n 等分,子区间长度 $h=\frac{b-a}{n}$,于是有复化梯形公式

$$T_n=\sum_{k=0}^{n-1}\frac{h}{2}[f(x_k)+f(x_{k+1})]=\frac{h}{2}\left[f(a)+2\sum_{k=1}^{n-1}f(x_k)+f(b)\right], \tag{7.12}$$

其余项公式为

$$R_{T_n}=\sum_{k=0}^{n-1}\left[-\frac{h^3}{12}f''(\eta_k)\right]=-\frac{h^2}{12}(b-a)f''(\eta)。 \tag{7.13}$$

这是因为如果 $f''(x)$在区间$[a,b]$上连续,由介值定理存在 $\eta\in[a,b]$使得

$$\frac{1}{n}\sum_{k=0}^{n}f''(\eta_k)=f''(\eta)。$$

(2) 复化辛普森公式

设子区间$[x_k,x_{k+1}]$的中点为 $x_{k+\frac{1}{2}}$,复化辛普森公式为

$$\begin{aligned}S_n&=\sum_{k=0}^{n-1}\frac{h}{6}\left[f(x_k)+4f(x_{k+\frac{1}{2}})+f(x_{k+1})\right]\\&=\frac{h}{6}\left[f(a)+4\sum_{k=0}^{n-1}f(x_{k+\frac{1}{2}})+2\sum_{k=1}^{n-1}f(x_k)+f(b)\right]。\end{aligned} \tag{7.14}$$

类似于复化梯形公式余项的推导,可得其余项公式为

$$R_{S_n}=-\frac{(b-a)}{180}\left(\frac{h}{2}\right)^4f^{(4)}(\eta),\quad \eta\in[a,b]。 \tag{7.15}$$

复化辛普森公式的算法如下:

(1) 输入区间端点 a,b 及等分数 $n/2$(n 为偶数),半步长 $h=(b-a)/n$。

(2) 置 $f_i=f(a+ih)(i=1,2,\cdots,n)$。

(3) 置 $P=f_1,Q=0$。

(4) 对 $j=2,3,\cdots,n-2$,置 $P+f_{j+1}\Rightarrow P,Q+f_j\Rightarrow Q$。

(5) 输出 $S=\frac{h}{6}[f(a)+4P+2Q+f(b)]$。

复化辛普森公式在计算机上编程实现,框图见图 7.3。

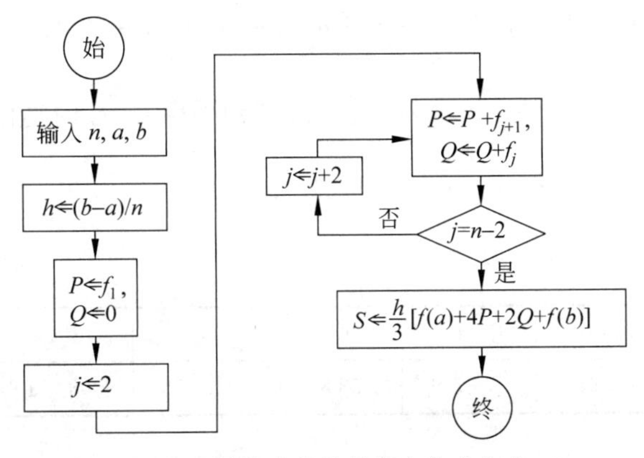

图 7.3 数值求积的复化辛普森公式

(3) 复化柯特斯公式

如果将子区间$[x_k, x_{k+1}]$四等分，内分点依次记为$x_{k+\frac{1}{4}}, x_{k+\frac{1}{2}}, x_{k+\frac{3}{4}}$，则复化柯特斯公式具有形式：

$$C_n = \sum_{k=0}^{n-1} \frac{h}{90}\left[7f(x_k) + 32f(x_{k+\frac{1}{4}}) + 12f(x_{k+\frac{1}{2}}) + 32f(x_{k+\frac{3}{4}}) + 7f(x_{k+1})\right]$$

$$= \frac{h}{90}\left[7f(a) + 32\sum_{k=0}^{n-1} f\left(x_{k+\frac{1}{4}}\right) + 12\sum_{k=0}^{n-1} f(x_{k+\frac{1}{2}}) + 32\sum_{k=0}^{n-1} f\left(x_{k+\frac{3}{4}}\right) + 14\sum_{k=1}^{n-1} f(x_k) + 7f(b)\right], \tag{7.16}$$

其余项公式为

$$R_{C_n} = -\frac{2(b-a)}{945}\left(\frac{h}{4}\right)^6 f^{(6)}(\eta), \quad \eta \in [a,b]。 \tag{7.17}$$

例 4 设函数$f(x)$由表7.2给出。用$n=4$的复化梯形公式求解$\int_{1.0}^{1.8} f(x)\mathrm{d}x$的近似值；用$n=2$的复化辛普森公式求解$\int_{1.0}^{1.8} f(x)\mathrm{d}x$的近似值。(结果保留三位小数)

表 7.2

x	1.0	1.2	1.4	1.6	1.8
$f(x)$	10.24	12.36	13.68	14.52	16.20

解 (1) 复化梯形公式：

$$h = \frac{0.8}{4} = 0.2,$$

$$T_n = \frac{0.2}{2}[f(1.0) + 2(f(1.2) + f(1.4) + f(1.6)) + f(1.8)] = 10.756。$$

(2) 复化辛普森公式：

$$h = \frac{0.8}{2} = 0.4,$$

$$S_n = \frac{0.4}{6}[f(1.0) + 4(f(1.2) + f(1.6)) + 2f(1.4) + f(1.8)] \approx 10.755。$$

例 5 对于函数$f(x) = \frac{\sin x}{x}$，试利用表7.3分别采用$n=8$的复化梯形积分公式和$n=4$的复化辛普森积分公式计算积分$I = \int_0^1 \frac{\sin x}{x}\mathrm{d}x$。

表 7.3

x	0	1/8	1/4	3/8	1/2	5/8	3/4	7/8	1
$f(x)$	1	0.997 397 8	0.989 615 8	0.976 726 7	0.958 851 0	0.936 155 6	0.908 851 6	0.877 195 2	0.841 470 9

解 把积分区间[0,1]划分为8等份，应用复化梯形公式(7.12)求得$T_8 = 0.945\ 690\ 9$。把积分区间[0,1]划分为4等份，应用复化辛普森公式(7.14)求得$S_4 = 0.946\ 083\ 2$。

比较上面两个结果，它们都需要 9 个点上的函数值，计算量基本相同，然而精度却相差很大。积分的准确值 $I=0.946\,083\,1\cdots$，因此复化梯形求积公式的结果只有两位有效数字，而复化辛普森的结果却有 6 位有效数字。

实现复化梯形求积公式的 MATLAB 函数文件 T_quad.m 如下。

```
function I=T_quad(x,y)
%复化梯形求积公式,x为节点向量,y为节点函数值
%系数按降幂排列
n=length(x);m=length(y);
if n~=m error('向量长度不一致');return;end;
h=(x(n)-x(1))/(n-1);a=[1 2*ones(1,n-2) 1];
I=h/2*sum(a.*y);
```

例 6 在 MATLAB 命令窗口求解例 5。

解 输入

```
format long; x=0: 1/8: 1;y=[1 0.9973978 0.9896158  0.9767267 0.9588510  0.9361556
0.9088516  0.8771952 0.8414709]; I=T_quad(x,y)
```

实现复化辛普森求积公式的 MATLAB 函数文件 s_quad.m 如下。

```
function I=s_quad(x,y)
%复化辛普森求积公式,x为节点向量,y为节点函数值
n=length(x);m=length(y);
if n~=m error('向量长度不一致');return;end;
if rem(n-1,2)~=0
    %如果n-1不能被2整除,则调用复化梯形求积公式
    I=T_quad(x,y);return;end;
N=(n-1)/2;h=(x(n)-x(1))/N;a=zeros(1,n);
for k=1: N
    a(2*k-1)=a(2*k-1)+1;a(2*k)=a(2*k)+4;a(2*k+1)=a(2*k+1)+1;end
I=h/6*sum(a.*y);
```

例 7 在 MATLAB 命令窗口求解例 5。

解 输入

```
format long;x=0: 1/8: 1;y=[1 0.9973978 0.9896158  0.9767267 0.9588510  0.9361556
0.9088516  0.8771952 0.8414709];I=s_quad(x,y)
```

容易证明复化梯形公式，复化辛普森公式和复化柯特斯公式当步长 $h\to 0$ 时，均收敛到所求的积分值 I.现在考虑它们当 h 很小时误差的渐近性态。

先研究梯形法，按照余项公式(7.13)，有

$$\frac{I-T_n}{h^2}=-\frac{1}{12}\sum_{k=0}^{n-1}hf''(\eta_k),$$

当 $h\to 0$ 时有渐近关系式

$$\frac{I-T_n}{h^2}\to-\frac{1}{12}\int_a^b f''(x)\mathrm{d}x=-\frac{1}{12}(f'(b)-f'(a))。$$

类似地，对于复化辛普森公式和复化柯特斯公式有

$$\frac{I-S_n}{h^4} \to -\frac{1}{180\times 2^4}(f'''(b)-f'''(a)),$$

$$\frac{I-C_n}{h^6} \to -\frac{2}{945\times 4^6}(f^{(5)}(b)-f^{(5)}(a))。$$

定义 2 如果一种复化求积公式 I_n 当 $h\to 0$ 时成立渐近关系式

$$\frac{I-I_n}{h^p} \to C \quad (C\neq 0\ \text{定数}),$$

则称求积公式 I_n 是 p 阶收敛的。

在这种意义下,复化梯形公式、复化辛普森公式和复化柯特斯公式分别具有 2 阶、4 阶和 6 阶收敛速度。而当 h 很小时,对于复化梯形公式、复化辛普森公式和复化柯特斯公式分别具有下列近似误差估计式:

$$I-T_n \approx -\frac{h^2}{12}(f'(b)-f'(a)), \tag{7.18}$$

$$I-S_n \approx -\frac{h^4}{180\times 2^4}(f'''(b)-f'''(a)), \tag{7.19}$$

$$I-C_n \approx -\frac{2h^6}{945\times 4^6}(f^{(5)}(b)-f^{(5)}(a))。 \tag{7.20}$$

由此可见,若步长 h 减半,则复化梯形公式、复化辛普森公式和复化柯特斯公式的误差分别减至原有误差的 1/4、1/16 和 1/64。

7.3 龙贝格算法

1. 变步长求积方法

在数值积分中,精确度是一个很重要的问题。7.2 节介绍的复化求积方法对提高精度是行之有效的,但是在使用求积公式之前必须给出合适的步长,步长取得太大,精度难以得到保证,步长太小,则会导致计算量太大,而事先给出一个恰当的步长往往是很困难的。

为了解决这些问题,在实际计算中常常采用变步长求积方法,即在步长逐次分半(步长二分)的过程中,反复利用复化求积公式进行计算,直到所求得的积分值满足精度要求为止。这里采用复化梯形公式说明变步长求积方法。

设 T_n 是将求积区间$[a,b]$ n 等分的复化梯形公式积分近似值,T_{2n} 是将求积区间再二分一次,分点增至 $2n+1$ 个的复化梯形公式积分近似值,不难得出

$$T_n=\sum_{k=0}^{n-1}\frac{h}{2}[f(x_k)+f(x_{k+1})],$$

$$\begin{aligned}T_{2n}&=\frac{h}{4}\sum_{k=0}^{n-1}[f(x_k)+f(x_{k+1})]+\frac{h}{2}\sum_{k=0}^{n-1}f(x_{k+\frac{1}{2}})\\&=\frac{1}{2}T_n+\frac{h}{2}\sum_{k=0}^{n-1}f(x_{k+\frac{1}{2}}),\end{aligned} \tag{7.21}$$

这里 $x_{k+\frac{1}{2}}=\frac{1}{2}(x_k+x_{k+1})$。

例 8 用变步长梯形公式计算积分值 $I=\int_0^1 \frac{\sin x}{x}\mathrm{d}x$。

解 $f(x)=\frac{\sin x}{x}$，$f(0)=1$，$f(1)=0.841\ 470\ 9$，根据梯形公式计算得

$$T_1=\frac{1}{2}(f(0)+f(1))=0.920\ 735\ 5。$$

然后将区间二等分，再求出中点的函数值 $f\left(\frac{1}{2}\right)=0.958\ 851\ 0$，从而利用递推公式(7.21)有

$$T_2=\frac{1}{2}T_1+\frac{1}{2}f\left(\frac{1}{2}\right)=0.939\ 793\ 3。$$

进一步二分求积区间，并计算新分点上的函数值 $f\left(\frac{1}{4}\right)=0.989\ 615\ 8$，$f\left(\frac{3}{4}\right)=0.908\ 851\ 6$，从而利用递推公式(7.21)有

$$T_4=\frac{1}{2}T_2+\frac{1}{4}\left[f\left(\frac{1}{4}\right)+f\left(\frac{3}{4}\right)\right]=0.944\ 513\ 5。$$

这样不断二分下去，计算结果见表 7.4(k 代表二分次数，区间数 $n=2^k$)：

表 7.4

k	1	2	3	4	5
T_n	0.939 793 3	0.944 513 5	0.945 690 9	0.945 985 0	0.946 059 6
k	6	7	8	9	10
T_n	0.946 076 9	0.946 081 5	0.946 082 7	0.946 083 0	0.946 083 1

用变步长求积方法二等分 10 次可得到积分的近似值 0.946 083 1。梯形公式的算法比较简单，但精度较差，收敛速度缓慢。如何提高收敛速度从而节省计算量，是值得进一步考虑的问题。

2. 龙贝格算法

根据复化梯形公式的余项公式，积分近似值 T_n 的误差 $R_{T_n}=I-T_n=O(h^2)$，当步长二分后，误差 R_{T_n} 将大致是原来的 1/4，即有

$$\frac{I-T_{2n}}{I-T_n}\approx\frac{1}{4},$$

将上式移项整理可得

$$I-T_{2n}\approx\frac{1}{3}(T_{2n}-T_n)。\tag{7.22}$$

由此可见，可以根据二分前后的两个积分近似值 T_n 和 T_{2n} 来估计积分近似值 T_{2n} 的误差，这种估计误差的方法称为*事后估计法*。

由公式(7.22)，积分近似值 T_{2n} 的误差大致等于 $\frac{1}{3}(T_{2n}-T_n)$，如果用这个误差值作为 T_{2n} 的一种补偿，可以期望得到更好的结果，即取

$$\overline{T}=T_{2n}+\frac{1}{3}(T_{2n}-T_n)=\frac{4}{3}T_{2n}-\frac{1}{3}T_n。\tag{7.23}$$

再考察例8，对于所求得的两个积分近似值 $T_4=0.944\,513\,5$ 和 $T_8=0.945\,690\,9$，它们的精度都很差（与准确值 $I=0.946\,083\,1\cdots\cdots$ 比较只有两位、三位有效数字），但如果将它们按公式(7.23)作线性组合，则新的近似值 $\overline{T}=\frac{4}{3}T_8-\frac{1}{3}T_4=0.946\,083\,3$ 却具有六位有效数字。

直接验证，易见

$$S_n=\frac{4}{3}T_{2n}-\frac{1}{3}T_n。\tag{7.24}$$

这就是说，采用复化梯形公式二分前后的两个积分值 T_n 和 T_{2n} 按照公式(7.23)作线性组合，得到的是复化辛普森公式 S_n。

再考察复化辛普森公式，按照其余项公式，其误差 $R_{S_n}=I-S_n=O(h^4)$，因此将步长折半，误差将大致减至原来的1/16，即有

$$\frac{I-S_{2n}}{I-S_n}\approx\frac{1}{16}。$$

由此可以得到

$$\overline{S}=S_{2n}+\frac{1}{15}(S_{2n}-S_n)=\frac{16}{15}S_{2n}-\frac{1}{15}S_n。$$

不难验证，上式右端其实就是 C_n。也就是说用复化辛普森求积公式二分前后两次的积分值 S_n 和 S_{2n} 按上式进行线性组合，结果得到复化柯特斯求积公式的积分值 C_n，即有

$$C_n=\frac{16}{15}S_{2n}-\frac{1}{15}S_n。\tag{7.25}$$

重复同样过程，由复化柯特斯公式可以进一步导出龙贝格(Romberg)公式

$$R_n=\frac{64}{63}C_{2n}-\frac{1}{63}C_n。\tag{7.26}$$

在变步长过程中运用公式(7.24)、公式(7.25)和公式(7.26)，就能将粗糙的复化梯形公式近似值 T_n 逐步加工成精度较高的复化辛普森公式的积分近似值 S_n、复化柯特斯公式的积分近似值 C_n 和龙贝格积分近似值 R_n。

例9 用加速公式(7.24)、公式(7.25)和公式(7.26)加工例8得到的复化梯形公式近似值，计算结果见表7.5（k 代表二分次数）。

表 7.5

k	T_{2^k}	$S_{2^{k-1}}$	$C_{2^{k-2}}$	$R_{2^{k-3}}$
0	0.920 735 5			
1	0.939 793 3	0.946 145 9		
2	0.944 513 5	0.946 086 9	0.946 083 0	
3	0.945 690 9	0.946 083 3	0.946 083 1	0.946 083 1

由此可以看到，利用二分3次的数据（它们的精度都很差，只有两位有效数字），通过3次加速，求得 $R_1=0.946\,083\,1$，这个结果的每一位都是有效数字，可见加速效果十分明显。

3. 龙贝格算法的计算步骤

龙贝格算法从简单的梯形序列开始逐步进行线性加速，它具有占用内存少、精度高的优点。在计算机上应用龙贝格算法计算积分$\int_a^b f(x)\mathrm{d}x$的计算步骤如下：

(1) 准备初值。用梯形公式计算积分近似值$T_1=\frac{b-a}{2}[f(a)+f(b)]$；

(2) 求梯形序列$\{T_n\}$。将区间不断二等分$h=\frac{b-a}{n}(i=0,1,2,\cdots)$，$n=2^i$，计算

$$T_{2n}=\frac{1}{2}T_n+\frac{h}{2}\sum_{i=1}^{n}f\left(a+(2i-1)\frac{b-a}{2n}\right);$$

(3) 求加速值。

梯形加速公式：$S_n=T_{2n}+\frac{1}{3}(T_{2n}-T_n)$；

抛物线加速公式：$C_n=S_{2n}+\frac{1}{15}(S_{2n}-S_n)$；

龙贝格公式：$R_n=C_{2n}+\frac{1}{63}(C_{2n}-C_n)$。

(4) 精度控制。如果相邻两次积分值R_{2n}和R_n满足如下关系(ε为允许误差)：

当$|R_{2n}|\leqslant 1$时，满足(绝对误差)$|R_{2n}-R_n|<\varepsilon$；

当$|R_{2n}|>1$时，满足(相对误差)$\left|\frac{R_{2n}-R_n}{R_{2n}}\right|<\varepsilon$。

则终止计算并取R_{2n}作为$\int_a^b f(x)\mathrm{d}x$的近似值，否则继续对区间进行二等分，重复(2)～(4)，直到满足精度要求为止。

龙贝格算法在计算机上编程实现，框图见图7.4。

实现龙贝格求积公式的MATLAB函数文件Romberg.m如下：

```
function t=Romberg(fun,a,b,e)
%龙贝格求积公式,fun为被积函数,a,b为区间端点,e为精度要求(默认1e-5)
if nargin<4 e=1e-8;end;
i=1;j=1;h=b-a;T(i,1)=h/2*(feval(fun,a)+feval(fun,b));
T(i+1,1)=T(i,1)/2+sum(feval(fun,a+h/2: h: b-h/2+0.001*h))*h/2;
T(i+1,j+1)=4^j*T(i+1,j)/(4^j-1)-T(i,j)/(4^j-1);
while abs(T(i+1,i+1)-T(i,i))> e i=i+1;h=h/2;
    T(i+1,1)=T(i,1)/2+sum(feval(fun,a+h/2: h: b-h/2+0.001*h))*h/2;
    for j=1: i T(i+1,j+1)=4^j*T(i+1,j)/(4^j-1)-T(i,j)/(4^j-1);end;end
T
t=T(i+1,j+1);
```

例10 在MATLAB命令窗口求解例9。

解 输入

```
format long;Romberg(inline('sin(x)./x'),eps,1,0.5e-8)
```

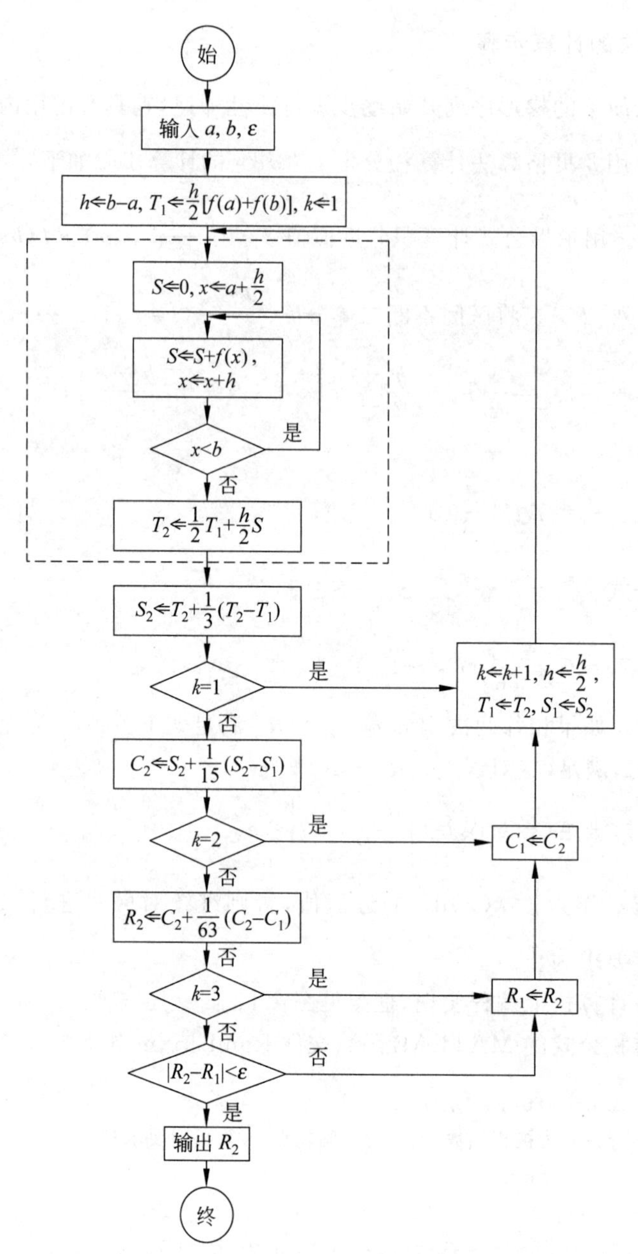

图 7.4 数值求积的龙贝格算法

4. 理查德外推算法

上述加速过程实际上可以推广使用。对于复化梯形公式，利用函数展开成泰勒级数的方法可得

$$T(h)=I+a_1h^2+a_2h^4+\cdots+a_kh^{2k}+\cdots, \tag{7.27}$$

这里 $T(h)$是步长为 h 时的复化梯形求积公式近似值，I 是准确值，a_k 是与步长 h 无关的系数。同理，步长折半后复化梯形公式的表达式为

$$T\left(\frac{h}{2}\right)=I+\frac{a_1}{4}h^2+\frac{a_2}{16}h^4+\cdots+\frac{a_k}{2^{2k}}h^{2k}+\cdots。\tag{7.28}$$

将公式(7.27)和公式(7.28)按照如下方式作线性组合：

$$T_1(h)=\frac{4}{3}T\left(\frac{h}{2}\right)-\frac{1}{3}T(h),\tag{7.29}$$

则可以消去 h^2,从而得到的 $T_1(h)$表达式可以写为

$$T_1(h)=I+\beta_1 h^4+\beta_2 h^6+\cdots。\tag{7.30}$$

比较公式(7.29)和公式(7.24),这样构造出来的$\{T_1(h)\}$实际上是辛普森序列。

同理,

$$T_2(h)=\frac{16}{15}T_1\left(\frac{h}{2}\right)-\frac{1}{15}T_1(h)=I+\gamma_1 h^6+\gamma_2 h^8+\cdots,$$

这里$\{T_2(h)\}$实际上是柯特斯序列。如此下去,每加速一次,误差的量级便提高两阶。一般地,将 $T_0(h)=T(h)$按公式

$$T_m(h)=\frac{4^m}{4^m-1}T_{m-1}\left(\frac{h}{2}\right)-\frac{1}{4^m-1}T_{m-1}(h),\tag{7.31}$$

经过 $m(m=1,2,\cdots)$次加速后,$T_m(h)$可以表示为

$$T_m(h)=I+\delta_1 h^{2(m+1)}+\delta_2 h^{2(m+1)}+\cdots。\tag{7.32}$$

上述处理方法通常称为理查德(Richardson)外推加速方法。

设 T_0^k 表示二分 k 次后求得的复化梯形积分近似值,T_m^k 表示序列$\{T_0^k\}$的第 m 次加速值,理查德外推加速方法具体到数值计算中,就是通过原序列 $T_0^0,T_1^0,T_2^0,\cdots$不断构造新序列 $T_0^k,T_1^k,T_2^k,\cdots$使其更快地收敛于准确值 I 的过程。

这是一种通用的加速技巧,但是需要注意的是,只有当函数能够进行如公式(7.27)的级数展开时,才能采用这样的加速方法,否则就得不到正确的结果。

7.4 高斯公式

1. 高斯公式的性质

对于积分区间$[a,b]$上给定的 $n+1$ 个节点 x_k,可以构造代数精度不低于 n 的插值型求积公式。那么读者自然要问当节点数 $n+1$ 确定后的代数精度最高能达到多少？通过观察发现,求积公式中的节点数及系数共有 $2n+2$ 个参数,因此当节点数确定后,只要适当的选取节点 x_k 的位置和系数 A_k 的值,就可以使求积公式对 $f(x)=1,x,\cdots,x^{2n+1}$准确成立,这样求积公式达到 $2n+1$ 次的代数精度。

定义 3 如果 $n+1$ 个节点的求积公式

$$\int_a^b f(x)\mathrm{d}x\approx\sum_{k=0}^{n}A_k f(x_k)\tag{7.33}$$

的代数精度达到 $2n+1$,则称式(7.33)为高斯(Gauss)公式。此时的节点 x_k 称为高斯点,系数 A_k 称为高斯系数。

由高斯公式定义可知,当式(7.33)为高斯公式时,其系数满足方程组

$$\begin{cases}\sum_{k=0}^{n} A_k = b - a, \\ \sum_{k=0}^{n} A_k x_k = \frac{b^2 - a^2}{2}, \\ \vdots \\ \sum_{k=0}^{n} A_k x_k^{2n+1} = \frac{1}{2n+2}(b^{2n+2} - a^{2n+2})。\end{cases}$$

故由定理2知，高斯公式(7.33)必是插值型求积公式。高斯系数 A_k 一定是插值型求积公式中的系数，它由高斯点唯一确定。

此外，如果令 $2n+2$ 次多项式

$$f(x) = \omega_{n+1}^2(x) = \prod_{i=0}^{n}(x - x_i)^2,$$

由式(7.1)定义的插值型求积公式的左边$=\int_a^b \omega_{n+1}^2(x)\mathrm{d}x > 0$，而右边$=\sum_{k=0}^{n} A_k \omega_{n+1}^2(x_k) = 0$，故其误差 $R[f] \neq 0$，即插值型求积公式的代数精度不可能达到 $2n+2$ 次，也就是说高斯公式是具有最高代数精度的插值型求积公式。

下面从分析高斯点的特性着手研究高斯公式的构造问题。

定理4 对于插值型求积公式(7.33)，其节点 $x_k(k=0,1,2,\cdots,n)$ 是高斯点的充分必要条件是在 $[a,b]$ 上以这些点为零点的 $n+1$ 次多项式

$$\omega_{n+1}(x) = (x - x_0)(x - x_1)\cdots(x - x_n)$$

与任何次数不超过 n 的多项式 $p(x)$ 均正交，即

$$\int_a^b \omega_{n+1}(x) p(x)\mathrm{d}x = 0。\tag{7.34}$$

证 先证必要性。设 $p(x)$ 是次数不超过 n 的多项式，则 $p(x)\omega_{n+1}(x)$ 的次数不超过 $2n+1$。因此，如果 $x_k(k=0,1,\cdots,n)$ 是高斯点，则求积公式(7.33)对 $p(x)\omega_{n+1}(x)$ 能准确成立，即有

$$\int_a^b \omega_{n+1}(x) p(x)\mathrm{d}x = \sum_{k=0}^{n} A_k p(x_k)\omega_{n+1}(x_k)。$$

由于 $\omega_{n+1}(x_k) = 0(k=0,1,\cdots,n)$，故式(7.34)成立。

再证充分性。对于任意给定的次数不超过 $2n+1$ 的多项式 $f(x)$，用 $\omega_{n+1}(x)$ 除 $f(x)$，记商为 $p(x)$，余式为 $q(x)$（这里 $p(x)$ 和 $q(x)$ 都是次数不超过 n 的多项式），则

$$f(x) = p(x)\omega_{n+1}(x) + q(x)。$$

由式(7.34)可知

$$\int_a^b f(x)\mathrm{d}x = \int_a^b q(x)\mathrm{d}x,$$

由于所给的求积公式(7.33)是插值型的，它对于不超过 n 次的多项式 $q(x)$ 能够准确成立：

$$\int_a^b q(x)\mathrm{d}x = \sum_{k=0}^{n} A_k q(x_k)。$$

由于 $\omega_{n+1}(x_k) = 0$，则 $q(x_k) = f(x_k)$，上式可表达为

$$\int_a^b f(x)\mathrm{d}x = \int_a^b q(x)\mathrm{d}x = \sum_{k=0}^{n} A_k q(x_k) = \sum_{k=0}^{n} A_k f(x_k)。$$

可见求积公式(7.33)对于次数不超过 $2n+1$ 的多项式均能准确成立，因此 $x_k(k=0,1,2,\cdots,n)$是高斯点。证毕。

由 7.2 节对牛顿—柯特斯公式的讨论可知，当 $n=8$ 时其求积系数有正有负，从而稳定性得不到保证。然而对于高斯公式，不论节点数目多大，它总是稳定的。

定理 5 高斯公式总是数值稳定的。

证 仅需证明其求积系数全是正的即可。考察 n 次拉格朗日基函数

$$l_k(x)=\prod_{\substack{j=0\\j\neq k}}^{n}\frac{x-x_j}{x_k-x_j}。$$

它是 n 次多项式，则 $l_k^2(x)$是 $2n$ 次多项式，因此高斯公式(7.33)对于 $f(x)=l_k^2(x)$能够准确成立，即有

$$\int_a^b l_k^2(x)\mathrm{d}x=\sum_{i=0}^{n}A_i l_k^2(x_i)。$$

注意到 $l_k^2(x_i)=\delta_{ki}$，上式右端实际上等于 A_k，从而有

$$A_k=\int_a^b l_k^2(x)\mathrm{d}x>0。$$

定理得证。

定理 6 若 $f(x)$在区间$[a,b]$上连续，则高斯公式是收敛的。

证 由于 $f(x)$在区间$[a,b]$上连续，由多项式逼近的维尔斯特拉斯定理(见第 6 章定理 1)，对于任给的 $\varepsilon>0$，存在 m 次多项式 $p(x)$使得

$$\| f(x)-p(x)\|_\infty<\frac{\varepsilon}{2(b-a)}。$$

而

$$\begin{aligned}&\left|\int_a^b f(x)\mathrm{d}x-\sum_{k=0}^{n}A_k f(x_k)\right|\\ \leqslant&\left|\int_a^b f(x)\mathrm{d}x-\int_a^b p(x)\mathrm{d}x\right|+\left|\int_a^b p(x)\mathrm{d}x-\sum_{k=0}^{n}A_k p(x_k)\right|+\\ &\left|\sum_{k=0}^{n}A_k p(x_k)-\sum_{k=0}^{n}A_k f(x_k)\right|。\end{aligned}$$

此式右端第一项为

$$\left|\int_a^b f(x)\mathrm{d}x-\int_a^b p(x)\mathrm{d}x\right|\leqslant(b-a)\| f(x)-p(x)\|_\infty<\frac{\varepsilon}{2},$$

右端第三项为

$$\begin{aligned}\left|\sum_{k=0}^{n}A_k p(x_k)-\sum_{k=0}^{n}A_k f(x_k)\right|&\leqslant\sum_{k=0}^{n}A_k\| f(x)-p(x)\|_\infty\\&=(b-a)\| f(x)-p(x)\|_\infty<\frac{\varepsilon}{2}。\end{aligned}$$

当 $m\leqslant 2n+1$ 时，高斯公式对 m 次多项式准确成立，故右端第二项为零，从而

$$\left|\int_a^b f(x)\mathrm{d}x-\sum_{k=0}^{n}A_k f(x_k)\right|<\frac{\varepsilon}{2}+0+\frac{\varepsilon}{2}=\varepsilon。$$

由极限定义可知

$$\lim_{n\to\infty}\sum_{k=0}^{n}A_k f(x_k)=\int_a^b f(x)\mathrm{d}x。$$

即高斯公式收敛。证毕。

定理 7 若 $f(x)$在$[a,b]$上具有连续的 $2n+2$ 阶导数，则高斯公式的截断误差为

$$R[f]=\frac{f^{(2n+2)}(\xi)}{(2n+2)!}\int_a^b\omega_{n+1}^2(x)\mathrm{d}x,\quad \xi\in[a,b]。\tag{7.35}$$

证 设 $H_{2n+1}(x)$满足插值条件

$$\begin{cases}H_{2n+1}(x_k)=f(x_k),\\ H'_{2n+1}(x_k)=f'(x_k),\end{cases}\quad k=0,1,2,\cdots,n,$$

则 $H_{2n+1}(x)$是埃尔米特(Hermite)插值多项式，由第 5 章定理 4 知插值余项为

$$f(x)-H_{2n+1}(x)=\frac{f^{(2n+2)}(\eta)}{(2n+2)!}\omega_{n+1}^2(x),\quad \eta\in(a,b)。$$

由于高斯公式对 $2n+1$ 次多项式准确成立，因此

$$\begin{aligned}R[f]&=\int_a^b f(x)\mathrm{d}x-\sum_{k=0}^{n}A_k f(x_k)=\int_a^b f(x)\mathrm{d}x-\sum_{k=0}^{n}A_k H_{2n+1}(x_k)\\&=\int_a^b f(x)\mathrm{d}x-\int_a^b H_{2n+1}(x)\mathrm{d}x=\int_a^b\frac{f^{(2n+2)}(\eta)}{(2n+2)!}\omega_{n+1}^2(x)\mathrm{d}x。\end{aligned}$$

又 $\omega_{n+1}^2(x)$在$[a,b]$内不变号，$f(x)$在$[a,b]$上具有连续的 $2n+2$ 阶导数，由定积分第二中值定理可得

$$R[f]=\frac{f^{(2n+2)}(\xi)}{(2n+2)!}\int_a^b\omega_{n+1}^2(x)\mathrm{d}x,\quad \xi\in[a,b]。$$

证毕。

相比之下，当节点数相同时高斯公式不仅代数精度最高，而且它总是收敛和数值稳定的。但是高斯公式也有缺点，即高斯点无规律性。当精度不能满足要求需要增加节点时，所有的数据都要重新算一次。

由于正交多项式的零点就是高斯点，因而取不同的正交多项式就可以得到不同的高斯公式。

2. 带权高斯公式

考察积分

$$I=\int_a^b\rho(x)f(x)\mathrm{d}x,$$

这里 $\rho(x)\geqslant 0$ 称为权函数，当 $\rho(x)\equiv 1$ 时即为普通积分。

可以仿照处理普通积分的方法讨论带权的积分。譬如，求积公式

$$\int_a^b\rho(x)f(x)\mathrm{d}x\approx\sum_{k=0}^{n}A_k f(x_k)。$$

如果对于次数不超过 $2n+1$ 的多项式均能准确成立，则称之为高斯型的。上述高斯公式的求积节点 x_k 仍为高斯点。同样 x_k 是高斯点的充分必要条件为 $\omega_{n+1}(x)=\prod_{k=0}^{n}(x-x_k)$ 是区间$[a,b]$上关于权函数 $\rho(x)$ 的正交多项式。

(1) 高斯—勒让德公式

勒让德多项式 $P_{n+1}(x)$是$[-1,1]$上关于权函数 $\rho(x)\equiv 1$ 的正交多项式。$x_k(k=0,1,2,\cdots,n)$是 $P_{n+1}(x)$的 $n+1$ 个零点。

当 $n=0$ 时,即一个节点时,$P_1(x)=x,x_0=0$,令$\int_{-1}^{1}f(x)\mathrm{d}x\approx A_0f(0)$,由于它的代数精度是 1,因此 $A_0=2$,故当 $n=0$ 时的高斯 — 勒让德公式为

$$\int_{-1}^{1}f(x)\mathrm{d}x\approx 2f(0)。$$

当 $n=1$ 时,即两个节点时,$P_2(x)=\frac{1}{2}(3x^2-1)$,解得 $x_0=-\frac{1}{\sqrt{3}},x_1=\frac{1}{\sqrt{3}}$。以 x_0,x_1 为节点的插值型求积公式为

$$\int_{-1}^{1}f(x)\mathrm{d}x\approx A_0f\left(-\frac{1}{\sqrt{3}}\right)+A_1f\left(\frac{1}{\sqrt{3}}\right)。$$

由于它的代数精度是 3,即对 $f(x)=1,x$ 都准确成立,故有

$$\begin{cases}A_0+A_1=2,\\ A_0\left(-\frac{1}{\sqrt{3}}\right)+A_1\frac{1}{\sqrt{3}}=0。\end{cases}$$

解得 $A_0=A_1=1$,从而两点高斯—勒让德公式为

$$\int_{-1}^{1}f(x)\mathrm{d}x\approx f\left(-\frac{1}{\sqrt{3}}\right)+f\left(\frac{1}{\sqrt{3}}\right)。$$

一般地,以 $P_{n+1}(x)$的零点 $x_k(k=0,1,2,\cdots,n)$作为插值多项式的节点,可得高斯—勒让德公式的系数为

$$A_k=\int_{-1}^{1}\prod_{\substack{i=0\\ i\neq k}}^{n}\frac{(x-x_i)}{(x_k-x_i)}\mathrm{d}x,\quad k=0,1,2,\cdots,n。\tag{7.36}$$

表 7.6 给出了部分高斯—勒让德公式的节点和系数。

表 7.6 部分高斯—勒让德公式的节点和系数

n	x_k	A_k
0	0	2
1	±0.577 350 269 2	1
2	±0.774 596 669 2 0	0.555 555 555 6 0.888 888 888 9
3	±0.861 136 311 6 ±0.339 981 043 6	0.347 854 845 1 0.652 145 154 9
4	±0.906 179 845 9 ±0.538 469 310 1 0	0.236 926 885 1 0.478 628 670 5 0.568 888 888 9

对于一般区间 $[a,b]$ 上的积分$\int_{a}^{b}f(x)\mathrm{d}x$,通过变量代换

$$x=\frac{b-a}{2}t+\frac{b+a}{2}$$

可化为[-1,1]区间上的积分

$$\frac{b-a}{2}\int_{-1}^{1} f\left(\frac{b-a}{2}t+\frac{b+a}{2}\right)\mathrm{d}t,$$

从而可使用高斯—勒让德公式进行计算。

(2) 高斯—切比雪夫公式

切比雪夫多项式是[-1,1]上关于权系数 $\rho(x)=\frac{1}{\sqrt{1-x^2}}$ 的正交多项式。因此,高斯—切比雪夫公式为

$$\int_{-1}^{1}\frac{f(x)}{\sqrt{1-x^2}}\mathrm{d}x \approx \sum_{k=0}^{n} A_k f(x_k),$$

其中 $x_k(k=0,1,2,\cdots,n)$ 是 $n+1$ 次切比雪夫正交多项式的 $n+1$ 个零点,即

$$x_k=\cos\left(\frac{2k+1}{2(n+1)}\pi\right),\quad k=0,1,2,\cdots,n。$$

实际上通过计算可得 $A_k=\frac{\pi}{n+1}(k=0,1,\cdots,n)$,于是有

$$\int_{-1}^{1}\frac{f(x)}{\sqrt{1-x^2}}\mathrm{d}x \approx \frac{\pi}{n+1}\sum_{k=0}^{n} f\left(\cos\left(\frac{2k+1}{2(n+1)}\pi\right)\right)。\tag{7.37}$$

应该指出,利用正交多项式的零点构造高斯公式,这种方法只是针对某些特殊类型的区间和特殊类型的权函数才有效。对于一般的权函数,要构造正交多项式是不容易的,即使有了表达式,求解它的根也比较困难。因此一般的高斯公式常常还是从最基本的代数精度的定义出发进行构造,但是需要求解一个非线性方程组,其计算也是很复杂的。

例 11 构造下列形式的高斯公式:

$$\int_{0}^{1}\sqrt{x}f(x)\mathrm{d}x \approx A_0 f(x_0)+A_1 f(x_1)。$$

解 按照定义,该求积公式应具有 3 次代数精度,即对于 $f(x)=1,x,x^2,x^3$ 准确成立,因此有

$$\begin{cases} A_0+A_1=\frac{2}{3}, \\ A_0x_0+A_1x_1=\frac{2}{5}, \\ A_0x_0^2+A_1x_1^2=\frac{2}{7}, \\ A_0x_0^3+A_1x_1^3=\frac{2}{9}。\end{cases}$$

由于 $A_0x_0+A_1x_1=x_0(A_0+A_1)+(x_1-x_0)A_1$,利用方程组的第 1 个方程,将第 2 个方程转化为

$$\frac{2}{3}x_0+(x_1-x_0)A_1=\frac{2}{5}。$$

同样利用第 2 个方程转化第 3 个方程,利用第 3 个方程转化第 4 个方程,分别得

$$\frac{2}{5}x_0+(x_1-x_0)x_1A_1=\frac{2}{7},$$

$$\frac{2}{7}x_0+(x_1-x_0)x_1^2A_1=\frac{2}{9}。$$

从上面三个式子中消去$(x_1-x_0)A_1$，有

$$\begin{cases}\dfrac{2}{5}x_0+\left(\dfrac{2}{5}-\dfrac{2}{3}x_0\right)x_1=\dfrac{2}{7},\\ \dfrac{2}{7}x_0+\left(\dfrac{2}{7}-\dfrac{2}{5}x_0\right)x_1=\dfrac{2}{9}。\end{cases}$$

进一步整理得

$$\begin{cases}\dfrac{2}{5}(x_0+x_1)-\dfrac{2}{3}x_0x_1=\dfrac{2}{7},\\ \dfrac{2}{7}(x_0+x_1)-\dfrac{2}{5}x_0x_1=\dfrac{2}{9}。\end{cases}$$

由此解得

$$x_0x_1=\frac{5}{21},\quad x_0+x_1=\frac{10}{9}。$$

从而得到

$$x_0=0.821\,162,\quad x_1=0.289\,949,\quad A_0=0.389\,111,\quad A_1=0.277\,556。$$

于是所求的高斯公式为

$$\int_0^1\sqrt{x}f(x)\mathrm{d}x\approx 0.389\,111f(0.821\,162)+0.277\,556f(0.289\,949)。$$

7.5 数值微分

1. 差商法

众所周知，函数在点 $x=a$ 处的导数 $f'(a)$是差商$\dfrac{f(a+h)-f(a)}{h}$当$h\to 0$时的极限。如果精度要求不高，可以取差商作为导数的近似值，这样便建立起一种数值微分方法，常见差商如下：

向前差商
$$f'(a)\approx\frac{f(a+h)-f(a)}{h},\tag{7.38}$$

向后差商
$$f'(a)\approx\frac{f(a)-f(a-h)}{h},\tag{7.39}$$

中心差商
$$f'(a)\approx\frac{f(a+h)-f(a-h)}{2h}。\tag{7.40}$$

用中心差商(7.40)求给定点处的数值微分的方法被称为*中点方法*。它实际上是公式(7.38)和公式(7.39)的算术平均。

这三种数值微分方法的共同点是，把对导数的计算归结为若干节点上函数值的计算，这类数值微分方法称作*机械求导方法*。

容易看出，利用差商法计算导数值必须选取合适的步长才能得到预期的结果。为此需要对这些数值微分公式进行误差分析，这里以中点方法为例进行说明。设中点公式右端

项为

$$G(h)=\frac{f(a+h)-f(a-h)}{2h}。$$

分别将 $f(a\pm h)$在 $x=a$ 处泰勒展开有

$$f(a\pm h)=f(a)\pm hf'(a)+\frac{h^2}{2!}f''(a)\pm\frac{h^3}{3!}f'''(a)+\frac{h^4}{4!}f^{(4)}(a)+\cdots,$$

代入中点公式右端得

$$G(h)=f'(a)\pm\frac{h^3}{3!}f'''(a)\pm\frac{h^5}{5!}f^{(5)}(a)+\cdots。$$

由此得知,从截断误差的角度看,步长越小,计算越精确。但是按照中点公式计算,当步长很小时,因为 $f(a+h)$和 $f(a-h)$很接近,直接相减会造成有效数字的严重丢失。因此从舍入误差的角度看,步长是不宜过小的。因此在选取步长时,通常采用不断将原有步长折半的方法来寻找合适的步长。

例 12 用中点方法求 $f(x)=\sqrt{x}$ 在 $x=2$ 处的一阶导数,其中 $h=1,0.5,0.1,0.05,0.01,0.005,0.001,0.0005,0.0001$。(结果保留到小数点后 4 位)。

解 由中心差商 $G(h)=\frac{f(a+h)-f(a-h)}{2h}$,并将 h 的值分别代入公式,可得结果,具体如表 7.7 所示。

表 7.7

h	1	0.5	0.1	0.05	0.01	0.005	0.001	0.0005	0.0001
$G(h)$	0.3660	0.3564	0.3535	0.3530	0.3500	0.3500	0.3500	0.3000	0.3000

导数的准确值为 $f'(2)=0.353\,553$,从上例可以看出当 $h=0.1$ 的逼近效果最好,如果进一步缩小步长,逼近效果会越来越差。

2. 插值法

如果函数并不是由一个解析表达式的形式给出,而是以表格的形式给出,要求解这种函数的导数值,人们只能利用插值型求导公式。

对给定的节点 $x_k(k=0,1,\cdots,n)$上的函数值 $f(x_k)(k=0,1,2,\cdots,n)$,首先根据插值公式构造这些节点上的插值多项式 $p_n(x)$来近似函数 $y=f(x)$。由于多项式的求导比较容易,人们容易想到用 $p_n'(x)$的值作为 $f'(x)$的近似值,这样建立的数值微分公式

$$f'(x)\approx p_n'(x) \tag{7.41}$$

统称为插值型求导公式。

例 13 设函数 $f(x)$ 由表 7.8 给出,试求函数 $f(x)$ 在 1,2,4 处的导数值的近似值。

表 7.8

x	1	2	4
$f(x)$	1.8	2.2	3.6

解 插值多项式为

$$p_2(x)=\frac{(x-2)(x-4)}{(1-2)(1-4)}\times 1.8+\frac{(x-1)(x-4)}{(2-1)(2-4)}\times 2.2+\frac{(x-1)(x-2)}{(4-1)(4-2)}\times 3.6$$

$$=0.1x^2+0.1x+1.6,$$

则 $p_2'(x)=0.2x+0.1$，得导数近似值

$$f'(1)\approx p_2'(1)=0.3,\quad f'(2)\approx p_2'(2)=0.5,\quad f'(4)\approx p_2'(4)=0.9。$$

必须强调的是，即使 $f(x)$ 和 $p_n(x)$ 的值相差不大，导数的近似值 $p_n'(x)$ 与导数值 $f'(x)$ 仍然可能差别很大，因而在使用公式(7.41)时应特别注意误差的分析。

根据拉格朗日插值余项定理，数值微分公式(7.41)的余项为

$$f'(x)-p_n'(x)=\frac{f^{(n+1)}(\xi)}{(n+1)!}\omega_{n+1}'(x)+\frac{\omega_{n+1}(x)}{(n+1)!}\frac{\mathrm{d}}{\mathrm{d}x}f^{(n+1)}(\xi),$$

这里 $\omega_{n+1}(x)=\prod_{i=0}^{n}(x-x_i)$.由于 ξ 是未知数，无法对上述余项公式中的 $\frac{\omega_{n+1}(x)}{(n+1)!}\frac{\mathrm{d}}{\mathrm{d}x}f^{(n+1)}(\xi)$ 进一步分析，因此误差 $f'(x)-p_n'(x)$ 是无法估计的。但是如果限定只求插值节点 $x_k(k=0,1,2,\cdots,n)$ 上的导数值，这时由于上式的第二项因子 $\omega_{n+1}(x_k)=0$，于是得节点 x_k 处的余项公式为

$$f'(x_k)-p_n'(x_k)=\frac{f^{(n+1)}(\xi)}{(n+1)!}\omega_{n+1}'(x_k)。\tag{7.42}$$

下面给出节点等距分布时常用的几个数值微分公式。

(1) 一阶两点式($n=1$)

设给出两个节点 x_0,x_1 上的函数值 $f(x_0),f(x_1)$，作拉格朗日插值

$$p_1(x)=\frac{x-x_1}{x_0-x_1}f(x_0)+\frac{x-x_0}{x_1-x_0}f(x_1)。$$

对上式两端求导，记 $x_1-x_0=h$，有 $p_1'(x)=\frac{1}{h}(-f(x_0)+f(x_1))$，于是有下列数值微分公式：

$$p_1'(x_0)=\frac{1}{h}(-f(x_0)+f(x_1)),\quad p_1'(x_1)=\frac{1}{h}(-f(x_0)+f(x_1))。\tag{7.43}$$

利用余项公式(7.42)可知，(7.43)的余项分别为

$$f'(x_0)-p_1'(x_0)=-\frac{h}{2}f''(\xi_1),\quad f'(x_1)-p_1'(x_1)=\frac{h}{2}f''(\xi_2),$$

$$\xi_i\in(x_0,x_1),\quad i=1,2。$$

(2) 一阶三点式($n=2$)

当给定三个等距分布的节点 x_0,x_1,x_2 上的函数值 $f(x_0),f(x_1),f(x_2)$ 时，仿照一阶两点式的构造方法，容易得出插值型数值微分公式为

$$p_2'(x_0)=\frac{1}{2h}(-3f(x_0)+4f(x_1)-f(x_2)),$$

$$p_2'(x_1)=\frac{1}{2h}(-f(x_0)+f(x_2)),$$

$$p_2'(x_2)=\frac{1}{2h}(f(x_0)-4f(x_1)+3f(x_2))。$$

其余项分别为

$$f'(x_0)-p'_2(x_0)=\frac{h^2}{3}f'''(\xi_1),$$

$$f'(x_1)-p'_2(x_1)=-\frac{h^2}{6}f'''(\xi_2),\quad \xi_i\in(x_0,x_2),\quad i=1,2,3。$$

$$f'(x_2)-p'_2(x_2)=\frac{h^2}{3}f'''(\xi_3),$$

(3) 二阶三点式($n=2$)

当给定三个节点 x_0,x_1,x_2 上的函数值 $f(x_0),f(x_1),f(x_2)$时,容易得出二阶插值型数值微分公式为

$$p''_2(x_0)=\frac{1}{h^2}(f(x_0)-2f(x_1)+f(x_2)),$$

$$p''_2(x_1)=\frac{1}{h^2}(f(x_0)-2f(x_1)+f(x_2)),$$

$$p''_2(x_2)=\frac{1}{h^2}(f(x_0)-2f(x_1)+f(x_2))。$$

其余项分别为

$$f''(x_0)-p''_2(x_0)=-hf'''(\xi_1)+\frac{h^2}{6}f^{(4)}(\xi_2),$$

$$f''(x_1)-p''_2(x_1)=-\frac{h^2}{12}f^{(4)}(\xi_3),\qquad \xi_i\in(x_0,x_2),i=1,2,3,4,5。$$

$$f''(x_2)-p''_2(x_2)=hf'''(\xi_4)-\frac{h^2}{6}f^{(4)}(\xi_5),$$

例 14 设函数 $f(x)$ 由表 7.9 给出,试用一阶三点式求函数 $f(x)$ 在 1.0,1.2,1.4 处导数值的近似值。

表 7.9

x	1.0	1.2	1.4
$f(x)$	0.241 68	0.226 32	0.201 66

解 $f'(1.0)$近似等于

$$p'_2(1.0)=\frac{1}{2\times 0.2}(-3f(1.0)+4f(1.2)-f(1.4))=-0.053\,55,$$

$f'(1.2)$近似等于

$$p'_2(1.2)=\frac{1}{2\times 0.2}(-f(1.0)+f(1.4))=-0.100\,05,$$

$f'(1.4)$近似等于

$$p'_2(1.4)=\frac{1}{2\times 0.2}(f(1.0)-4f(1.2)+3f(1.4))=-0.146\,55。$$

小　　结

本章主要研究两部分内容：数值积分与数值微分。用极限来定义的积分和微分并不适用于计算机运算。而数值积分和数值微分为用四则运算得到的近似值代替积分和微分，以适用于计算机实现。其中，数值积分介绍了求积公式和代数精度，牛顿—柯特斯公式和复化牛顿—柯特斯公式，龙贝格公式及高斯公式；数值微分介绍了差商法和插值法。代数精度是检验求积公式优劣的标准之一。一个求积公式的代数精度越高，则对越多的被积函数准确或较准确成立。节点等距分布的插值型求积公式为牛顿—柯特斯公式。用复化牛顿—柯特斯公式计算积分是降低误差的有效方法。向前差商、向后差商和中心差商均可作为微分的近似。节点等距分布时的插值型求导公式有着较好的表达形式。此外，本章对各类求积公式和求导公式进行了相应的误差分析。

习　题　7

1. 用梯形公式和辛普森公式求下列积分的近似值：

(1) $\int_{0.5}^{1} x^4 \mathrm{d}x$；　　(2) $\int_{0}^{0.5} \frac{2}{x-4}\mathrm{d}x$；

(3) $\int_{1}^{1.5} x^2 \ln x \mathrm{d}x$；　　(4) $\int_{0}^{1} x^2 \mathrm{e}^{-x} \mathrm{d}x$。

2. 确定下列求积公式中的待定参数，使其代数精度尽量高，并指明求积公式的代数精度：

(1) $\int_{0}^{1} f(x)\mathrm{d}x \approx A_0 f(0) + A_1 f(x_1) + A_2 f(1)$；

(2) $\int_{-2h}^{2h} f(x)\mathrm{d}x \approx A_0 f(-h) + A_1 f(0) + A_2 f(h)$；

(3) $\int_{-h}^{h} f(x)\mathrm{d}x \approx A_0 f(-h) + A_1 f(x_1)$。

3. 运用梯形公式，辛普森公式，柯特斯公式分别计算积分$\int_{0}^{1} \mathrm{e}^x \mathrm{d}x$，并估计各种方法的误差(保留小数点后至少5位)。

4. 分别采用复化梯形公式和复化辛普森公式计算下列积分的近似值：

(1) $\int_{1}^{2} x \ln x \mathrm{d}x$，$n=4$；　　(2) $\int_{-2}^{2} x^3 \mathrm{e}^x \mathrm{d}x$，$n=4$；

(3) $\int_{0}^{2} \frac{2}{x^2+4}\mathrm{d}x$，$n=6$；　　(4) $\int_{0}^{\pi} x^2 \cos x \mathrm{d}x$，$n=6$。

5. 计算积分$\int_{0}^{1} \mathrm{e}^x \mathrm{d}x$。

(1) 若采用复化梯形公式，区间应分多少等份，才能保证计算结果的误差不超过$\frac{1}{2}\times 10^{-4}$？

(2) 若采用复化辛普森公式,区间又应分多少等份才能保证误差不超过$\frac{1}{2}\times10^{-4}$?

6. 采用龙贝格公式计算下列积分,要求误差不超过$\frac{1}{2}\times10^{-5}$:

(1) $\int_0^1 \frac{4}{x^2+1}\mathrm{d}x$, (2) $\int_1^3 \frac{1}{x}\mathrm{d}x$。

7. 求下列求积公式的代数精度,并确定它是否是插值型求积公式。

(1) $\int_{-1}^1 f(x)\mathrm{d}x \approx \frac{1}{3}f(1)+\frac{4}{3}f(0)+\frac{1}{3}f(-1)$;

(2) $\int_{-1}^1 f(x)\mathrm{d}x \approx \frac{1}{2}f(1)+f(0)+\frac{1}{2}f(-1)$。

8. 建立高斯公式$\int_0^1 \frac{1}{\sqrt{x}}f(x)\mathrm{d}x \approx A_0f(x_0)+A_1f(x_1)$。

9. 证明求积公式$\int_{-1}^1 f(x)\mathrm{d}x \approx \frac{1}{9}[5f(\sqrt{0.6})+8f(0)+5f(-\sqrt{0.6})]$对于次数不超过5次的多项式都能准确成立。

10. 已知函数$f(x)$的数据表如下:

x_k	1.0	1.1	1.2
$f(x_k)$	0.25	0.226 757	0.206 612

试用一阶三点式求函数$f(x)$在点1.0,1.1,1.2处的导数近似值(结果保留到小数点后5位)。

11. 设$f(x)\in C^5[x_0-2h,x_0+2h]$,$h>0$,$x_k=x_0+kh$,$f_k=f(x_k)(k=0,\pm1,\pm2)$,求证:

(1) $f'(x_0)=\frac{1}{12h}(f_{-2}-8f_{-1}+8f_1-f_2)+O(h^4)$;

(2) $f''(x_0)=\frac{1}{h^2}(f_{-1}-2f_0+f_1)+O(h^2)$。

第8章 常微分方程数值解法

许多科学技术和工程问题的数学模型是微分方程或微分方程组的定解问题,如物体运动、电路振荡、化学反应及生物群体的变化等。能用解析方法求出准确解的微分方程为数不多,而且有的方程即使有解析解,也经常由于解的表达式非常复杂而不易计算。因此研究微分方程的数值解法显得相当重要。

本章主要介绍一阶常微分方程初值问题的常用数值算法,分析欧拉(Euler)系列格式、龙格—库塔(Runge-Kutta)系列格式和阿当姆斯(Adams)系列格式等构造方法,给出步长的确定方法,简要讨论收敛性和数值稳定性问题。最后简单介绍一阶常微分方程组、高阶常微分方程和一阶常微分方程边值问题的数值解法。

8.1 引言

本章主要介绍一阶常微分方程的初值问题,其一般形式为

$$\begin{cases}\dfrac{\mathrm{d}y}{\mathrm{d}x}=f(x,y), \quad a\leqslant x\leqslant b,\\ y(a)=y_0。\end{cases} \tag{8.1}$$

在以下的讨论中,我们总假定函数 $f(x,y)$ 连续,并且关于 y 满足利普希茨(Lipschitz)条件,即存在常数 L,使得

$$|f(x,y)-f(x,\bar{y})|\leqslant L|y-\bar{y}|。$$

这样,由常微分方程理论,初值问题(8.1)的解必定存在并且唯一。

所谓**数值解法**,就是求问题(8.1)的解 $y(x)$ 在若干点

$$a=x_0<x_1<x_2<\cdots<x_N=b$$

处的近似值 $y_n(n=1,2,\cdots,N)$ 的方法,$y_n(n=1,2,\cdots,N)$ 称为问题(8.1)的数值解,$h_n=x_{n+1}-x_n$ 称为由 x_n 到 x_{n+1} 的步长。今后如无特殊说明,我们总取步长为常数 h。

建立数值解法,首先要将微分方程离散化,一般采用以下几种方法。

(1) 导数近似法

若用向前差商 $\dfrac{y(x_{n+1})-y(x_n)}{h}$ 近似代替导数 $y'(x_n)$ 代入问题(8.1)中点 x_n 处的微分方程 $y'(x_n)=f(x_n,y(x_n))$,则得

$$\frac{y(x_{n+1})-y(x_n)}{h}\approx f(x_n,y(x_n)),\quad n=0,1,2,\cdots,N-1,$$

改写得

$$y(x_{n+1})\approx y(x_n)+hf(x_n,y(x_n))。$$

如果用 $y(x_n)$的近似值 y_n 代入上式右端，所得结果作为 $y(x_{n+1})$的近似值，记为 y_{n+1}，则得

$$y_{n+1}=y_n+hf(x_n,y_n),\quad n=0,1,2,\cdots,N-1。\tag{8.2}$$

这样，问题(8.1)的近似解可通过求解下述问题

$$\begin{cases}y_{n+1}=y_n+hf(x_n,y_n), & n=0,1,2,\cdots,N-1,\\ y_0=y(a)\end{cases}\tag{8.3}$$

得到，按式(8.2)由初值 y_0 可逐次算出 $y_1,y_2,\cdots,y_n,\cdots,y_N$。式(8.3)是个离散化的问题，称为差分方程初值问题。式(8.2)称为一阶常微分方程初值问题(8.1)的欧拉公式，式(8.3)称为欧拉格式。

需要说明的是，用不同的差商近似导数，将得到微分方程不同的数值计算公式。

(2) 数值积分法

将问题(8.1)的解表成积分形式，用数值积分方法离散化。例如，对微分方程两端在区间$[x_n,x_{n+1}]$上积分，得

$$\int_{x_n}^{x_{n+1}}y'(x)\mathrm{d}x=\int_{x_n}^{x_{n+1}}f(x,y(x))\mathrm{d}x,$$

即

$$y(x_{n+1})-y(x_n)=\int_{x_n}^{x_{n+1}}f(x,y(x))\mathrm{d}x,\quad n=0,1,2,\cdots,N-1。\tag{8.4}$$

用 y_{n+1},y_n 分别近似代替 $y(x_{n+1}),y(x_n)$，对右端积分采用取左端点的左矩形公式，即

$$\int_{x_n}^{x_{n+1}}f(x,y(x))\mathrm{d}x\approx hf(x_n,y_n),$$

则由式(8.4)也可得到用欧拉公式(8.3)表示的近似解。

完全类似地，对右端积分采用取右端点的右矩形公式或其他数值积分方法，又可得到不同的数值计算公式。

(3) 泰勒展开法

设 $y(x)$是微分方程 $y'=f(x,y)$的一个解，且函数 $y(x)$可微，将函数 $y(x)$在点 x_n 处展开，取一次泰勒多项式近似，则得

$$y(x_{n+1})=y(x_n+h)\approx y(x_n)+hy'(x_n)=y(x_n)+hf(x_n,y(x_n))。$$

同样将 $y(x_n)$的近似值 y_n 代入上式右端，所得结果作为 $y(x_{n+1})$的近似值 y_{n+1}，也得到欧拉公式(8.3)。

以上 3 种方法都是将微分方程离散化的常用方法，每一类方法又可导出不同形式的计算公式。其中的泰勒展开法，不仅可以得到求数值解的公式，而且容易估计截断误差，因此本章在推导数值解法时主要采用这种方法。

8.2 欧拉方法

欧拉方法是求解问题(8.1)的最简单的一种数值解法。由于它的精度较差,已很少独立用于实际计算,但构造欧拉方法的基本原理和所涉及的基本概念,对一般数值方法都有普遍意义,因此我们首先对它进行讨论。

1. 欧拉方法

利用欧拉公式(8.2)求常微分方程数值解的方法称为*欧拉方法*。

欧拉公式的几何意义非常明显,因为常微分方程(8.1)的解在 xOy 平面上表示为一族积分曲线,其中,通过点 $P_0(x_0,y_0)$ 的那条积分曲线 $y=y(x)$ 为常微分方程初值问题(8.1)的解。用欧拉公式求数值解的几何意义是:先在初始点 $P_0(x_0,y_0)$ 处作积分曲线 $y=y(x)$ 的切线,该切线的斜率为 $f(x_0,y_0)$,记此切线与直线 $x=x_1$ 的交点为 $P_1(x_1,y_1)$,然后以 $f(x_1,y_1)$ 为斜率过点 $P_1(x_1,y_1)$ 作一直线,记此切线与直线 $x=x_2$ 的交点为 $P_2(x_2,y_2)$。如此继续下去,可得一折线 $P_0P_1P_2\cdots P_n$,如图 8.1 所示。

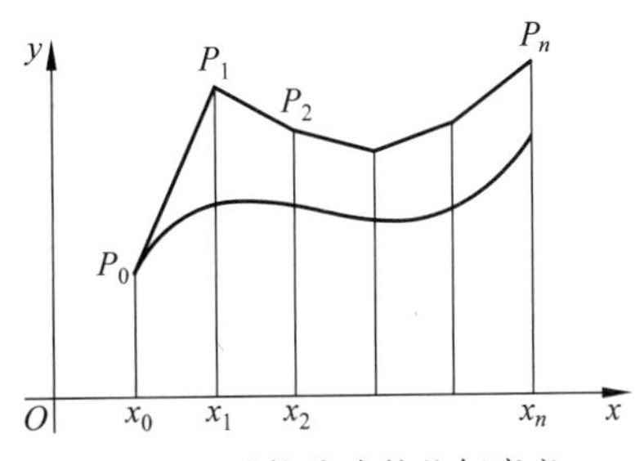

图 8.1 欧拉公式的几何意义

容易验证,该折线上各个顶点的纵坐标 $y_k(k=1,2,\cdots,n)$ 就是欧拉公式计算得到的近似解。因此,欧拉方法又称为*折线法*。

欧拉方法的算法如下:

(1) 输入 $a,b,f(x,y)$,区间等分数 n,初值 y_0。

(2) 输出 $y(x)$ 在 x 的 n 个点处的近似值 y。

(3) 置 $h=\dfrac{b-a}{n}$,$k=0,x=a,y=y_0$。

(4) 置 $y+hf(x,y)\Rightarrow y,x+h\Rightarrow x$,输出 (x,y)。

(5) 若 $k<n-1$,置 $k+1\Rightarrow k$,转(4);否则,停机。

欧拉方法不难在计算机上编程实现,其框图见图 8.2。

例 1 用欧拉方法求初值问题

$$\begin{cases}y'=x-y+1, & x\in[0,0.5],\\ y(0)=1,\end{cases}$$

的数值解,取步长 $h=0.1$。

解 此问题的准确解为 $y(x)=x+\mathrm{e}^{-x}$,对此问题欧拉公式的具体形式为 $y_{n+1}=y_n+0.1(x_n-y_n+1)$,即

$$y_{n+1}=0.1x_n+0.9y_n+0.1。$$

计算结果见表 8.1。

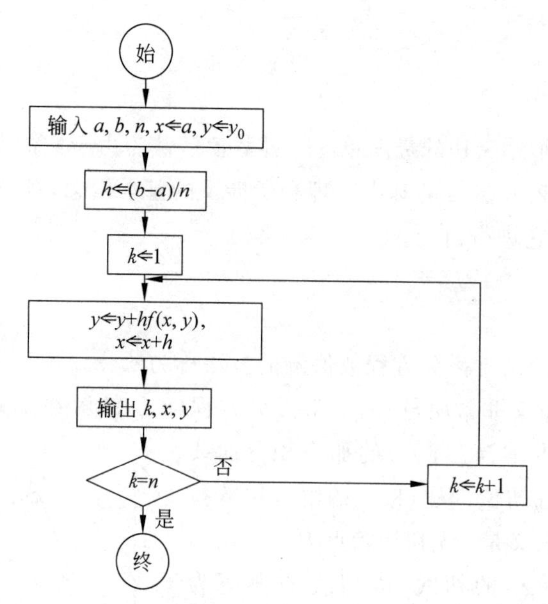

图 8.2 欧拉方法

表 8.1

x_n	y_n	$y(x_n)$	$\|y(x_n)-y_n\|$
0.0	1.000 000	1.000 000	0.000 000
0.1	1.000 000	1.004 837	0.004 837
0.2	1.0100 00	1.018 731	0.008 731
0.3	1.029 000	1.040 818	0.011 818
0.4	1.056 100	1.070 320	0.014 220
0.5	1.090 490	1.106 531	0.016 041

构造欧拉公式的一个重要步骤是用向前差商近似代替导数。如果在对微分方程初值问题离散化时，用向后差商$\frac{y(x_{n+1})-y(x_n)}{h}$近似代替导数 $y'(x_{n+1})$，然后代入问题(8.1)中点 x_{n+1}处的微分方程 $y'(x_{n+1})=f(x_{n+1},y(x_{n+1}))$，并用 y_{n+1}，y_n 分别近似代替 $y(x_{n+1})$，$y(x_n)$，得

$$y_{n+1}=y_n+hf(x_{n+1},y_{n+1})。\tag{8.5}$$

式(8.5)称为后退的欧拉公式。由于等式右端也含有未知量 y_{n+1}，因此又称为隐式欧拉公式(相应地，称式(8.2)为显式欧拉公式)。显然，隐式欧拉公式(8.5)的计算远比显式欧拉公式(8.2)困难，但式(8.5)的稳定性相对比较好。对于隐式欧拉公式，一般采用迭代法求解。例如，用隐式欧拉公式(8.5)求取 y_{n+1}，通常先由显式欧拉公式(8.2)取得初值 $y_{n+1}^{(0)}=y_n+hf(x_n,y_n)$，并按下述格式进行迭代计算

$$y_{n+1}^{(k+1)}=y_n+hf(x_{n+1},y_{n+1}^{(k)}),\quad k=0,1,2,\cdots。$$

直至获得满足精度要求的 y_{n+1}。

实现常微分方程数值解欧拉方法的 MATLAB 函数文件 Euler.m 如下。

```
function [x,y]=Euler(fun,x0,y0,h,N)
%常微分方程数值解欧拉方法,fun为右端函数,x0,y0为初值,h为步长,N为区间个数
x=zeros(1,N+1);y=zeros(1,N+1);x(1)=x0;y(1)=y0;
for n=1:N x(n+1)=x(n)+h;y(n+1)=y(n)+h*feval(fun,x(n),y(n));
end
```

例 2 在 MATLAB 命令窗口求解例 1。

解 输入

```
format long;x=0:1/8:1;fun=inline('x-y+1','x','y');
[x,y]=Euler(fun,0,1,0.1,5)
```

2. 欧拉方法的局部截断误差与精度分析

欧拉方法,后退的欧拉方法及后面将介绍的某些方法,他们在计算 y_{n+1} 时都用到前一步的值 y_n,这类方法称为单步法。单步法的一般形式为

$$y_{n+1}=y_n+h\varphi(x_n,y_n,y_{n+1},h),\tag{8.6}$$

其中函数 φ 与微分方程右端项 $f(x,y)$ 有关,若 φ 中不含 y_{n+1},对应的方法为显式的,否则称为隐式的。如欧拉方法(8.2)中

$$\varphi(x_n,y_n,y_{n+1},h)=f(x_n,y_n),$$

后退的欧拉方法(8.5)中

$$\varphi(x_n,y_n,y_{n+1},h)=f(x_{n+1},y_{n+1})。$$

不论显式公式,还是隐式公式,从 x_0 开始计算,如果考虑每一步产生的误差,直到 x_n,则有误差 $e_n=y(x_n)-y_n$,称其为该方法在 x_n 点的*整体截断误差*。一般地,分析和求出 e_n 是非常困难的。为此,我们仅考虑从 x_n 到 x_{n+1} 的局部情况,并假定 x_n 处的值 y_n 没有误差,即 $y_n=y(x_n)$。为此给出单步法的局部截断误差概念。

定义 1 设 $y(x)$ 是微分方程的准确解,则称

$$T_{n+1}=y(x_{n+1})-y(x_n)-h\varphi(x_n,y(x_n),y(x_{n+1}),h)\tag{8.7}$$

为单步法(8.6)的*局部截断误差*。

下面分析欧拉方法(8.2)的局部截断误差。

设初值问题(8.1)的解 $y(x)$ 具有二阶导数,由泰勒展开有

$$y(x_{n+1})=y(x_n)+hy'(x_n)+\frac{h^2}{2}y''(\zeta_n),$$

其中 $\zeta_n\in(x_n,x_{n+1})$。因为 $y'(x)=f(x,y)$,并且分析的是局部截断误差,因此

$$y'(x_n)=f(x_n,y(x_n))\quad 且\quad y_n=y(x_n),$$

从而由上式可得

$$y(x_{n+1})=y(x_n)+hf(x_n,y(x_n))+\frac{h^2}{2}y''(\zeta_n)。$$

将上式代入式(8.7),即得欧拉公式(8.2)的局部截断误差

$$T_{n+1}=y(x_{n+1})-y(x_n)-hf(x_n,y(x_n))=\frac{h^2}{2}y''(\zeta_n)。\tag{8.8}$$

若 $y(x)$ 具有三阶导数,类似于上述推导,由泰勒展开可知欧拉公式(8.2)的局部截断误

差也可表示成

$$T_{n+1}=\frac{h^2}{2}y''(x_n)+\frac{h^3}{6}y'''(\zeta_n)。\tag{8.9}$$

可见，当 $h\to 0$ 时，欧拉公式(8.2)的局部截断误差与 h^2 是同阶无穷小量(即 $O(h^2)$)，且其主部为 $\frac{h^2}{2}y''(x_n)$。

定义2 如果求解微分方程的数值方法的局部截断误差为 $T_{n+1}=O(h^{p+1})$，其中 $p\geqslant 1$ 为满足上述关系的最大整数，则称该方法是 p 阶的，或称该方法具有 p 阶精度。含 h^{p+1} 的项称为该方法的局部截断误差主项。

对于后退的欧拉方法(8.5)，由泰勒展开可知其局部截断误差为

$$\begin{aligned}T_{n+1}&=y(x_{n+1})-y(x_n)-hf(x_{n+1},y(x_{n+1}))\\&=y(x_{n+1})-y(x_n)-hy'(x_{n+1})\\&=\left[y(x_n)+hy'(x_n)+\frac{h^2}{2}y''(x_n)+O(h^3)\right]-y(x_n)-\\&\quad h\left[y'(x_n)+hy''(x_n)+O(h^2)\right]\\&=-\frac{h^2}{2}y''(x_n)+O(h^3)=O(h^2)。\end{aligned}$$

所以，后退的欧拉方法(8.5)也是一阶方法，它的局部截断误差主项是 $-\frac{h^2}{2}y''(x_n)$。

由定义可以看出，当步长 h 适当小时，数值方法的阶数越大，该方法的局部截断误差就越小，可以设想其计算结果的精确程度也会越好。因此，方法阶数的大小是说明方法好坏的一个重要指标。

由上述讨论可知，欧拉方法和改进的欧拉方法都是一阶方法，因而其计算结果的精度较差，必须加以改进。

8.3 改进的欧拉方法

从例1的计算结果可以看到，欧拉方法的精度很差。为了提高数值解的精度，我们考虑其他形式的数值计算公式。

1. 梯形格式

利用数值积分公式将微分方程离散化时，若用梯形公式计算式(8.4)中的右端积分，即

$$\int_{x_n}^{x_{n+1}}f(x,y(x))\mathrm{d}x\approx\frac{h}{2}[f(x_n,y(x_n))+f(x_{n+1},y(x_{n+1}))],$$

并用 y_{n+1},y_n 分别近似代替 $y(x_{n+1}),y(x_n)$，则得计算公式

$$y_{n+1}=y_n+\frac{h}{2}[f(x_n,y_n)+f(x_{n+1},y_{n+1})]。\tag{8.10}$$

这就是解初值问题(8.1)的梯形格式。它也是一个含有未知量 y_{n+1} 的方程，因此是隐式方法。

直观上容易看出，用梯形格式计算数值积分要比矩形好。事实上，由数值积分的梯形格

式的误差估计式可得梯形格式(8.10)的局部截断误差为

$$T_{n+1}=y(x_{n+1})-y(x_n)-\frac{h}{2}[f(x_n,y(x_n))+f(x_{n+1},y(x_{n+1}))]$$

$$=-\frac{h^3}{12}y'''(\zeta_n),$$

其中 $x_n<\zeta_n<x_{n+1}$。也可由泰勒展开得到

$$T_{n+1}=-\frac{h^3}{12}y'''(x_n)+O(h^4)。$$

故梯形格式是二阶方法。

与后退的欧拉公式一样,梯形格式也是隐式方法,一般需用迭代法求解。即先用显式欧拉公式算出初始近似值,然后进行迭代计算,直到满足精度要求为止。迭代公式为

$$\begin{cases}y_{n+1}^{(0)}=y_n+hf(x_n,y_n),\\ y_{n+1}^{(k+1)}=y_n+\frac{h}{2}[f(x_n,y_n)+f(x_{n+1},y_{n+1}^{(k)})],\quad k=0,1,2,\cdots。\end{cases}\tag{8.11}$$

由于函数 $f(x,y)$关于 y 满足利普希茨条件,容易得出

$$|y_{n+1}^{(k+1)}-y_{n+1}^{(k)}|=\frac{h}{2}|f(x_{n+1},y_{n+1}^{(k)})-f(x_{n+1},y_{n+1}^{(k-1)})|\leqslant\frac{hL}{2}|y_{n+1}^{(k)}-y_{n+1}^{(k-1)}|,$$

其中 L 为利普希茨常数。因此,当 $0<\frac{hL}{2}<1$ 时,由式(8.11)生成的迭代序列$\{y_{n+1}^{(k)}\}$收敛于 y_{n+1}。但这样做计算量较大。如果实际计算时精度要求不太高,用公式(8.11)求解时,每步可以只迭代一次,由此导出一种新的方法——改进的欧拉公式。

2. 改进的欧拉公式

按式(8.11)计算问题式(8.1)的数值解时,如果每步只迭代一次,相当于将欧拉公式与梯形格式结合使用:先用欧拉公式求出 y_{n+1}的一个初步近似值 $\bar{y}_{n+1}$,称为*预测值*,然后用梯形格式校正求得近似值 y_{n+1},即

预测:

$$\bar{y}_{n+1}=y_n+hf(x_n,y_n);$$

校正:

$$y_{n+1}=y_n+\frac{h}{2}[f(x_n,y_n)+f(x_{n+1},\bar{y}_{n+1})],\tag{8.12}$$

式(8.12)称为由欧拉公式和梯形格式得到的预测—校正系统,也叫*改进的欧拉公式*。它是显式的单步法。

为了便于编制程序上机,式(8.12)常改写成

$$y_p=y_n+hf(x_n,y_n),$$
$$y_q=y_n+hf(x_n+h,y_p),$$
$$y_{n+1}=\frac{1}{2}(y_p+y_q)。$$

改进的欧拉方法的算法如下:

(1) 输入 $a,b,f(x,y)$,区间等分数 N,初值 y_0。

(2) 输出 $y(x)$ 在 x 的 N 个点处的近似值 y。

(3) 置 $h=\frac{b-a}{N}, n=0, x=a, y=y_0$。

(4) 计算 $y_p=y+hf(x,y), y_q=y+hf(x+h,y_p)$；

置 $\frac{1}{2}(y_p+y_q)\Rightarrow y, x+h\Rightarrow x$，输出 (x,y)。

(5) 若 $n<N-1$，置 $n+1\Rightarrow n$，转(4)；否则，停机。

计算框图见图 8.3。

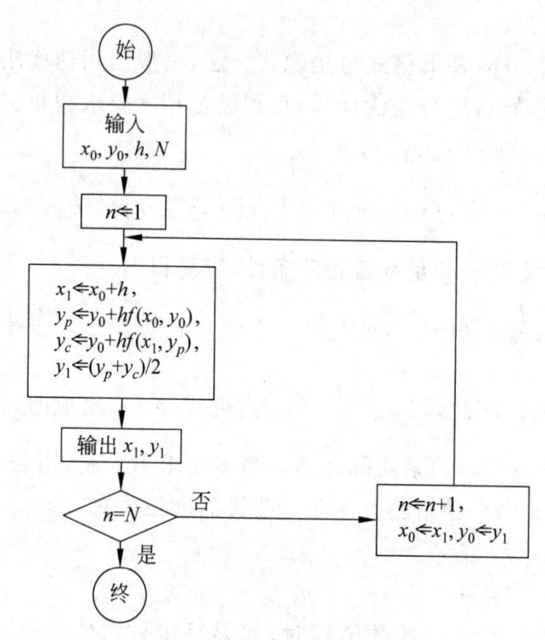

图 8.3 改进的欧拉方法

例 3 用改进的欧拉方法重新计算例 1 中初值问题的数值解。

解 由改进的欧拉方法(8.12)有

$$\bar{y}_{n+1}=y_n+0.1(x_n-y_n+1),$$

$$y_{n+1}=y_n+0.05[(x_n-y_n+1)+(x_{n+1}-\bar{y}_{n+1}+1)]。$$

注意到 $x_{n+1}=x_n+0.1$，化简后得

$$y_{n+1}=0.095x_n+0.905y_n+0.1。$$

计算结果见表 8.2.

表 8.2

x_n	y_n	$y(x_n)$	$\lvert y(x_n)-y_n\rvert$
0.0	1.000 000	1.000 000	0.000 000
0.1	1.005 000	1.004 837	0.000 163
0.2	1.019 025	1.018 731	0.000 294
0.3	1.041 218	1.040 818	0.000 400

续表

x_n	y_n	$y(x_n)$	$\|y(x_n)-y_n\|$
0.4	1.070 802	1.070 320	0.000 482
0.5	1.107 076	1.106 531	0.000 545

从表 8.1 和表 8.2 可以看出，本题中用改进的欧拉方法所得结果比欧拉方法精确得多。事实上，利用泰勒展开可以证明，改进的欧拉方法同梯形格式一样，也是二阶方法。

实现常微分方程数值解改进的欧拉方法的 MATLAB 函数文件 Euler_r.m 如下。

```
function [x,y]=Euler_r(fun,x0,y0,h,N)
%常微分方程数值解改进欧拉方法,fun 为右端函数,x0,y0 为初值,h 为步长,N 为区间个数
x=zeros(1,N+1);y=zeros(1,N+1);x(1)=x0;y(1)=y0;
for n=1:N x(n+1)=x(n)+h;ybar=y(n)+h*feval(fun,x(n),y(n));
    y(n+1)=y(n)+h/2*(feval(fun,x(n),y(n))+feval(fun,x(n+1),ybar));
end
```

例 4 在 MATLAB 命令窗口求解例 3。

解 输入

```
format long;x=0:1/8:1;fun=inline('x-y+1','x','y');
[x,y]=Euler_r(fun,0,1,0.1,5)
```

3. 欧拉两步公式

再考察改进的欧拉格式(8.12)，可以看出其预测公式(欧拉格式)的精度低，与校正公式(梯形格式)不匹配。现在构造能与梯形方法在精度上相匹配的显式方法，为此改用中心插商$\frac{y(x_{n+1})-y(x_{n-1})}{2h}$近似代替导数 $y'(x_n)$然后代入问题(8.10)中点 x_n 处的微分方程 $y'(x_n)=f(x_n,y(x_n))$，离散化得到所谓的欧拉两步格式

$$y(x_{n+1})\approx y(x_{n-1})+2hf(x_n,y(x_n))。$$

下面用欧拉两步格式与梯形方法相匹配，得到如下欧拉预测—校正系统：

预测：

$$\bar{y}_{n+1}=y_{n-1}+2hf(x_n,y_n),$$

校正：

$$y_{n+1}=y_n+\frac{h}{2}[f(x_n,y_n)+f(x_{n+1},\bar{y}_{n+1})]。\tag{8.13}$$

与改进的欧拉格式(8.12)比较，系统(8.13)的一个突出特点是，它的预测公式和校正公式具有同等精度。下面将会看到，据此能够比较方便地估计出截断误差，并且基于这种估计，可以提供一种提高精度的简易方法。

截断误差的分析仍用泰勒展开法。假设预测公式中的 y_{n-1} 和 y_n 都是准确的，即 $y_{n-1}=y(x_{n-1})$，$y_n=y(x_n)$，则容易验证欧拉两步格式的局部截断误差为

$$y(x_{n+1})-\bar{y}_{n+1}\approx\frac{h^3}{3}y'''(x_n)。$$

此外，在分析校正公式的误差时，假定其中的预测值 $\bar{y}_{n+1}$ 是准确的，即 $\bar{y}_{n+1}=y(x_{n+1})$，这时有

$$y(x_{n+1})-y_{n+1}\approx-\frac{h^3}{12}y'''(x_n)。$$

比较上述两式可见，校正值的误差大约只有预测值的1/4，即有

$$\frac{y(x_{n+1})-y_{n+1}}{y(x_{n+1})-\bar{y}_{n+1}}\approx-\frac{1}{4}。$$

由此可导出下列事后误差估计式

$$y(x_{n+1})-\bar{y}_{n+1}\approx-\frac{4}{5}(\bar{y}_{n+1}-y_{n+1}),$$

$$y(x_{n+1})-y_{n+1}\approx\frac{1}{5}(\bar{y}_{n+1}-y_{n+1})。$$

可以期望，利用这样估计出的误差作为计算结果的一种补偿，有可能使精度得到提高。

设以 $\bar{y}_n$ 和 y_n^c 分别表示第 n 步的预测值和校正值，按上述事后误差估计式，$\bar{y}_{n+1}+\frac{4}{5}(y_{n+1}^c-\bar{y}_{n+1})$ 和 $y_{n+1}^c-\frac{1}{5}(y_{n+1}^c-\bar{y}_{n+1})$ 分别可以作为 $\bar{y}_{n+1}$ 和 y_{n+1}^c 的改进值。在校正值 y_{n+1}^c 尚未求出之前，可用上一步的差 $y_n^c-\bar{y}_n$ 代替 $y_{n+1}^c-\bar{y}_{n+1}$ 来改进预测值 $\bar{y}_{n+1}$，得到下述系统

预测：

$$\bar{y}_{n+1}=y_{n-1}+2hf(x_n,y_n),$$

改进：

$$y_{n+1}^p=\bar{y}_{n+1}+\frac{4}{5}(y_n^c-\bar{y}_n),$$

校正：

$$y_{n+1}^c=y_n+\frac{h}{2}[f(x_{n+1},y_{n+1}^p)+f(x_n,y_n)],$$

改进：

$$y_{n+1}=y_{n+1}^c-\frac{1}{5}(y_{n+1}^c-\bar{y}_{n+1})。$$

运用上述系统计算 y_{n+1} 时，要用到上两步的信息，因此在起步之前必须给出开始值 y_1 和 $y_1^c-\bar{y}_1$。值 y_1 可用其他单步法（例如改进的欧拉方法）计算，$y_1^c-\bar{y}_1$ 一般取为零。计算的实践表明，这种简单的处理方法通常可以获得令人满意的效果。

8.4 龙格—库塔方法

本节介绍一种应用广泛的高精度的数值方法。

1. 龙格—库塔方法的基本思想

由定义知，一种数值方法的精度与局部截断误差 $O(h^p)$ 有关。用一阶泰勒展开式近似函数得到欧拉方法，其局部截断误差为一阶泰勒余项 $O(h^2)$，故是一阶方法。完全类似地，

若用 p 阶泰勒展开式

$$y(x_{n+1})=y(x_n)+hy'(x_n)+\frac{h^2}{2!}y''(x_n)+\cdots+\frac{h^p}{p!}y^{(p)}(x_n)+O(h^{p+1})$$

进行离散化，所得计算公式必为 p 阶方法，式中

$$y'(x)=f(x,y),y''(x)=f'_x(x,y)+f'_y(x,y)f(x,y),\cdots。$$

由此，我们能够想到，通过提高泰勒展开式的阶数，可以得到高精度的数值方法。从理论上讲，只要微分方程(8.1)的解 $y(x)$ 充分光滑，泰勒展开方法可以构造任意有限阶的计算公式。但事实上，具体构造这种公式往往相当困难，因为复合函数 $f(x,y(x))$ 的高阶导数常常是很烦琐的。因此，泰勒展开方法一般不直接使用。但是我们可以间接使用泰勒展开的方法，求得高精度的计算方法。

首先，我们对欧拉公式和改进的欧拉公式的形式作进一步的分析。

如果将欧拉公式和改进的欧拉公式改写成如下的形式：

欧拉公式

$$\begin{cases}y_{n+1}=y_n+hK_1,\\K_1=f(x_n,y_n)。\end{cases}$$

改进的欧拉公式

$$\begin{cases}y_{n+1}=y_n+h\left(\frac{1}{2}K_1+\frac{1}{2}K_2\right),\\K_1=f(x_n,y_n),\\K_2=f(x_n+h,y_n+hK_1)。\end{cases}$$

这两组公式都是用函数 $f(x,y)$ 在某些点上的值的线性组合来计算 $y(x_{n+1})$ 的近似值 y_{n+1}。欧拉公式每前进一步，就计算一次 $f(x,y)$ 的值。另一方面它是 $y(x_{n+1})$ 在 x_n 处的一阶泰勒展开式，因而是一阶方法。改进的欧拉公式每前进一步，需要计算两次 $f(x,y)$ 的值。另一方面它在 (x_n,y_n) 处的泰勒展开式与 $y(x_{n+1})$ 在 x_n 处的泰勒展开式的前三项完全相同，因而是二阶方法。这启发我们考虑用函数 $f(x,y)$ 在若干点上的函数值的线性组合来构造计算公式。构造时，要求计算公式在 (x_n,y_n) 处的泰勒展开式，与微分方程的解 $y(x)$ 在 x_n 处的泰勒展开式的前面若干项相同，从而使计算公式达到较高的精度。这样，既避免了计算函数 $f(x,y)$ 的偏导数的困难，又提高了计算方法的精度，这就是龙格—库塔方法的基本思想。

2. 二阶龙格—库塔方法的推导

龙格—库塔方法的一般形式为

$$\begin{cases}y_{n+1}=y_n+h\sum\limits_{i=1}^{p}c_iK_i,\\K_1=f(x_n,y_n),\\K_i=f(x_n+a_ih,y_n+h\sum\limits_{j=1}^{i-1}b_{ij}K_j),\quad i=2,3,\cdots,p,\end{cases}$$

其中 a_i,b_{ij},c_i 都是待定参数。确定这些参数的原则和方法是使上述计算公式在 (x_n,y_n)

处的泰勒展开式与微分方程的解 $y(x)$ 在 x_n 处的泰勒展开式的前面的项尽可能多地重合，从而使计算公式的精度尽可能地高。

设 $p=2$，此时，计算公式为

$$\begin{cases} y_{n+1}=y_n+h(c_1K_1+c_2K_2), \\ K_1=f(x_n,y_n), \\ K_2=f(x_n+a_2h,y_n+hb_{21}K_1)。 \end{cases} \tag{8.14}$$

将式(8.14)在 (x_n,y_n) 处作泰勒展开，得

$$\begin{aligned} y_{n+1} &= y_n+h[c_1f(x_n,y_n)+c_2f(x_n+a_2h,y_n+hb_{21}f(x_n,y_n))] \\ &= y_n+h\{c_1f(x_n,y_n)+c_2[f(x_n,y_n)+a_2hf'_x(x_n,y_n)+ \\ &\quad b_{21}hf'_y(x_n,y_n)f(x_n,y_n)]\}+O(h^3) \\ &= y_n+(c_1+c_2)f(x_n,y_n)h+c_2[a_2f'_x(x_n,y_n)+ \\ &\quad b_{21}f'_y(x_n,y_n)f(x_n,y_n)]h^2+O(h^3), \end{aligned} \tag{8.15}$$

$y(x_{n+1})$ 在 x_n 处的泰勒展开式为

$$\begin{aligned} y(x_{n+1}) &= y(x_n)+hy'(x_n)+\frac{h^2}{2!}y''(x_n)+O(h^3) \\ &= y_n+f(x_n,y_n)h+\frac{h^2}{2}[f'_x(x_n,y_n)+f'_y(x_n,y_n)f(x_n,y_n)]+O(h^3), \end{aligned} \tag{8.16}$$

要使式(8.14)的局部截断误差为 $O(h^3)$，则应要求式(8.15)和式(8.16)的前三项相同，于是有

$$\begin{cases} c_1+c_2=1, \\ c_2a_2=\dfrac{1}{2}, \\ c_2b_{21}=\dfrac{1}{2}。 \end{cases} \tag{8.17}$$

式(8.17)有4个未知数，3个方程，其中1个是自由参数。易见有无穷多个解，从而得到一系列二阶龙格—库塔方法，其局部截断误差均为 $O(h^3)$。这些方法统称为二阶方法。例如，取 $c_1=c_2=\dfrac{1}{2}$，$a_2=b_{21}=1$，计算公式为

$$\begin{cases} y_{n+1}=y_n+h\left(\dfrac{1}{2}K_1+\dfrac{1}{2}K_2\right), \\ K_1=f(x_n,y_n), \\ K_2=f(x_n+h,y_n+hK_1)。 \end{cases}$$

这就是改进的欧拉公式。如果取 $c_1=0$，$c_2=1$，$a_2=b_{21}=\dfrac{1}{2}$，则得

$$\begin{cases} y_{n+1}=y_n+hK_2, \\ K_1=f(x_n,y_n), \\ K_2=f\left(x_n+\dfrac{h}{2},y_n+\dfrac{h}{2}K_1\right)。 \end{cases}$$

这也是常用的二阶方法,称为中点公式。如果取 $c_1=\frac{1}{4},c_2=\frac{3}{4},a_2=\frac{2}{3},b_{21}=\frac{2}{3}$,则得

$$\begin{cases}y_{n+1}=y_n+h\left(\frac{1}{4}K_1+\frac{3}{4}K_2\right),\\K_1=f(x_n,y_n),\\K_2=f\left(x_n+\frac{2}{3}h,y_n+\frac{2}{3}hK_1\right)。\end{cases}$$

上式称为休恩(Heun)公式。

对 $p=2$ 的龙格—库塔公式能否使局部截断误差提高到 $O(h^4)$? 通过泰勒展开,我们发现,这是不可能的。因此,要获得三阶精度,必须考虑 $p=3$ 的龙格—库塔公式。

3. 三阶和四阶龙格—库塔方法

设 $p=3$,此时,龙格—库塔公式的计算公式为

$$\begin{cases}y_{n+1}=y_n+h(c_1K_1+c_2K_2+c_3K_3),\\K_1=f(x_n,y_n),\\K_2=f(x_n+a_2h,y_n+hb_{21}K_1),\\K_3=f(x_n+a_3h,y_n+hb_{31}K_1+hb_{32}K_2)。\end{cases}$$

类似于二阶龙格—库塔公式的推导,可以得到

$$\begin{cases}c_1+c_2+c_3=1,\\a_2=b_{21},\\a_3=b_{31}+b_{32},\\c_2a_2+c_3a_3=\frac{1}{2},\\c_2a_2^2+c_3a_3^2=\frac{1}{3},\\c_3a_2b_{32}=\frac{1}{6}。\end{cases}$$

上述方程组有 8 个未知数,6 个方程,其中 2 个是自由参数。易见有无穷多个解,从而得到一系列三阶龙格—库塔方法,其局部截断误差均为 $O(h^4)$。这些方法统称为*三阶方法*。下述公式是常见的三阶龙格—库塔公式,称为*库塔三阶方法*。

$$\begin{cases}y_{n+1}=y_n+\frac{h}{6}(K_1+4K_2+K_3),\\K_1=f(x_n,y_n),\\K_2=f\left(x_n+\frac{h}{2},y_n+\frac{h}{2}K_1\right),\\K_3=f(x_n+h,y_n-hK_1+2hK_2)。\end{cases}$$

类似于上述推导,可以得到其他更高阶的龙格—库塔公式,只是推导过程更加烦琐。最重要的一个例子是如下*四阶经典龙格—库塔公式*:

$$\begin{cases} y_{n+1}=y_n+\dfrac{h}{6}(K_1+2K_2+2K_3+K_4), \\ K_1=f(x_n,y_n), \\ K_2=f\left(x_n+\dfrac{h}{2},y_n+\dfrac{h}{2}K_1\right), \\ K_3=f\left(x_n+\dfrac{h}{2},y_n+\dfrac{h}{2}K_2\right), \\ K_4=f(x_n+h,y_n+hK_3)。 \end{cases} \tag{8.18}$$

可以证明其截断误差为 $O(h^5)$。

四阶经典龙格—库塔方法的算法如下：

(1) 输入 $a,b,f(x,y)$，区间等分数 n，初值 y_0。

(2) 输出 $y(x)$ 在 x 的 n 个点处的近似值 y。

(3) 置 $h=\dfrac{b-a}{n}, k=0, x=a, y=y_0$。

(4) 计算

$$K_1=f(x,y),\quad K_2=f\left(x+\frac{h}{2},y+\frac{h}{2}K_1\right),$$

$$K_3=f\left(x+\frac{h}{2},y+\frac{h}{2}K_2\right),\quad K_4=f(x+h,y+hK_3),$$

置 $y+\dfrac{h}{6}(K_1+2K_2+2K_3+K_4)\Rightarrow y, x+h\Rightarrow x$，输出 (x,y)。

(5) 若 $k<n-1$，置 $k+1\Rightarrow k$，转(4)；否则，停机。

计算框图见图 8.4。

例 5 用四阶经典龙格—库塔公式重新计算例 1 中的初值问题数值解。

解 该问题的四阶经典龙格—库塔公式为

$$\begin{cases} K_1=x_n-y_n+1, \\ K_2=x_n-y_n-0.05K_1+1.05, \\ K_3=x_n-y_n-0.05K_2+1.05, \\ K_4=x_n-y_n-0.1K_3+1.1, \\ y_{n+1}=y_n+\dfrac{1}{6}\times(K_1+2K_2+2K_3+K_4), \quad n=0,1,2,3,4。 \end{cases}$$

计算结果见表 8.3。

将例 1，例 3，例 5 的计算结果进行比较可以看出，四阶经典龙格—库塔方法的结果明显好于欧拉方法和改进的欧拉方法。从计算工作量看，四阶经典龙格—库塔方法每步要计算 4 个函数值，是改进欧拉方法的两倍，欧拉方法的 4 倍。但是，由于四阶经典龙格—库塔方法是一个四阶方法，步长可以相对地取大一点。因此，在解决同一初值问题时，在总的计算量大致相同的情况下，四阶经典龙格—库塔方法的结果往往比欧拉方法与改进的欧拉方法好。具体见下例。

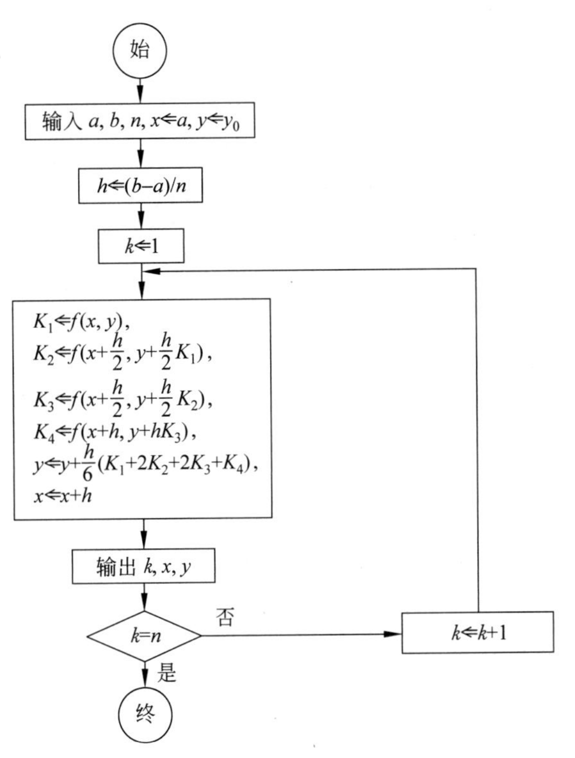

图 8.4 四阶经典龙格—库塔方法

表 8.3

x_n	y_n	$y(x_n)$	$\lvert y(x_n)-y_n\rvert$
0.0	1.000 000 00	1.000 000 00	0
0.1	1.004 837 50	1.004 837 42	0.8×10^{-7}
0.2	1.018 730 90	1.018 730 75	1.5×10^{-7}
0.3	1.040 818 42	1.040 818 22	2.0×10^{-7}
0.4	1.070 320 29	1.070 320 05	2.4×10^{-7}
0.5	1.106 530 93	1.106 530 66	2.7×10^{-7}

例 6 分别用欧拉方法($h=0.025$),改进的欧拉方法($h=0.05$)及四阶经典龙格—库塔方法($h=0.1$)求解初值问题

$$\begin{cases}\dfrac{\mathrm{d}y}{\mathrm{d}x}=-y, \quad x\in[0,1],\\ y(0)=1。\end{cases}$$

并将计算结果与准确解进行比较。

解 此问题的准确解为 $y(x)=\mathrm{e}^{-x}$,解此问题的欧拉公式($h=0.025$)为

$$y_{n+1}=y_n+0.025(-y_n)=0.975y_n。$$

改进的欧拉公式($h=0.05$)为

$$\begin{cases}\bar{y}_{n+1}=y_n+0.05(-y_n)=0.95y_n,\\ y_{n+1}=y_n+0.025[(-y_n)+(-\bar{y}_{n+1})]=0.951\,25y_n。\end{cases}$$

四阶经典龙格—库塔公式($h=0.1$)为

$$\begin{cases}K_1=-y_n,\\K_2=-(y_n+0.05K_1)=-0.95y_n,\\K_3=-(y_n+0.05K_2)=-0.9525y_n,\\K_4=-(y_n+0.1K_3)=-0.90475y_n,\\y_{n+1}=y_n+\dfrac{0.1}{6}(K_1+2K_2+2K_3+K_4)=0.9048375y_n。\end{cases}$$

计算结果及准确解见表8.4.

表 8.4

x_n	欧拉方法($h=0.025$)	改进欧拉方法($h=0.05$)	四阶经典龙格—库塔方法($h=0.1$)	准确解
0.0	1.000 000 00	1.000 000 00	1.000 000 00	1.000 000 00
0.1	0.903 687 89	0.904 876 56	0.904 837 50	0.904 837 42
0.2	0.816 651 80	0.818 801 59	0.818 730 90	0.818 730 75
0.3	0.737 998 35	0.740 914 37	0.740 818 42	0.740 818 22
0.4	0.666 920 17	0.670 436 05	0.670 320 29	0.670 320 05
0.5	0.602 687 68	0.606 661 87	0.606 530 93	0.606 530 66
0.6	0.544 641 56	0.548 954 11	0.548 811 93	0.548 811 63
0.7	0.492 185 98	0.496 735 70	0.496 585 62	0.496 585 30
0.8	0.444 782 51	0.449 484 50	0.449 329 29	0.449 328 96
0.9	0.401 944 57	0.406 727 99	0.406 569 99	0.406 569 66
1.0	0.363 232 44	0.368 038 62	0.367 879 77	0.367 879 44

需要说明的是,四阶及四阶以下的龙格—库塔方法的阶数与每一步调用函数 $f(x,y)$ 的次数 p 是一致的,但更高阶的情形则不然,例如当 $p=5$ 时,龙格—库塔方法的最高阶数仍为4;当 $p=6$ 时,龙格—库塔方法的最高阶数仍为5。龙格—库塔方法的导出基于泰勒展开,故它要求所求问题的解具有较高的光滑度。当解充分光滑时,四阶龙格—库塔方法确实优于改进的欧拉方法。对大量实际问题而言,四阶龙格—库塔方法一般可以达到精度要求。如果解的光滑性差,则用四阶龙格—库塔方法求初值问题(8.1)数值解的效果可能不如改进的欧拉方法。因此,实际计算时,需根据问题的具体情况来选择合适的算法。

实现常微分方程数值解四阶经典龙格—库塔方法的 MATLAB 函数文件 RK4.m 如下。

```
function [x,y]=RK4(fun,xspan,y0,h)
%常微分方程数值解四阶经典龙格—库塔方法,fun为右端函数,xspan为求解区间,y0为初值
%h为步长,x为节点,y为数值解
x=xspan(1):h:xspan(2);y(1)=y0;
for n=1:length(x)-1 k1=feval(fun,x(n),y(n));
    k2=feval(fun,x(n)+h/2,y(n)+h/2*k1);
    k3=feval(fun,x(n)+h/2,y(n)+h/2*k2);
    k4=feval(fun,x(n+1),y(n)+h*k3);
    y(n+1)=y(n)+h*(k1+2*k2+2*k3+k4)/6;
```

```
end
x=x';y=y';
```

例 7 在 MATLAB 命令窗口求解例 3。

解 输入

```
format long;clear;fun=inline('x-y+1');
[x,y]=RK4(fun,[0,0.5],1,0.1);[x,y]
```

4. 变步长的龙格—库塔方法

由于初值问题(8.1)的解函数 $y(x)$ 的变化是不均匀的，如果用等步长求数值解，则可能产生有些点处精度过高，有些点处精度过低的情况。为保证一定的精度，必须取较小的步长。但这样既增加了计算工作量，而且步数的增加又可能造成舍入误差的严重累积。解决此类问题的一种有效措施是在实际计算过程中，随时根据计算结果的误差情况自动调整步长，即引入变步长技巧。这里介绍一种常用的变步长方法，即理查森(Richardson)外推法。

设用 p 阶龙格—库塔方法计算 y_{n+1}，从 x_n 出发，以步长 h 计算一步，所得 $y(x_{n+1})$ 的近似值记为 $y_{n+1}^{(h)}$，由于 p 阶方法的局部截断误差为 $O(h^{p+1})$，因此有

$$y(x_{n+1})-y_{n+1}^{(h)}=ch^{p+1}+O(h^{p+2})。\tag{8.19}$$

一般情况下，式中系数 c 既依赖于 h，又依赖于 x_n，但当 h 较小时，可近似地看作常数。

然后将步长折半，即以 $\frac{h}{2}$ 为步长，仍从 x_n 出发，计算两步得 $y(x_{n+1})$ 的另一近似值 $y_{n+1}^{(\frac{h}{2})}$，其中每一步的局部截断误差约为 $c\left(\frac{h}{2}\right)^{p+1}$，故有

$$y(x_{n+1})-y_{n+1}^{(\frac{h}{2})}=2c\left(\frac{h}{2}\right)^{p+1}+O(h^{p+2})。\tag{8.20}$$

将式(8.20)乘以 2^p 减式(8.19)得

$$(2^p-1)y(x_{n+1})-2^p y_{n+1}^{(\frac{h}{2})}+y_{n+1}^{(h)}=O(h^{p+2}),$$

从而有

$$y(x_{n+1})=\frac{2^p y_{n+1}^{(\frac{h}{2})}-y_{n+1}^{(h)}}{2^p-1}+O(h^{p+2})。\tag{8.21}$$

式(8.21)表明，若取

$$y_{n+1}=\frac{2^p y_{n+1}^{(\frac{h}{2})}-y_{n+1}^{(h)}}{2^p-1}\tag{8.22}$$

作为 $y(x_{n+1})$ 的近似值，则其精度显然比 $y_{n+1}^{(h)}$ 与 $y_{n+1}^{(\frac{h}{2})}$ 都要高。这种修正的思想实际上与龙贝格数值积分法思想是一致的。

若将式(8.22)改写成

$$y_{n+1}=y_{n+1}^{(\frac{h}{2})}+\frac{1}{2^p-1}(y_{n+1}^{(\frac{h}{2})}-y_{n+1}^{(h)}),$$

则由 $y(x_{n+1})\approx y_{n+1}$ 立即可得

$$y(x_{n+1})-y_{n+1}^{(\frac{h}{2})}\approx\frac{1}{2^p-1}(y_{n+1}^{(\frac{h}{2})}-y_{n+1}^{(h)})。\tag{8.23}$$

由此可见，若以 $y_{n+1}^{\left(\frac{h}{2}\right)}$ 作为 $y(x_{n+1})$ 的近似值，则其误差可用前后两次计算结果之差来表示，即可用

$$\Delta = \left| y_{n+1}^{\left(\frac{h}{2}\right)} - y_{n+1}^{(h)} \right|$$

来判断所选取的步长是否适当。具体做法是：

(1) 若 $\Delta \geqslant \varepsilon$($\varepsilon$ 由精度要求确定)，则反复将步长折半进行计算，直至 $\Delta < \varepsilon$，并取最后一次步长所得值作为 y_{n+1}；

(2) 若 $\Delta < \varepsilon$，则反复将步长加倍进行计算，直至 $\Delta \geqslant \varepsilon$，并取上一次步长所得值作为 y_{n+1}。

上述方法，虽然从表面上看，增加了计算工作量，但从总体考虑却常常是合算的，尤其是在方程的解 $y(x)$ 变化剧烈的情况下。

以上选择步长的方法，适用于前面提到过的所有数值解法。

8.5 单步法的收敛性与稳定性

收敛性与稳定性从两个不同的角度描述了微分方程数值解法的实用价值。收敛性是反映计算公式本身的截断误差对计算结果的影响，稳定性是某一公式在计算过程中出现的误差对计算结果的影响。只有既收敛又稳定的方法，才可以提供比较可靠的计算结果。

1. 收敛性

我们看到，数值解法的基本思想是，通过某种离散化手段，将微分方程转化为差分方程(代数方程)来求解。这种转化是否合理，还要看差分方程的解 y_n 当 $h \to 0$ 时是否会收敛到微分方程的准确解 $y(x_n)$。需要注意的是，如果只考虑 $h \to 0$，那么节点 $x_n = x_0 + nh$ 对于固定的 n 将趋于 x_0，这时讨论收敛性是没有意义的。因此当 $h \to 0$ 时，同时要求 $n \to \infty$ 才合理。

定义 3 若求解微分方程的一种数值方法对于任意固定的 $x_n = x_0 + nh$，当 $h \to 0$ 时(同时$n \to \infty$)，有 $y_n \to y(x_n)$，则称该方法是收敛的。

先就简单的初值问题

$$\begin{cases} y' = \lambda y, \\ y(0) = y_0。\end{cases} \tag{8.24}$$

考察欧拉方法的收敛性。方程 $y' = \lambda y$ 的欧拉格式是

$$y_{n+1} = (1 + \lambda h) y_n, \quad n = 0,1,2,\cdots,N-1, \tag{8.25}$$

它显然有解

$$y_n = y_0 (1 + \lambda h)^n。$$

由于这里 $x_0 = 0, x_n = nh$，因此有

$$y_n = y_0 \left[(1 + \lambda h)^{\frac{1}{\lambda h}}\right]^{\lambda x_n}。$$

再注意到当 $h \to 0$ 时，有

$$(1 + \lambda h)^{\frac{1}{\lambda h}} \to \mathrm{e},$$

所以差分方程的解 y_n 当 $h \to 0$ 时确实收敛到原微分方程的准确解

$$y(x_n)=y_0e^{\lambda x_n}。$$

下面进一步考察一般的单步法。

显式单步法的共同特征是，它们都是将 y_n 加上某种形式的增量得出 y_{n+1} 的，其计算公式形如

$$y_{n+1}=y_n+h\varphi(x_n,y_n,h),\tag{8.26}$$

其中 $\varphi(x,y,h)$ 称为增量函数。

不同的单步法对应不同的增量函数。不难就已知的几种单步法写出增量函数的具体形式，譬如，对于欧拉格式(8.2)，有 $\varphi=f(x,y)$，而对于改进的欧拉格式(8.12)，有

$$\varphi=\frac{1}{2}[f(x,y)+f(x+h,y+hf(x,y))]。\tag{8.27}$$

关于单步法有下述收敛性定理。

定理1 假设单步法(8.26)具有 p 阶精度，且增量函数 $\varphi(x,y,h)$ 关于 y 满足利普希茨条件

$$|\varphi(x,y,h)-\varphi(x,\bar{y},h)|\leqslant L_\varphi|y-\bar{y}|,$$

又设初值 y_0 是准确的，即 $y_0=y(x_0)$，则其整体截断误差

$$y(x_n)-y_n=O(h^p)。$$

证 设以 $\bar{y}_{n+1}$ 表示取 $y(x_n)=y_n$ 用格式(8.26)求得的结果，即

$$\bar{y}_{n+1}=y(x_n)+h\varphi(x_n,y(x_n),h),\tag{8.28}$$

其局部截断误差为 $y(x_{n+1})-\bar{y}_{n+1}$，由于所给方法具有 p 阶精度，因此存在常数 C，使

$$|y(x_{n+1})-\bar{y}_{n+1}|\leqslant Ch^{p+1}。$$

又由式(8.28)与式(8.26)，得

$$|\bar{y}_{n+1}-y_{n+1}|\leqslant|y(x_n)-y_n|+h|\varphi(x_n,y(x_n),h)-\varphi(x_n,y_n,h)|,$$

利用利普希茨条件，有

$$|\bar{y}_{n+1}-y_{n+1}|\leqslant(1+hL_\varphi)|y(x_n)-y_n|,$$

从而有

$$\begin{aligned}|y(x_{n+1})-y_{n+1}|&\leqslant|\bar{y}_{n+1}-y_{n+1}|+|y(x_{n+1})-\bar{y}_{n+1}|\\&\leqslant(1+hL_\varphi)|y(x_n)-y_n|+Ch^{p+1},\end{aligned}$$

即对于整体截断误差 $e_n=y(x_n)-y_n$ 成立下列递推关系式：

$$|e_{n+1}|\leqslant(1+hL_\varphi)|e_n|+Ch^{p+1}。$$

据此不等式反复递推，可得

$$|e_n|\leqslant(1+hL_\varphi)^n|e_0|+\frac{Ch^p}{L_\varphi}[(1+hL_\varphi)^n-1]。$$

再注意到当 $x_n-x_0=nh\leqslant T$ 时成立

$$(1+hL_\varphi)^n\leqslant(e^{hL_\varphi})^n\leqslant e^{TL_\varphi},$$

最终得估计式

$$|e_n|\leqslant|e_0|e^{TL_\varphi}+\frac{Ch^p}{L_\varphi}(e^{TL_\varphi}-1)。$$

由此可以断定，如果初值是准确的，即 $e_0=0$，则定理成立。证毕。

依据这一定理，判断单步法(8.25)的收敛性，归结为验证增量函数 $\varphi(x,y,h)$ 能否满足

利普希茨条件。

对于欧拉方法，由于其增量函数就是 $f(x,y)$，故当 $f(x,y)$ 满足利普希茨条件时收敛。

再考察改进的欧拉方法，其增量函数已由式(8.27)给出，这时有

$$|\varphi(x,y,h)-\varphi(x,\bar{y},h)|\leqslant\frac{1}{2}[|f(x,y)-f(x,\bar{y})|+|f(x+h,y+hf(x,y))-f(x+h,\bar{y}+hf(x,\bar{y}))|]。$$

假定 $f(x,y)$ 关于 y 满足利普希茨条件，记利普希茨常数为 L，则由上式推得

$$|\varphi(x,y,h)-\varphi(x,\bar{y},h)|\leqslant L\left(1+\frac{h}{2}L\right)|y-\bar{y}|,$$

设限定 $h\leqslant h_0$(h_0 为定数)，上式表明 $\varphi(x,y,h)$ 关于 y 的利普希茨常数为

$$L_{\varphi}=L\left(1+\frac{h_0}{2}L\right),$$

因此，改进的欧拉方法也是收敛的。

类似地，不难验证龙格—库塔方法的收敛性。

2. 稳定性

这里所说的稳定性，不是常微分方程初值问题本身的稳定性，而是指数值方法的稳定性，即数值稳定性。

前面关于收敛性的讨论有个前提，必须假定数值方法本身的计算是准确的。实际情形并不是这样，差分方程的求解还会有计算误差，譬如由于数字舍入而引起的小扰动。这类小扰动在传播过程中会不会恶性增长，以致差分方程的解严重失真？这就是差分方程的稳定性问题。在实际计算时，希望某一步产生的扰动值在后面的计算中能够被控制，甚至是逐步衰减的。

定义 4 若用某一数值方法计算 y_n 时，所得到的计算结果为 $\bar{y}_n$，且由扰动 $\delta_n=\bar{y}_n-y_n$ 引起以后各节点值 $y_m(m>n)$ 的扰动为 δ_m，如果总有 $|\delta_m|\leqslant|\delta_n|$，则称该方法是稳定的。

一种计算方法是否稳定，不仅与该计算方法本身有关，而且还与微分方程的右端函数 $f(x,y)$，以及步长 h 有关，因此稳定性问题比较复杂。为了简化讨论，我们只考虑如下模型方程

$$y'=\lambda y,\quad \lambda<0。$$

先研究欧拉方法的稳定性。上述模型方程的欧拉格式为

$$y_{n+1}=(1+\lambda h)y_n。\tag{8.29}$$

设在节点值 y_n 处有一扰动值 δ_n，它的传播使节点值 y_{n+1} 处产生大小为 δ_{n+1} 的扰动值，假设用 $\bar{y}_n=y_n+\delta_n$ 按欧拉格式得出 $\bar{y}_{n+1}=y_{n+1}+\delta_{n+1}$ 的计算过程不再有新的误差，则扰动值满足

$$\delta_{n+1}=(1+\lambda h)\delta_n。$$

可见扰动值满足原来的差分方程(8.29)。因此，如果差分方程的解是不增长的，即有

$$|y_{n+1}|\leqslant|y_n|,$$

则它就是稳定的。这一论断对于下面将要研究的其他方法同样适用。

显然，为要保证差分方程(8.29)的解是不增长的，只要选取 h 充分小，使

$$|1+\lambda h|\leqslant 1。$$

这说明欧拉方法是条件稳定的，稳定性条件为 $\lambda h \leqslant -2$。

下面讨论后退的欧拉方法。对于上述模型方程，其后退的欧拉格式为

$$y_{n+1}=y_n+\lambda h y_{n+1},$$

解出 y_{n+1}，有 $y_{n+1}=\dfrac{1}{1-\lambda h}y_n$。由于 $\lambda<0$，这时恒成立

$$\left|\frac{1}{1-\lambda h}\right|\leqslant 1,$$

从而有 $|y_{n+1}|\leqslant|y_n|$，因此后退的欧拉方法恒稳定(或称无条件稳定)。

同样方法容易验证梯形格式对于上述模型方程也是无条件稳定的，四阶经典龙格—库塔方法是条件稳定的，稳定性条件为 $\lambda h\leqslant -2.785$。

例 8 对初值问题

$$\begin{cases}\dfrac{\mathrm{d}y}{\mathrm{d}x}=-20y, & 0\leqslant x\leqslant 1,\\ y(0)=1。\end{cases}$$

分别取 $h=0.1$，$h=0.2$，用四阶经典龙格—库塔方法求其数值解，将所得结果与准确解 $y=\mathrm{e}^{-20x}$ 比较。

解 对此问题，四阶经典龙格—库塔方法的计算公式为

$$K_1=-20y_n,\quad K_2=-20\left(y_n+\frac{h}{2}K_1\right),$$

$$K_3=-20\left(y_n+\frac{h}{2}K_2\right),\quad K_4=-20(y_n+hK_3),$$

$$y_{n+1}=y_n+\frac{h}{6}(K_1+2K_2+2K_3+K_4)。$$

将初值 $y_0=y(0)=1$ 代入，在公共节点处计算误差，结果见表 8.5。

表 8.5

x_n	0.2	0.4	0.6	0.8	1.0
$h=0.1$	0.092 795	0.012 010	0.001 366	0.000 152	0.000 017
$h=0.2$	4.98	25.0	125.0	625.0	3125.0

从表 8.5 可以看出，当步长 $h=0.1$ 时，各步数值解误差较小且逐渐衰减，即计算结果稳定；当步长 $h=0.2$ 时，各步数值解误差较大且迅速增长，以致无法控制，计算结果不稳定。产生这种现象的原因是，由于 $\lambda=-20$，因此当 $h=0.1$ 时，$\lambda h=-20\times 0.1=-2$ 落在稳定区间 $[-2.785,0]$ 中；而当 $h=0.2$ 时，$\lambda h=-20\times 0.2=-4$ 却不在稳定区间内。因此，选择步长时，不但要考虑到截断误差，还应考虑到计算方法的稳定性。

8.6 线性多步法

以上所介绍的各种数值解法除欧拉两步格式外都是单步法，在计算 y_{n+1} 时，都只用到前一步的信息 y_n。为了提高精度，需要重新计算多个点的函数值，如使用龙格—库塔方法，

因此计算量较大。如何通过较多地利用前面的已知信息，来构造高精度的算法计算 y_{n+1}，这就是多步法的基本思想。多步法中最常用的是线性多步法。构造多步法的重要途径是基于数值积分法和泰勒展开法，前者可直接由微分方程两端积分后利用插值型求积公式得到。本书只介绍基于泰勒展开的构造方法。

1. 线性多步法的导出

如果计算 y_{n+k} 时，除用 y_{n+k-1} 的值，还用到 $y_{n+i}(i=0,1,2,\cdots,k-2)$ 的值，则称此方法为多步法。一般的线性多步法公式可表示为

$$y_{n+k}=\sum_{i=0}^{k-1}\alpha_i y_{n+i}+h\sum_{i=0}^{k}\beta_i f_{n+i}, \tag{8.30}$$

其中 y_{n+i} 为 $y(x_{n+i})$ 的近似，$f_{n+i}=f(x_{n+i},y_{n+i})$，$x_{n+i}=x_0+ih$，$\alpha_i,\beta_i$ 为常数，α_0,β_0 不全为零，此时称式(8.30)为线性 k 步法，计算时需先给出前面 k 个近似值 $y_0,y_1,\cdots,y_{k-1}$，再由式(8.30)逐次求出 $y_k,y_{k+1},\cdots$。如果 $\beta_k=0$，称式(8.30)为显式 k 步法，这时 y_{n+k} 可直接由式(8.30)算出；如果 $\beta_k\neq 0$，则式(8.30) 称为隐式 k 步法，求解时需用迭代法方可算出 y_{n+k}。式(8.30)中系数 α_i 及 β_i 可根据方法的局部截断误差及阶确定，其定义如下。

定义5 设 $y(x)$ 是微分方程初值问题的准确解，线性多步法(8.30)在 x_{n+k} 处的局部截断误差为

$$T_{n+k}=y(x_{n+k})-\sum_{i=0}^{k-1}\alpha_i y(x_{n+i})-h\sum_{i=0}^{k}\beta_i y'(x_{n+i})。 \tag{8.31}$$

若 $T_{n+k}=O(h^{p+1})$，则称方法(8.30)是 p 阶的。

由上述定义，对 $T_{n+k}=O(h^{p+1})$ 在 x_n 处作泰勒展开，由于

$$y(x_{n+i})=y(x_n+ih)=y(x_n)+ihy'(x_n)+\frac{(ih)^2}{2!}y''(x_n)+\frac{(ih)^3}{3!}y'''(x_n)+\cdots,$$

$$y'(x_{n+i})=y'(x_n+ih)=y'(x_n)+ihy''(x_n)+\frac{(ih)^2}{2!}y'''(x_n)+\frac{(ih)^3}{3!}y^{(4)}(x_n)+\cdots,$$

代入式(8.30)得

$$T_{n+k}=c_0y(x_n)+c_1hy'(x_n)+c_2h^2y''(x_n)+\cdots+c_ph^py^{(p)}(x_n)+\cdots,$$

其中

$$\begin{aligned}
c_0&=1-(\alpha_0+\alpha_1+\cdots+\alpha_{k-1}),\\
c_1&=k-[\alpha_1+2\alpha_2+\cdots+(k-1)\alpha_{k-1}]-(\beta_1+\beta_2+\cdots+\beta_k),\\
c_q&=\frac{1}{q!}\{k^q-[\alpha_1+2^q\alpha_2+\cdots+(k-1)^q\alpha_{k-1}]\}-\\
&\quad\frac{1}{(q-1)!}[\beta_1+2^{q-1}\beta_2+\cdots+k^{q-1}\beta_k],\quad q=2,3,\cdots。
\end{aligned} \tag{8.32}$$

若在式(8.30)中选择系数 α_i,β_i，使之满足

$$c_1=c_2=\cdots=c_p=0,\quad c_{p+1}\neq 0。$$

由定义可知此时所构造的多步法是 p 阶的，且局部截断误差为

$$T_{n+k}=c_{p+1}h^{p+1}y^{(p+1)}(x_n)+O(h^{p+2})。$$

2. 阿当姆斯(Adams)方法

若令式(8.30)中的 $\alpha_0=\alpha_1=\cdots=\alpha_{k-2}=0,\alpha_{k-1}=1$,则得 k 步阿当姆斯公式

$$y_{n+k}=y_{n+k-1}+h\sum_{i=0}^{k}\beta_i f_{n+i}。\tag{8.33}$$

当 $\beta_k=0$ 时,称为阿当姆斯显式方法,当 $\beta_k\neq0$ 时,称为阿当姆斯隐式方法。

显然 $c_0=0$ 成立,下面只需确定系数 $\beta_0,\beta_1,\cdots,\beta_k$。若 $\beta_k\neq0$,可令 $c_1=c_2=\cdots=c_{k+1}=0$,则可求得 $\beta_0,\beta_1,\cdots,\beta_k$。若 $\beta_k=0$,则令 $c_0=c_1=\cdots=c_k=0$ 来求得 $\beta_0,\beta_1,\cdots,\beta_{k-1}$。例如当 $k=3$ 时,由 $c_1=c_2=c_3=c_4=0$,根据式(8.32)得

$$\begin{cases}\beta_0+\beta_1+\beta_2+\beta_3=1,\\2(\beta_1+2\beta_2+3\beta_3)=5,\\3(\beta_1+4\beta_2+9\beta_3)=19,\\4(\beta_1+2\beta_2+3\beta_3)=65。\end{cases}$$

解出 $\beta_0=\dfrac{1}{24},\beta_1=-\dfrac{5}{24},\beta_2=\dfrac{19}{24},\beta_3=\dfrac{9}{24}$。于是得 $k=3$ 的阿当姆斯隐式公式为

$$y_{n+3}=y_{n+2}+\frac{h}{24}(9f_{n+3}+19f_{n+2}-5f_{n+1}+f_n)。\tag{8.34}$$

它是四阶方法,局部截断误差为

$$T_{n+3}=-\frac{19}{720}h^5y^{(5)}(x_n)+O(h^6)。\tag{8.35}$$

当 $k=4$ 时,由 $c_0=c_1=c_2=c_3=c_4=0$,根据式(8.32)得

$$\begin{cases}\beta_0+\beta_1+\beta_2+\beta_3=1,\\2(\beta_1+2\beta_2+3\beta_3)=7,\\3(\beta_1+4\beta_2+9\beta_3)=37,\\4(\beta_1+2\beta_2+3\beta_3)=175。\end{cases}$$

解出 $\beta_0=-\dfrac{9}{24},\beta_1=\dfrac{37}{24},\beta_2=-\dfrac{59}{24},\beta_3=\dfrac{55}{24}$。于是得 $k=4$ 时的阿当姆斯显式公式为

$$y_{n+4}=y_{n+3}+\frac{h}{24}(55f_{n+3}-59f_{n+2}+37f_{n+1}-9f_n)。\tag{8.36}$$

它是四阶方法,局部截断误差为

$$T_{n+4}=\frac{251}{720}h^5y^{(5)}(x_n)+O(h^6)。\tag{8.37}$$

例 9 分别用四阶阿当姆斯显式和隐式公式求初值问题

$$\begin{cases}y'=x-y,\quad 0\leqslant x\leqslant1,\\y(0)=0\end{cases}$$

的数值解,取步长 $h=0.1$。

解 根据题意,由四阶阿当姆斯显式公式(8.36)有

$$\begin{aligned}y_{n+4}&=y_{n+3}+\frac{h}{24}(55f_{n+3}-59f_{n+2}+37f_{n+1}-9f_n)\\&=\frac{1}{24}(18.5y_{n+3}+5.9y_{n+2}-3.7y_{n+1}+0.9y_n+0.24n+0.84),\end{aligned}$$

$$n=0,1,2,\cdots,6。$$

由四阶阿当姆斯隐式公式(8.34)有

$$y_{n+3}=y_{n+2}+\frac{h}{24}(9f_{n+3}+19f_{n+2}-5f_{n+1}+f_n)$$

$$=\frac{1}{24}(-0.9y_{n+3}+22.1y_{n+2}+0.5y_{n+1}-0.1y_n+0.24n+0.84)。$$

由上式可直接解出 y_{n+3} 而不用迭代，得到

$$y_{n+3}=\frac{1}{24.9}(22.1y_{n+2}+0.5y_{n+1}-0.1y_n+0.24n+0.84),\quad n=0,1,2,\cdots,7。$$

利用准确解 $y=\mathrm{e}^{-x}+x-1$ 求出起步值：显式方法中的 y_0,y_1,y_2,y_3 及隐式方法中的 y_0，y_1,y_2(对一般方程，可用四阶经典龙格—库塔方法计算初始近似值)。然后按上述公式计算，结果见表8.6。

表 8.6

x_n	准确解 $y(x_n)=\mathrm{e}^{-x_n}+x_n-1$	四阶阿当姆斯显式方法		四阶阿当姆斯隐式方法	
		y_n	$\lvert y(x_n)-y_n\rvert$	y_n	$\lvert y(x_n)-y_n\rvert$
0.3	0.040 818 22			0.040 818 01	2.1×10^{-7}
0.4	0.070 320 05	0.070 322 92	2.87×10^{-6}	0.070 319 66	3.9×10^{-7}
0.5	0.106 530 66	0.106 535 48	4.82×10^{-6}	0.106 530 14	5.2×10^{-7}
0.6	0.148 811 64	0.148 818 41	6.77×10^{-6}	0.148 811 01	6.3×10^{-7}
0.7	0.196 585 30	0.196 593 39	8.10×10^{-6}	0.196 584 59	7.1×10^{-7}
0.8	0.249 328 96	0.249 338 16	9.20×10^{-6}	0.249 328 19	7.7×10^{-7}
0.9	0.306 569 66	0.306 579 61	9.96×10^{-6}	0.306 568 84	8.2×10^{-7}
1.0	0.367 879 44	0.367 889 96	1.05×10^{-6}	0.367 878 59	8.5×10^{-7}

从表8.6可以看出，四阶阿当姆斯隐式方法比显式方法的精度高，比较这两种方法的局部截断误差公式(8.37)及公式(8.35)可以说明这一现象。一般地，同阶的隐式方法比显式方法精确，而且数值稳定性也好。但在隐式公式中，通常很难解出 y_{n+k}，需要用迭代法求解，这样又增加了计算量。因此实际计算时，很少单独使用显式公式或隐式公式，而是将它们联合使用：先用显式公式求出 $y(x_{n+k})$ 的预测值，记作 $\bar{y}_{n+k}$，再用隐式公式对预测值进行校正，求出 $y(x_{n+k})$ 的近似值 y_{n+k}。

3. 阿当姆斯预报—校正系统

用阿当姆斯显式公式求出 $y(x_{n+k})$ 的预测值，然后再用阿当姆斯隐式公式进行校正，得到近似值 y_{n+k}，这样一组计算公式称为*阿当姆斯预报—校正系统*。一般地，采用同阶的显式公式与隐式公式。常用的四阶阿当姆斯预报—校正系统如下：

预报：

$$\bar{y}_{n+4}=y_{n+3}+\frac{h}{24}(55f_{n+3}-59f_{n+2}+37f_{n+1}-9f_n),$$

校正：

$$y_{n+4}=y_{n+3}+\frac{h}{24}[9f(x_{n+4},\bar{y}_{n+4})+19f_{n+3}-5f_{n+2}+f_{n+1}]。\tag{8.38}$$

四阶阿当姆斯预报—校正方法的算法如下：

(1) 输入 $a,b,f(x,y)$，区间等分数 N，初值 y_0。

(2) 输出 $y(x)$在 x 的 N 个点处的近似值 y。

(3) 置 $h=\dfrac{b-a}{N}$，$n=0$，$x_0=a$。

(4) 计算 $f_n=f(x_n,y_n)$

$$K_1=hf(x_n,y_n),\quad K_2=hf\left(x_n+\frac{h}{2},y_n+\frac{K_1}{2}\right),$$

$$K_3=hf\left(x_n+\frac{h}{2},y_n+\frac{K_2}{2}\right),\quad K_4=hf(x_n+h,y_n+K_3),$$

$$y_{n+1}=y_n+\frac{h}{6}(K_1+2K_2+2K_3+K_4),\quad x_{n+1}=a+(n+1)h。$$

输出(x_{n+1},y_{n+1})。

(5) 若 $n<2$，置 $n+1\Rightarrow n$，转(4)。

(6) 计算 $f_3=f(x_3,y_3)$，$x=x_3+h$，

置 $y_3+h(55f_3-59f_2+37f_1-9f_0)/24\Rightarrow y$，

$y_3+h(9f(x,y)+19f_3-5f_2+f_1)/24\Rightarrow y$。

输出(x,y)。

(7) 若 $n=N-1$，转(12)。

(8) 置 $n+1\Rightarrow n$，$j=0$。

(9) $x_{j+1}\Rightarrow x_j$，$y_{j+1}\Rightarrow y_j$，$f_{j+1}\Rightarrow f_j$。

(10) 若 $j<2$，置 $j+1\Rightarrow j$，转(9)。

(11) $x\Rightarrow x_3$，$y\Rightarrow y_3$，转(6)。

(12) 停机。

四阶阿当姆斯预报—校正方法的计算框图见图 8.5。

例 10 用四阶阿当姆斯预报—校正系统(8.38)求初值问题

$$\begin{cases}y'=x-y+1, & x\in[0,1],\\ y(0)=1\end{cases}$$

的数值解，取步长 $h=0.1$。

解 此问题的准确解为 $y(x)=x+\mathrm{e}^{-x}$，用四阶阿当姆斯预报—校正系统计算的结果见表 8.7。

表 8.7

x_n	y_n	$y(x_n)$	$\lvert y(x_n)-y_n\rvert$
0.0	1.000 000 000 0	1.000 000 000 0	0
0.1	1.004 837 500 0	1.004 837 418 0	8.200×10^{-8}
0.2	1.018 730 901 4	1.018 730 753 1	1.483×10^{-7}
0.3	1.040 818 422 0	1.040 818 220 7	2.013×10^{-7}
0.4	1.070 319 918 2	1.070 320 046 0	1.278×10^{-7}
0.5	1.106 530 268 4	1.106 530 659 7	3.923×10^{-7}

续表

x_n	y_n	$y(x_n)$	$\|y(x_n)-y_n\|$
0.6	1.148 811 032 6	1.148 811 636 0	6.035×10^{-7}
0.7	1.196 584 531 4	1.196 585 303 8	7.724×10^{-7}
0.8	1.249 328 060 4	1.249 328 964 1	9.043×10^{-7}
0.9	1.306 568 656 8	1.306 569 659 7	1.003×10^{-6}
1.0	1.367 878 366 0	1.367 879 441 2	1.075×10^{-6}

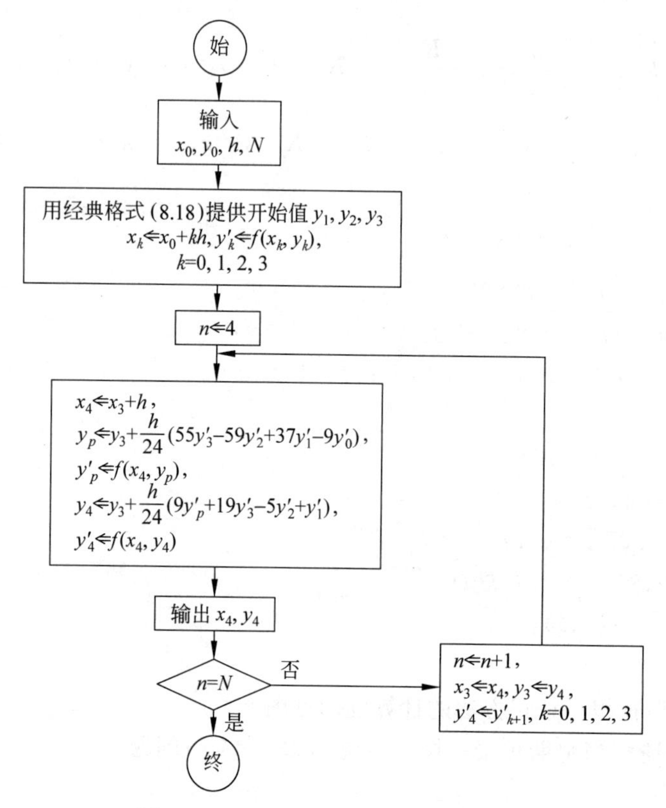

图 8.5 四阶阿当姆斯预报—校正方法

为减少一次迭代所产生的误差,常常用局部截断误差进一步修正预测值与校正值,得到更精确的预报—校正系统。以下对四阶阿当姆斯预报—校正系统进行讨论。

由四阶阿当姆斯公式的局部截断误差可知

$$y(x_{n+4})-\bar{y}_{n+4}=\frac{251}{720}h^5y_n^{(5)}+O(h^6),$$

$$y(x_{n+4})-y_{n+4}=-\frac{19}{720}h^5y_n^{(5)}+O(h^6)。$$

两式相减得

$$y_{n+4}-\bar{y}_{n+4}=\frac{270}{720}h^5y_n^{(5)}+O(h^6),$$

从而有

$$h^5 y_n^{(5)} \approx \frac{720}{270}(y_{n+4} - \bar{y}_{n+4})。$$

于是有下述事后误差估计

$$y(x_{n+4}) - \bar{y}_{n+4} \approx \frac{251}{270}(y_{n+4} - \bar{y}_{n+4}),$$

$$y(x_{n+4}) - y_{n+4} = -\frac{19}{270}(y_{n+4} - \bar{y}_{n+4})。$$

容易看出

$$y_{n+4}^p = \bar{y}_{n+4} + \frac{251}{270}(y_{n+4} - \bar{y}_{n+4}),$$

$$y_{n+4}^c = y_{n+4} - \frac{19}{270}(y_{n+4} - \bar{y}_{n+4})$$

比 $\bar{y}_{n+4}$，y_{n+4} 更精确。但在 y_{n+4}^p 的表达式中 y_{n+4} 是未知的，因此计算时用上一步结果代替，从而构造了一种修正四阶阿当姆斯预报—校正系统。

预报：

$$\bar{y}_{n+4} = y_{n+3} + \frac{h}{24}(55f_{n+3} - 59f_{n+2} + 37f_{n+1} - 9f_n),$$

改进：

$$y_{n+4}^p = \bar{y}_{n+4} + \frac{251}{270}(y_{n+3}^c - \bar{y}_{n+3}),$$

校正：

$$y_{n+4}^c = y_{n+3} + \frac{h}{24}[9f(x_{n+4}, y_{n+4}^p) + 19f_{n+3} - 5f_{n+2} + f_{n+1}],$$

改进：

$$y_{n+4} = y_{n+4}^c - \frac{19}{270}(y_{n+4}^c - \bar{y}_{n+4})。$$

上述预报—校正系统的优点是每迭代一步只需计算两个函数值，计算量小于四阶龙格—库塔方法，而且在计算过程中已大致估计出误差。不足之处在于必须借助于别的方法计算开始几个函数值，近似过程中不易变步长。

实现常微分方程数值解四阶阿当姆斯预报—校正方法的 MATLAB 函数文件 Adams.m 如下。

```
function [x,y]=Adams(fun,x0,y0,h,N)
%常微分方程数值解四阶阿当姆斯预报—校正方法,fun 为右端函数,x0,y0 为初值,h 为步长,N 为
区间个数
x=zeros(1,N+1);y=zeros(1,N+1);x(1)=x0;y(1)=y0;
for n=1:N x(n+1)=x(n)+h;
    if n<4 k1=h*feval(fun,x(n),y(n));
    k2=h*feval(fun,x(n)+h/2,y(n)+1/2*k1);
    k3=h*feval(fun,x(n)+h/2,y(n)+1/2*k2);
    k4=h*feval(fun,x(n)+h,y(n)+k3);
    y(n+1)=y(n)+(k1+2*k2+2*k3+k4)/6;
    else k1=feval(fun,x(n),y(n));
```

```
      k2=feval(fun,x(n-1),y(n-1));
      k3=feval(fun,x(n-2),y(n-2));
      k4=feval(fun,x(n-3),y(n-3));
    ybar=y(n)+h/24*(55*k1-59*k2+37*k3-9*k4);
    k0=feval(fun,x(n+1),ybar);
    y(n+1)=y(n)+h/24*(9*k0+19*k1-5*k2+k3);
  end;end
```

例 11 在 MATLAB 命令窗口求解例 10。

解 输入

```
format long;fun=inline('x-y+1','x','y');
[x,y]=Adams(fun,0,1,0.1,10)
```

8.7 微分方程组与高阶微分方程的数值解法

前面讨论的一阶常微分方程只是一类最简单的常微分方程模型,而在实际问题中我们经常遇到含多个待求函数的常微分方程组或含高阶导数的高阶常微分方程。前述一阶常微分方程的数值方法均可以推广到一阶常微分方程组,而高阶常微分方程可以通过变换化为一阶常微分方程组来解决。这里我们仅通过一些简单的例子,给出求解方程组与高阶微分方程的基本思路。

1. 一阶常微分方程组的数值解法

前面研究单个方程 $y'=f(x,y)$ 的数值方法,只要把 y 和 $f(x,y)$ 理解为向量,那么所提供的各种算法即可推广应用到一阶方程组的情形。

本节仅就两个方程的情形列出改进的欧拉公式和四阶经典龙格—库塔方法。仿此,读者可以毫无困难地写出三个、四个甚至更多个方程的四阶经典龙格—库塔方法或其他公式。

设有初值问题

$$\begin{cases} y'=f(x,y,z), & y(a)=y_0, \\ z'=g(x,y,z), & z(a)=z_0。\end{cases}$$

令 $x_n=x_0+nh(n=1,2,\cdots)$,以 y_n,z_n 表示节点 x_n 上 y,z 的近似解,参照单个方程的情形可以直接写出其改进的欧拉公式为

预测:

$$\bar{y}_{n+1}=y_n+hf(x_n,y_n,z_n),$$
$$\bar{z}_{n+1}=z_n+hg(x_n,y_n,z_n);$$

校正:

$$y_{n+1}=y_n+\frac{h}{2}[f(x_n,y_n,z_n)+f(x_{n+1},\bar{y}_{n+1},\bar{z}_{n+1})],$$

$$z_{n+1}=z_n+\frac{h}{2}[g(x_n,y_n,z_n)+g(x_{n+1},\bar{y}_{n+1},\bar{z}_{n+1})]。$$

而其四阶经典龙格—库塔方法为

$$y_{n+1}=y_n+\frac{h}{6}(K_1+2K_2+2K_3+K_4),$$

$$z_{n+1}=z_n+\frac{h}{6}(L_1+2L_2+2L_3+L_4),\tag{8.39}$$

式中

$$\begin{aligned}
&K_1=f(x_n,y_n,z_n), && L_1=g(x_n,y_n,z_n),\\
&K_2=f\left(x_{n+\frac{1}{2}},y_n+\frac{h}{2}K_1,z_n+\frac{h}{2}L_1\right), && L_2=g\left(x_{n+\frac{1}{2}},y_n+\frac{h}{2}K_1,z_n+\frac{h}{2}L_1\right),\\
&K_3=f\left(x_{n+\frac{1}{2}},y_n+\frac{h}{2}K_2,z_n+\frac{h}{2}L_2\right), && L_3=g\left(x_{n+\frac{1}{2}},y_n+\frac{h}{2}K_2,z_n+\frac{h}{2}L_2\right),\\
&K_4=f(x_{n+1},y_n+hK_3,z_n+hL_3), && L_4=g(x_{n+1},y_n+hK_3,z_n+hL_3)。
\end{aligned}\tag{8.40}$$

这里四阶经典龙格—库塔方法仍然是单步法,利用节点值 y_n,z_n,按式(8.40)顺序计算 $K_1,L_1,K_2,L_2,K_3,L_3,K_4,L_4$,然后代入式(8.39)即可求得节点值 y_{n+1},z_{n+1}。

并于常微分方程组的四阶经典龙格—库塔方法的算法如下:

(1) 输入 $a,b,f(x,y,z),g(x,y,z)$,区间等分数 N,初值 y_0,z_0。

(2) 输出 $y(x),z(x)$在 x 的 N 个点处的近似值 y,z。

(3) 置 $h=\frac{b-a}{N},n=0,x=a,y=y_0,z=z_0$。

(4) 计算

$$\begin{aligned}
&K_1=f(x,y,z), && L_1=g(x,y,z),\\
&K_2=f\left(x+\frac{h}{2},y+\frac{h}{2}K_1,z+\frac{h}{2}L_1\right), && L_2=g\left(x+\frac{h}{2},y+\frac{h}{2}K_1,z+\frac{h}{2}L_1\right),\\
&K_3=f\left(x+\frac{h}{2},y+\frac{h}{2}K_2,y+\frac{h}{2}L_2\right), && L_3=g\left(x+\frac{h}{2},y+\frac{h}{2}K_2,y+\frac{h}{2}L_2\right),\\
&K_4=f(x+h,y+hK_3,z+hL_3), && L_4=g(x+h,y+hK_3,z+hL_3)。
\end{aligned}$$

置 $y+\frac{h}{6}(K_1+2K_2+2K_3+K_4)\Rightarrow y,z+\frac{h}{6}(L_1+2L_2+2L_3+L_4)\Rightarrow z,x+h\Rightarrow x$,输出 (x,y,z)。

(5) 若 $n<N-1$,置 $n+1\Rightarrow n$,转(4);否则,停机。

例 12 用四阶经典龙格—库塔方法求初值问题

$$\begin{cases}y'=3y+2z, & y(0)=0, \quad x\in[0,0.3],\\ z'=4y+z, & z(0)=1\end{cases}$$

的数值解,取步长 $h=0.1$。

解 此问题的准确解为 $y(x)=\frac{1}{3}(e^{5x}-e^{-x}),z(x)=\frac{1}{3}(e^{5x}+2e^{-x})$。用四阶经典龙格—库塔方法计算的结果见表 8.8。

表 8.8

x_n	y_n	$\lvert y(x_n)-y_n\rvert$	z_n	$\lvert z(x_n)-z_n\rvert$
0.0	0	0	1	0
0.1	0.247 866 67	9.46×10^{-5}	1.152 704 17	9.45×10^{-5}
0.2	0.632 871 76	3.12×10^{-4}	1.451 602 67	3.12×10^{-4}
0.3	1.246 185 65	7.71×10^{-4}	1.987 004 07	7.71×10^{-4}

2. 高阶微分方程的数值解法

关于高阶微分方程(或方程组)的初值问题,原则上总可以归结为一阶方程组来求解。例如,对于下列二阶方程的初值问题

$$\begin{cases} y''=f(x,y,y'), \\ y(x_0)=y_0, \quad y'(x_0)=y'_0。 \end{cases}$$

若引进新的变量 $z=y'$,即可化为一阶方程组的初值问题

$$\begin{cases} y'=z, & y(x_0)=y_0, \\ z'=f(x,y,z), & z(x_0)=y'_0。 \end{cases}$$

针对此问题,应用上述改进的欧拉公式有

预测:

$$\bar{y}_{n+1}=y_n+hz_n,$$
$$\bar{z}_{n+1}=z_n+hf(x_n,y_n,z_n);$$

校正:

$$y_{n+1}=y_n+\frac{h}{2}(z_n+\bar{z}_{n+1}),$$

$$z_{n+1}=z_n+\frac{h}{2}[f(x_n,y_n,z_n)+f(x_{n+1},\bar{y}_{n+1},\bar{z}_{n+1})]。 \tag{8.41}$$

应用四阶经典龙格—库塔方法(8.39)、(8.40)有

$$K_1=z_n, \qquad L_1=f(x_n,y_n,z_n),$$

$$K_2=z_n+\frac{h}{2}L_1, \quad L_2=f\left(x_{n+\frac{1}{2}},y_n+\frac{h}{2}K_1,z_n+\frac{h}{2}L_1\right),$$

$$K_3=z_n+\frac{h}{2}L_2, \quad L_3=f\left(x_{n+\frac{1}{2}},y_n+\frac{h}{2}K_2,z_n+\frac{h}{2}L_2\right),$$

$$K_4=z_n+hL_3, \quad L_4=f(x_{n+1},y_n+hK_3,z_n+hL_3)。$$

消去 K_1,K_2,K_3,K_4,上述格式可简化为

$$\begin{cases} y_{n+1}=y_n+hz_n+\dfrac{h^2}{6}(L_1+L_2+L_3), \\ z_{n+1}=z_n+\dfrac{h}{6}(L_1+2L_2+2L_3+L_4)。 \end{cases} \tag{8.42}$$

式中

$$L_1=f(x_n,y_n,z_n),$$

$$L_2=f\left(x_{n+\frac{1}{2}},y_n+\frac{h}{2}z_n,z_n+\frac{h}{2}L_1\right),$$

$$L_3=f\left(x_{n+\frac{1}{2}},y_n+\frac{h}{2}z_n+\frac{h^2}{4}L_1,z_n+\frac{h}{2}L_2\right),$$

$$L_4=f\left(x_{n+1},y_n+hz_n+\frac{h^2}{2}L_2,z_n+hL_3\right)。$$

于是，利用上述公式可以自左向右逐个算出 $y_1,y_2,\cdots,y_n$。

上述办法同样可用来处理三阶或更高阶的常微分方程初值问题。

例 13 用四阶经典龙格—库塔方法求初值问题

$$\begin{cases}y''-y'+2y=e^{2x}\sin x, & x\in[0,1],\\ y(0)=-0.4, & y'(0)=-0.6\end{cases}$$

的数值解，取步长 $h=0.1$。

解 作变换 $z=y'$，则上述二阶常微分方程可化为一阶方程组的初值问题

$$\begin{cases}y'=z,\\ z'=e^{2x}\sin x-2y+2z\overset{\text{def}}{=}f(x,y,z),\\ y(0)=-0.4, \quad z(0)=-0.6。\end{cases}$$

用四阶经典龙格—库塔方法(8.42)算得结果见表 8.9，其中 $y(x_n)$ 为准确解.

表 8.9

x_n	y_n	$y(x_n)$	$\lvert y(x_n)-y_n\rvert$
0.0	−0.400 000 00	−0.400 000 00	0
0.1	−0.461 733 34	−0.461 732 97	3.7×10^{-7}
0.2	−0.525 559 88	−0.525 559 05	8.3×10^{-7}
0.3	−0.588 601 44	−0.588 600 05	1.39×10^{-6}
0.4	−0.646 612 31	−0.646 610 28	2.03×10^{-6}
0.5	−0.693 566 66	−0.693 563 95	2.71×10^{-6}
0.6	−0.721 151 90	−0.721 148 49	3.41×10^{-6}
0.7	−0.718 152 95	−0.718 148 90	4.05×10^{-6}
0.8	−0.669 711 33	−0.669 706 77	4.56×10^{-6}
0.9	−0.556 442 90	−0.556 438 14	4.76×10^{-6}
1.0	−0.353 398 86	−0.353 394 36	4.50×10^{-6}

实现一阶微分方程组数值解的四阶经典龙格—库塔方法的 MATLAB 函数文件 RK4.m 如下。

```
function [x,y]=RK4s(fun,x0,y0,h,N)
%一阶微分方程组数值解的四阶经典龙格—库塔方法,fun 为右端函数,x0,y0 为初值,h 为步长,N
为区间个数
x=zeros(1,N+1);y=zeros(length(y0),N+1);x(1)=x0;y(:,1)=y0;
for n=1:N x(n+1)=x(n)+h;
    k1=h*feval(fun,x(n),y(:,n));
    k2=h*feval(fun,x(n)+h/2,y(:,n)+1/2*k1);
    k3=h*feval(fun,x(n)+h/2,y(:,n)+1/2*k2);
    k4=h*feval(fun,x(n)+h,y(:,n)+k3);
    y(:,n+1)=y(:,n)+(k1+2*k2+2*k3+k4)/6;
```

```
end
```

例 14 在 MATLAB 命令窗口求解例 12。

解 输入

```
format long;fun=inline('[3*y(1)+2*y(2);4*y(1)+y(2)]','x','y');
[x,y]=RK4s(fun,0,[0;1],0.1,3)
```

例 15 在 MATLAB 命令窗口求解例 13。

解 输入

```
format long;fun=inline('[y(2);exp(2*x)*sin(x)-2*y(1)+2*y(2)]','x','y');
[x,y]=RK4s(fun,0,[-0.4;-0.6],0.1,10)
```

8.8 微分方程边值问题的数值解法

在具体求解微分方程时,必须附加某种定解条件。微分方程和定解条件一起构成定解问题。对高阶常微分方程,定解条件通常有两种提法:一种是给出积分曲线在初始时刻的性态,这类条件称为初始条件,相应的定解问题就是前面已讨论过的初值问题;另一种是给出积分曲线首末两端的性态,这类定解条件称为边值条件,相应的定解问题称为边值问题。

有限差分法是求解边值问题的主要方法。现以下列二阶线性方程的边值问题

$$\begin{cases} y''+p(x)y'+q(x)y=r(x), \quad a<x<b, \\ y(a)=\alpha, \quad y(b)=\beta \end{cases}$$

为例,简要介绍这一方法。

运用差分方法的关键,在于恰当地选取差商逼近微分方程中的导数。我们知道,逼近一阶导数 $y'(x)$ 可用向前差商,也可用向后差商或中心差商。中心差商是向前差商和向后差商的算术平均。为了提高精度,本节采用中心差商近似一阶导数。为逼近二阶导数,一般用二阶差商——向前差商的向后差商(向后差商的向前差商),即令

$$y'(x)\approx\frac{y(x+h)-y(x-h)}{2h},$$

$$y''(x)\approx\frac{\dfrac{y(x+h)-y(x)}{h}-\dfrac{y(x)-y(x-h)}{h}}{h}=\frac{y(x+h)-2y(x)+y(x-h)}{h^2}。$$

设将积分区间$[a,b]$划分为 N 等份,步长 $h=\dfrac{b-a}{N}$,节点 $x_n=x_0+nh$,$(n=0,1,2,\cdots,N)$。用差商替代相应的导数,可将上述边值问题离散化为下列计算公式:

$$\begin{cases} \dfrac{y_{n+1}-2y_n+y_{n-1}}{h^2}+p_n\dfrac{y_{n+1}-y_{n-1}}{2h}+q_ny_n=r_n, \quad n=1,2,\cdots,N-1, \\ y_0=\alpha, \quad y_N=\beta, \end{cases}$$

其中 $p_n=p(x_n)$,$q_n=q(x_n)$,$r_n=r(x_n)$。

从上面的式子中消去已知的 y_0, y_N，整理得到关于 $y_n(n=1,2,\cdots,N-1)$ 的下列线性方程组：

$$\begin{cases}(-2+h^2q_1)y_1+\left(1+\dfrac{h}{2}p_1\right)y_2=h^2r_1-\left(1-\dfrac{h}{2}p_1\right)\alpha, \\ \left(1-\dfrac{h}{2}p_n\right)y_{n-1}+(-2+h^2q_n)y_n+\left(1+\dfrac{h}{2}p_n\right)y_{n+1}=h^2r_n, \quad n=2,3,\cdots,N-2。\\ \left(1-\dfrac{h}{2}p_{N-1}\right)y_{N-2}+(-2+h^2q_{N-1})y_{N-1}=h^2r_{N-1}-\left(1+\dfrac{h}{2}p_{N-1}\right)\beta。\end{cases}$$

这样归结出的线性方程组是所谓三对角线性方程组，因为它的系数矩阵

$$\begin{pmatrix}-2+h^2q_1 & 1+\dfrac{h}{2}p_1 & & & \\ 1-\dfrac{h}{2}p_2 & -2+h^2q_2 & 1+\dfrac{h}{2}p_2 & & \\ & \ddots & \ddots & \ddots & \\ & & 1-\dfrac{h}{2}p_{N-2} & -2+h^2q_{N-2} & 1+\dfrac{h}{2}p_{N-2} \\ & & & 1-\dfrac{h}{2}p_{N-1} & -2+h^2q_{N-1}\end{pmatrix}$$

仅在主对角线及其相邻的两条对角线上有非零元素，求解这种三对角线性方程组，用所谓追赶法（3.3 节）特别有效。

边值问题差分方法的算法如下：

(1) 输入 $a,b,p(x),q(x),r(x)$，区间等分数 N，边值 α,β。

(2) 输出 $y(x)$ 在 x 的 $N-1$ 个点处的近似值 y。

(3) 置 $h=\dfrac{b-a}{N}, n=2, x=a+h$，

计算 $d_1=-2+h^2q(x), c_1=1+\dfrac{h}{2}p(x), b_1=h^2r(x)-\left(1-\dfrac{h}{2}p(x)\right)\alpha$。

(4) 计算 $x=a+nh, d_n=-2+h^2q(x)$，

$c_n=1+\dfrac{h}{2}p(x), a_n=1-\dfrac{h}{2}p(x), b_n=h^2r(x)$。

(5) 若 $n<N-2$，置 $n+1\Rightarrow n$，转(4)。

(6) 计算 $x=b-h, d_{N-1}=-2+h^2q(x)$，

$a_{N-1}=1-\dfrac{h}{2}p(x), b_{N-1}=h^2r(x)-\left(1+\dfrac{h}{2}p(x)\right)\beta$。

(7) 置 $n=2$。[(7)～(13)为追赶法解三对角线性方程组]

(8) 置 $a_n/d_{n-1}\Rightarrow a_n, d_n-c_{n-1}a_n\Rightarrow d_n, b_n-b_{n-1}a_n\Rightarrow b_n$。

(9) 若 $n<N-1$，置 $n+1\Rightarrow n$，转(8)；

(10) 置 $b_{N-1}/d_{N-1}\Rightarrow b_{N-1}, b_{N-1}\Rightarrow y_{N-1}$。

(11) 置 $n=N-2$。

(12) 置 $(b_n-b_{n+1}c_n)/d_n\Rightarrow b_n, b_n\Rightarrow y_n$。

(13) 若 $n>1$，置 $n-1\Rightarrow n$，转(12)。

(14) 置 $n=1$。

(15) 置 $x=a+nh$，

输出(x,y_n)。

(16) 若 $n<N-1$，置 $n+1\Rightarrow n$，转(15)。

(17) 停机。

例 16 用差分方法解边值问题

$$\begin{cases} y''-y=x, & 0<x<1, \\ y(0)=0, & y(1)=1。\end{cases}$$

并与准确解 $y=\dfrac{2(e^x-e^{-x})}{e-e^{-1}}-x$ 比较。

解 取步长 $h=0.1$，节点 $x_n=\dfrac{n}{10}(n=0,1,2,\cdots,10)$，求解上述问题的差分方程为

$$\begin{pmatrix} -2-10^{-2} & 1 & & & \\ 1 & -2-10^{-2} & 1 & & \\ & \ddots & \ddots & \ddots & \\ & & 1 & -2-10^{-2} & 1 \\ & & & 1 & -2-10^{-2} \end{pmatrix}\begin{pmatrix} y_1 \\ y_2 \\ \vdots \\ y_8 \\ y_9 \end{pmatrix}=\begin{pmatrix} 0.1\times 10^{-2} \\ 0.2\times 10^{-2} \\ \vdots \\ 0.8\times 10^{-2} \\ -1+0.9\times 10^{-2} \end{pmatrix}。$$

表 8.10 列出了差分方法的计算结果。

表 8.10

x_n	y_n	$y(x_n)$	$\lvert y(x_n)-y_n\rvert$
0.1	0.070 489 4	0.070 467 3	2.2×10^{-5}
0.2	0.142 683 6	0.142 640 9	4.3×10^{-5}
0.3	0.218 304 8	0.218 243 6	6.1×10^{-5}
0.4	0.299 108 9	0.299 033 2	7.6×10^{-5}
0.6	0.386 904 2	0.386 818 9	8.5×10^{-5}
0.7	0.483 568 4	0.483 480 1	8.8×10^{-5}
0.8	0.591 068 4	0.590 985 2	8.3×10^{-5}
0.9	0.711 479 1	0.711 410 9	6.8×10^{-5}
1.0	0.847 004 5	0.846 963 3	4.1×10^{-5}

小　　结

本章主要讨论了一阶常微分方程初值问题的常用数值解法，分析了欧拉方法、欧拉隐式方法和改进的欧拉方法，讨论了提高精度的预测—校正系统；介绍了二、三、四阶龙格—库塔方法，指出了四阶经典龙格—库塔方法对微分方程右端函数高光滑性的要求，给出了变步长的技巧，这样既能保证精度，又能节省计算量；简要讨论了上述单步法的收敛性和数值稳定性问题。实际计算中应先分析方法的稳定性，选取步长保证落在稳定的范围内。出于有效利用已知信息提高精度的考虑，研究了重要的线性多步法——阿当姆斯显式和隐式方法的构造，给出了步长的确定方法。最后参照一阶常微分方程初值问题数值解法的构造简单介绍了一阶常微分方程组、高阶常微分方程和一阶常微分方程边值问题的数值解法。

习 题 8

1. 利用欧拉方法求初值问题

$$\begin{cases} y' = 1 + x^2 + y^2, & 0 \leqslant x \leqslant 1, \\ y(0) = 0 \end{cases}$$

的数值解,取步长 $h=0.1$,要求保留 5 位小数计算。

2. 利用欧拉方法计算积分

$$\int_0^x e^{-t^2} dt$$

在点 $x=0.5, 1.0, 1.5, 2.0$ 处的近似值,要求保留 5 位小数计算。

3. 利用改进的欧拉方法求初值问题

$$\begin{cases} y' = 10x(1-y), & 0 \leqslant x \leqslant 1, \\ y(0) = 0 \end{cases}$$

的数值解,取步长 $h=0.1$,并与准确解 $y(x)=1-e^{-5x^2}$ 相比较,要求保留 6 位小数计算。

4. 利用梯形方法和改进的欧拉方法求初值问题

$$\begin{cases} y' = x^2 + x - y, & 0 \leqslant x \leqslant 0.5, \\ y(0) = 0 \end{cases}$$

的数值解,取步长 $h=0.1$,并与准确解 $y=-e^{-x}+x^2-x+1$ 相比较,要求保留 5 位小数计算。

5. 试就初值问题

$$\begin{cases} y' = ax + b, \\ y(0) = 0 \end{cases}$$

分别导出欧拉方法和改进的欧拉方法的近似解的表达式,与准确解 $y(x)=\frac{a}{2}x^2+bx$ 进行比较,并证明其收敛性。

6. 用梯形方法解初值问题

$$\begin{cases} y' + y = 0, \\ y(0) = 1。 \end{cases}$$

证明其近似解为

$$y_n = \left(\frac{2-h}{2+h}\right)^n,$$

并证明当 $h \to 0$ 时,它收敛于原初值问题的准确解 $y=e^{-x}$。

7. 利用欧拉预测—校正系统求初值问题

$$\begin{cases} y' + y + y^2 \sin x = 0, & 1 \leqslant x \leqslant 1.4, \\ y(1) = 1 \end{cases}$$

的数值解,取步长 $h=0.2$,要求保留 5 位小数计算。

8. 试写出求解初值问题

$$\begin{cases} y' = f(y), \\ y(x_0) = y_0 \end{cases}$$

的四阶经典龙格—库塔方法的计算公式，并用它来求解初值问题

$$\begin{cases} y' = e^{-y^2}, \quad 0 \leqslant x \leqslant 0.4, \\ y(0) = 1。\end{cases}$$

取步长 $h=0.2$，要求保留6位小数计算。

9. 用四阶经典龙格—库塔方法求解下述初值问题：

(1) $\begin{cases} y' = \dfrac{2}{3}xy^{-2}, \quad 0 \leqslant x \leqslant 1.2, \\ y(0) = 1。\end{cases}$

取 $h=0.1$，并与准确解 $y=\sqrt[3]{1+x^2}$ 进行比较。

(2) $\begin{cases} y' = \dfrac{1}{x}(y+y^2), \quad 1 \leqslant x \leqslant 3, \\ y(1) = -2。\end{cases}$

取 $h=0.5$，并与准确解 $y=\dfrac{2x}{1-2x}$ 进行比较，要求保留6位小数计算。

10. 证明对任意参数 t，下列龙格—库塔公式是二阶的：

$$\begin{cases} y_{n+1} = y_n + \dfrac{h}{2}(K_2 + K_3), \\ K_1 = f(x_n, y_n), \quad K_2 = f(x_n + th, y_n + thK_1), \\ K_3 = f(x_n + (1-t)h, y_n + (1-t)hK_1)。\end{cases}$$

11. 试用四阶阿当姆斯显式方法求解初值问题

$$\begin{cases} y' = \dfrac{2}{3}xy^{-2}, \quad 0 \leqslant x \leqslant 1.2, \\ y(0) = 1。\end{cases}$$

取 $h=0.1$，并与准确解 $y=\sqrt[3]{1+x^2}$ 进行比较，要求保留6位小数计算(用四阶经典龙格—库塔方法算出初始值)。

12. 分别用四阶阿当姆斯显式和隐式方法求解初值问题

$$\begin{cases} y' = -y + x + 1, \quad 0 \leqslant x \leqslant 1, \\ y(0) = 1。\end{cases}$$

取 $h=0.1$，要求保留3位小数计算(用四阶经典龙格—库塔方法算出初始值)。

13. 利用改进的欧拉方法求二阶常微分方程初值问题

$$\begin{cases} y'' - 0.1(1-y^2)y' + y = 0, \quad 0 \leqslant x \leqslant 0.4, \\ y(0) = 1, \quad y'(0) = 0 \end{cases}$$

的数值解，取步长 $h=0.2$，要求保留4位小数计算。

14. 取 $N=5$，利用差分方法求二阶常微分方程边值问题

$$\begin{cases} y'' = 1, \\ y(0) = y(1) = 0 \end{cases}$$

的数值解，验证计算解 y_n 恒等于原边值问题的准确解 $y=\dfrac{1}{2}(x^2-x)$。

第9章 矩阵特征值与特征向量的计算

在科学技术的应用领域中，许多问题都归结为求矩阵的特征值和特征向量问题。如动力学系统和结构系统中的振动问题，稳定问题的求解，求系统的频率与振型，物理学中的某些临界值的确定等。

关于求一个矩阵的特征值问题，直接从特征方程 $\varphi(\lambda)=\det(\lambda\boldsymbol{E}-\boldsymbol{A})=0$ 出发会遇到很大困难。当 n 稍大一些，行列式展开本身就很不容易，其次是高次代数方程求解。因此，矩阵特征值的计算方法本质上都是迭代法。目前，已有不少非常成熟的数值方法用于计算矩阵的全部或部分特征值和特征向量。本章介绍三类最常用的方法。一类是求矩阵的部分特征值和特征向量的幂法，反幂法；一类是求实对称矩阵全部特征值和特征向量的雅可比方法；还有一类是求任意矩阵全部特征值的 QR 方法。另外，本章如无特殊说明，矩阵都为 n 阶实矩阵。

9.1 幂法与反幂法

在实际工程应用中，如大型结构的振动系统中，往往要计算振动系统的最低频率(或前几个最低频率)及相应的振型，对应的数学问题便化为求解矩阵的按模最大的特征值(称为主特征值)或前几个按模最大特征值及相应的特征向量问题。对于这种特征问题，应用幂法是比较合适的。

1. 幂法

幂法是用于求大型稀疏矩阵的主特征值的迭代方法，其特点是公式简单，易于上机实现。缺点是收敛速度慢。

设矩阵 $\boldsymbol{A}$ 的 n 个特征值 $\lambda_i(i=1,2,\cdots,n)$ 满足

$$|\lambda_1|>|\lambda_2|\geqslant|\lambda_3|\geqslant\cdots\geqslant|\lambda_n|。$$

相应的 n 个特征向量 $\boldsymbol{x}_i(i=1,2,\cdots,n)$ 线性无关。上述假设表明，λ_1 为非零单实根，$\boldsymbol{x}_1$ 为实特征向量。

幂法的基本原理是：任取非零实向量 $\boldsymbol{u}^{(0)}$，做迭代

$$\boldsymbol{u}^{(k)}=\boldsymbol{A}\boldsymbol{u}^{(k-1)}=\boldsymbol{A}^k\boldsymbol{u}^{(0)},\quad k=1,2,\cdots,\tag{9.1}$$

则得

$$\lambda_1 = \lim_{k\to\infty} \frac{u_j^{(k+1)}}{u_j^{(k)}}。 \tag{9.2}$$

这里 $u_j^{(k)}$ 表示向量 $\boldsymbol{u}^{(k)}$ 的第 j 个分量。

事实上，由于 $\boldsymbol{x}_i\,(i=1,2,\cdots,n)$ 线性无关，因此可构成 $\mathbb{R}^n$ 中一组基，于是有 $\boldsymbol{u}^{(0)} = \sum_{i=1}^{n} \alpha_i \boldsymbol{x}_i$，由式(9.1)可得

$$\begin{aligned}\boldsymbol{u}^{(k)} &= \boldsymbol{A}^k \sum_{i=1}^{n} \alpha_i \boldsymbol{x}_i = \sum_{i=1}^{n} \alpha_i \boldsymbol{A}^k \boldsymbol{x}_i = \sum_{i=1}^{n} \alpha_i \lambda_i{}^k \boldsymbol{x}_i \\ &= \lambda_1{}^k \left[\alpha_1 \boldsymbol{x}_1 + \sum_{i=2}^{n} \alpha^i \left(\frac{\lambda_i}{\lambda_1}\right)^k \boldsymbol{x}_i \right]。\end{aligned} \tag{9.3}$$

由于 $\left|\frac{\lambda_i}{\lambda_1}\right| < 1\,(i=2,3,\cdots,n)$，当 $\alpha_1 \neq 0$，$(\boldsymbol{x}_1)_j \neq 0$ 时有

$$\lim_{k\to\infty} \frac{u_j^{(k+1)}}{u_j^{(k)}} = \lim_{k\to\infty} \frac{\lambda_1^{k+1}\left[\alpha_1 \boldsymbol{x}_1 + \sum_{i=2}^{n} \alpha_i \left(\frac{\lambda_i}{\lambda_1}\right)^{k+1} \boldsymbol{x}_i\right]_j}{\lambda_1^{k}\left[\alpha_1 \boldsymbol{x}_1 + \sum_{i=2}^{n} \alpha_i \left(\frac{\lambda_i}{\lambda_1}\right)^{k} \boldsymbol{x}_i\right]_j} = \lambda_1。$$

由式(9.3)还可知，当 k 充分大时有 $\boldsymbol{u}^{(k)} \approx \lambda_1^k \alpha_1 \boldsymbol{x}_1$，这表明 $\boldsymbol{u}^{(k)}$ 就是一个很好的近似特征向量。这种由已知非零向量 $\boldsymbol{u}^{(0)}$ 及矩阵 $\boldsymbol{A}$ 的乘幂 $\boldsymbol{A}^k$ 构造向量序列 $\{\boldsymbol{u}^{(k)}\}$ 来计算 $\boldsymbol{A}$ 的主特征值 λ_1 及相应特征向量的方法称为幂法。

基于式(9.1)和式(9.2)可以发现，幂法的主要缺点是：当 $|\lambda_1|>1$ 或 $|\lambda_1|<1$ 时，由式(9.3)可知 $\boldsymbol{u}^{(k)}$ 会发生上溢或下溢，因此不实用。克服这一缺点的常用方法是每迭代一步后对向量 $\boldsymbol{u}^{(k)}$ 规范化。为此引入函数 $\max(\boldsymbol{u}^{(k)})$，它表示取向量 $\boldsymbol{u}^{(k)}$ 中按模最大的分量，例如 $\boldsymbol{u}^{(k)}=(2,-5,4)^{\mathrm{T}}$，则 $\max(\boldsymbol{u}^{(k)})=-5$，这样 $\frac{\boldsymbol{u}^{(k)}}{\max(\boldsymbol{u}^{(k)})}$ 的最大分量为1，即完成了规范化。

任取初始向量 $\boldsymbol{v}^{(0)}=\boldsymbol{u}^{(0)}\neq\boldsymbol{0}$，作迭代

$$\begin{cases}\boldsymbol{u}^{(k)} = \boldsymbol{A}\boldsymbol{v}^{(k-1)}, \\ m_k = \max(\boldsymbol{u}^{(k)}), \quad k=1,2,\cdots。 \\ \boldsymbol{v}^{(k)} = \dfrac{\boldsymbol{u}^{(k)}}{m_k},\end{cases} \tag{9.4}$$

由于 $\boldsymbol{v}^{(k)}$ 中按模最大的分量为1，即 $\max(\boldsymbol{v}^{(k)})=1$，故

$$\boldsymbol{v}^{(k)} = \frac{\boldsymbol{A}^k \boldsymbol{u}^{(0)}}{\max(\boldsymbol{A}^k \boldsymbol{u}^{(0)})}。 \tag{9.5}$$

由式(9.3)有

$$\lim_{k\to\infty} \boldsymbol{v}^{(k)} = \lim_{k\to\infty} \frac{\lambda_1^k\left[\alpha_1 \boldsymbol{x}_1 + \sum_{i=2}^{n} \left(\frac{\lambda_i}{\lambda_1}\right)^k \boldsymbol{x}_i\right]}{\lambda_1^k \max\left[\alpha_1 \boldsymbol{x}_1 + \sum_{i=2}^{n} \left(\frac{\lambda_i}{\lambda_1}\right)^k \boldsymbol{x}_i\right]} = \frac{\boldsymbol{x}_1}{\max(\boldsymbol{x}_1)}。$$

由式(9.4)和式(9.5)有

$$m_k = \max(\boldsymbol{u}^{(k)}) = \max(\boldsymbol{A}\boldsymbol{v}^{(k-1)}) = \frac{\max(\boldsymbol{A}^k \boldsymbol{u}^{(0)})}{\max(\boldsymbol{A}^{k-1} \boldsymbol{u}^{(0)})}。$$

于是

$$\lim_{k\to\infty} m_k = \lim_{k\to\infty} \frac{\lambda_1^k \max\left[\alpha_1 \boldsymbol{x}_1 + \sum_{i=2}^{n}\left(\frac{\lambda_i}{\lambda_1}\right)^k \boldsymbol{x}_i\right]}{\lambda_1^{k-1} \max\left[\alpha_1 \boldsymbol{x}_1 + \sum_{i=2}^{n}\left(\frac{\lambda_i}{\lambda_1}\right)^{k-1} \boldsymbol{x}_i\right]} = \lambda_1。$$

关于用迭代式(9.1)、式(9.4)求出的特征值和特征向量,有下述收敛性结论。

定理 1 设 $\boldsymbol{A}\in\mathbb{R}^{n\times n}$ 有完全特征向量系(存在 n 个线性无关的特征向量),若 $\lambda_1,\lambda_2,\cdots,\lambda_n$ 为 $\boldsymbol{A}$ 的 n 个特征值,且满足

$$|\lambda_1| > |\lambda_2| \geqslant \cdots \geqslant |\lambda_n|,$$

则:

(1) 对任取初始向量 $\boldsymbol{u}^{(0)}\in\mathbb{R}^n$,由式(9.1)确定的迭代序列 $\{\boldsymbol{u}^{(k)}\}$,有

$$\lim_{k\to\infty} \frac{u_j^{(k+1)}}{u_j^{(k)}} = \lambda_1。$$

收敛速度取决于 $r=\left|\frac{\lambda_2}{\lambda_1}\right|<1$ 的程度,$r\ll 1$ 时收敛快,$r\approx 1$ 时收敛慢,且 $\boldsymbol{u}^{(k)}$(当 k 充分大时)为相应于 λ_1 的近似特征向量。

(2) 对任取非零初始向量 $\boldsymbol{v}^{(0)}=\boldsymbol{u}^{(0)}\in\mathbb{R}^n$,由式(9.4)产生的数列 $\{m_k\}$ 收敛到 λ_1,向量序列 $\{\boldsymbol{v}^{(k)}\}$ 收敛到 λ_1 的一个特征向量。

幂法在计算机上编程实现,其框图见图 9.1。

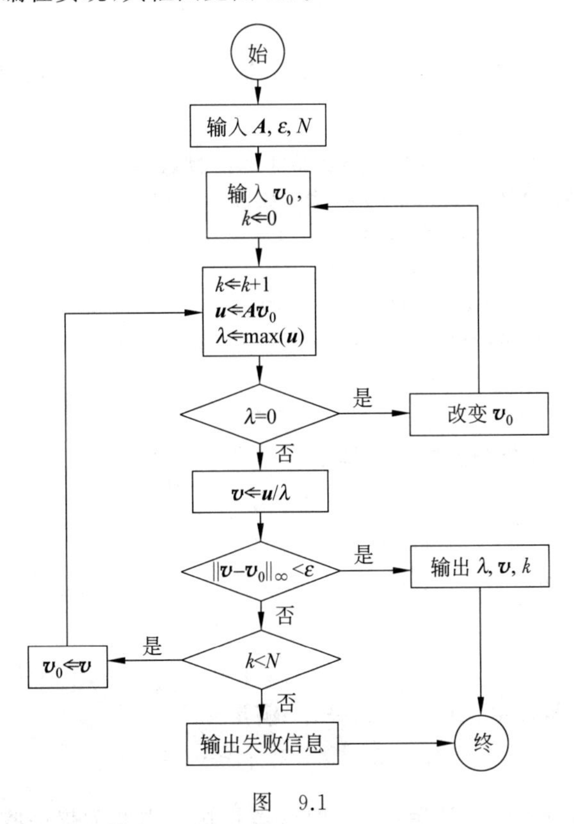

图 9.1

例 1 试用幂法求矩阵

$$A=\begin{pmatrix} 7 & 3 & -2 \\ 3 & 4 & -1 \\ -2 & -1 & 3 \end{pmatrix}$$

按模最大的特征值和相应的特征向量(当$|m_{k+1}-m_k|<10^{-5}$时停止运算)。

解 计算过程见表9.1。

表 9.1 例 1 的计算结果

k	$(\boldsymbol{u}^{(k)})^{\mathrm{T}}$	$(\boldsymbol{v}^{(k)})^{\mathrm{T}}$	m_k
0	1.000 000, 1.000 000, 1.000 000	1.000 000,1.000 000,1.000 000	1.000 000
1	8.000 000, 6.000 000, 0.000 000	1.000 000,0.750 000,0.000 000	8.000 000
2	9.250 000, 6.000 000, −2.750 000	1.000 000,0.648 649,−0.297 297	9.250 000
3	9.540 541, 5.891 892, −3.540 541	1.000 000,0.617 564,−0.371 105	9.540 541
4	9.594 901, 5.841 360, −3.730 878	1.000 000,0.608 798,−0.388 840	9.594 901
5	9.604 074, 5.824 033, −3.775 317	1.000 000,0.606 413,−0.393 095	9.604 074
6	9.605 429, 5.818 746, −3.785 699	1.000 000,0.605 777,−0.394 121	9.605 429
7	9.605 572, 5.817 228, −3.778 139	1.000 000,0.605 777,−0.394 369	9.605 572
8	9.605 567, 5.816 808, −3.788 717	1.000 000,0.605 566,−0.394 429	9.605 567

本题准确值$\lambda_1=9.605\ 551\cdots$。由表9.1知,$|m_8-m_7|<10^{-5}$,故满足精度要求的按模最大的特征值为$\lambda_1\approx m_8=9.605\ 567$,相应特征向量为$\boldsymbol{x}_1\approx\boldsymbol{v}^{(8)}=(1.000\ 000,0.605\ 566,-0.374\ 429)^{\mathrm{T}}$。

实现求矩阵按模最大特征值幂法的MATLAB函数文件pow.m如下。

```
function [m,u]=pow(a,e,it)
%求矩阵按模最大特征值幂法,a为矩阵,e为精度要求(默认1e-5)
%it为迭代次数上限(默认200),index=1表示成功
if nargin<3, it=200; end;if nargin<2, e=1e-5; end;
n=length(a);u=ones(n,1);k=0;m1=0;
while k<=it v=a*u;m=max(abs(v));u=v/m;
    if abs(m-m1)<e index=1;break;end
    m1=m;k=k+1;
end
```

例 2 在MATLAB命令窗口求解例1。

解 输入

```
format long;a=[7 3 -2;3 4 -1;-2 -1 3];
[m,u]= pow(a,1e-5,9)
```

2. 幂法的加速

当矩阵$\boldsymbol{A}$的n个特征值$\lambda_i(i=1,2,\cdots,n)$满足

$$|\lambda_1|>|\lambda_2|\geqslant|\lambda_3|\geqslant\cdots\geqslant|\lambda_n|$$

时,幂法的收敛速度由$r=\dfrac{|\lambda_i|}{|\lambda_1|}$决定,$r\ll1$时收敛得快。因此为提高收敛速度,可以采取原

点平移的方法,改变原矩阵 $\boldsymbol{A}$ 的状态。

引进矩阵 $\boldsymbol{B}=\boldsymbol{A}-\lambda_0\boldsymbol{E}$,其中 λ_0 为选择参数。设 $\boldsymbol{A}$ 的特征值为 $\lambda_1,\lambda_2,\cdots,\lambda_n$,则 $\boldsymbol{B}$ 相应的特征值应为 $\lambda_1-\lambda_0,\lambda_2-\lambda_0,\cdots,\lambda_n-\lambda_0$,且若 $\boldsymbol{x}_i$ 是 $\boldsymbol{A}$ 相应于 λ_i 的特征向量,则 $\boldsymbol{x}_i$ 亦是 $\boldsymbol{B}$ 相应于 $\lambda_i-\lambda_0$ 的特征向量,即有

$$\boldsymbol{B}\boldsymbol{x}_i=(\boldsymbol{A}-\lambda_0\boldsymbol{E})\boldsymbol{x}_i=\boldsymbol{A}\boldsymbol{x}_i-\lambda_0\boldsymbol{x}_i=(\lambda_i-\lambda_0)\boldsymbol{x}_i,\quad i=1,2,\cdots,n。$$

若要计算 $\boldsymbol{A}$ 的主特征值,就要适当选择 λ_0,使 $\lambda_1-\lambda_0$ 仍然是 $\boldsymbol{B}$ 的主特征值,且

$$\left|\frac{\lambda_2-\lambda_0}{\lambda_1-\lambda_0}\right|<\left|\frac{\lambda_2}{\lambda_1}\right|。$$

对矩阵 $\boldsymbol{B}$ 应用幂法,使得在计算 $\boldsymbol{B}$ 的主特征值 $\lambda_1-\lambda_0$ 的过程中得到加速,这种方法通常称为原点平移法。

当 $\boldsymbol{A}$ 的特征值是实数时,设 $\boldsymbol{A}$ 的特征值满足 $\lambda_1>\lambda_2\geqslant\cdots\geqslant\lambda_{n-1}>\lambda_n$,则不管 λ_0 如何选取,$\boldsymbol{B}=\boldsymbol{A}-\lambda_0\boldsymbol{E}$ 的主特征值为 $\lambda_1-\lambda_0$ 或 $\lambda_n-\lambda_0$。当希望计算 λ_1 及 $\boldsymbol{x}_1$ 时,首先选择 λ_0 使得 $|\lambda_1-\lambda_0|>|\lambda_n-\lambda_0|$,且使收敛速度的比值

$$\omega=\max\left\{\left|\frac{\lambda_2-\lambda_0}{\lambda_1-\lambda_0}\right|,\left|\frac{\lambda_n-\lambda_0}{\lambda_1-\lambda_0}\right|\right\}$$

最小。此时取 $\lambda_0^*=\dfrac{1}{2}(\lambda_2+\lambda_n)$,则 λ_0^* 为 ω 的极小值点。这时收敛速度的比值为

$$\left|\frac{\lambda_2-\lambda_0^*}{\lambda_1-\lambda_0^*}\right|=\left|\frac{\lambda_2-\frac{1}{2}\lambda_2-\frac{1}{2}\lambda_n}{\lambda_1-\frac{1}{2}\lambda_2-\frac{1}{2}\lambda_n}\right|=\left|\frac{\lambda_2-\lambda_n}{2\lambda_1-\lambda_2-\lambda_n}\right|<\left|\frac{\lambda_2}{\lambda_1}\right|。$$

原点平移法是一个矩阵变换过程,变换简单且不破坏原矩阵的稀疏性。但由于预先不知道特征值的分布,所以应用起来有一定困难,通常对特征值的分布有一个大略估计,设定一个参数 λ_0 进行试算,当所取 λ_0 对迭代有明显加速效应以后再进行计算。

例 3 计算 $\boldsymbol{A}$ 的主特征值

$$\boldsymbol{A}=\begin{pmatrix}1.0 & 1.0 & 0.5\\ 1.0 & 1.0 & 0.25\\ 0.5 & 0.25 & 2.0\end{pmatrix}。$$

解 先对 $\boldsymbol{A}$ 用幂法计算,得表 9.2。

表 9.2

k	$(\boldsymbol{v}^{(k)})^{\mathrm{T}}$	m_k
0	(1,1,1)	
1	(0.9091, 0.8182, 1)	2.75
19	(0.7482, 0.6497, 1)	2.536 537 4
20	(0.7482, 0.6497, 1)	2.536 532 3

有 8 位有效数字的主特征值 λ_1 及特征向量 $\boldsymbol{x}_1$ 为

$$\lambda_1=2.536\,225\,8,\quad \boldsymbol{x}_1=(0.748\,221\,16,0.649\,661\,16,1)^{\mathrm{T}}。$$

而用幂法计算的相应近似值为

$$\lambda_1\approx m_{20}=2.536\,532\,3,\quad \boldsymbol{x}_1\approx\boldsymbol{v}^{(20)}=(0.7482,0.6497,1)^{\mathrm{T}}。$$

如果采用原点平移的加速法求解,取 $\lambda_0=0.75$,矩阵 $\boldsymbol{B}=\boldsymbol{A}-\lambda_0\boldsymbol{E}$ 为

$$\boldsymbol{B}=\begin{pmatrix}0.25 & 1 & 0.5\\ 1 & 0.25 & 0.25\\ 0.5 & 0.25 & 1.25\end{pmatrix}。$$

对矩阵 $\boldsymbol{B}$ 应用幂法公式计算结果见表 9.3。

表 9.3

k	$(\boldsymbol{v}^{(k)})^{\mathrm{T}}$	m_k
0	(1, 1, 1)	
9	(0.7483, 0.6497, 1)	1.786 658 7
10	(0.7483, 0.6497, 1)	1.786 591 4

可见 $\lambda_1\approx m_{10}+\lambda_0=2.536\,591\,4$。此结果与未加速的幂法公式计算结果相比,收敛速度要快得多。

3. 反幂法

设矩阵 $\boldsymbol{A}\in\mathbb{R}^{n\times n}$ 非奇异,$\lambda,\boldsymbol{x}$ 是 $\boldsymbol{A}$ 的特征值和对应的特征向量,即 $\boldsymbol{A}\boldsymbol{x}=\lambda\boldsymbol{x}$,则有 $\boldsymbol{A}^{-1}\boldsymbol{x}=\lambda^{-1}\boldsymbol{x}$,显然 $\lambda\neq0$。这表明 $\lambda^{-1},\boldsymbol{x}$ 是 $\boldsymbol{A}^{-1}$ 的特征值和对应的特征向量。如果我们对 $\boldsymbol{A}^{-1}$ 实行幂法,则可求出 $\lambda^{-1},\boldsymbol{x}$,这就是*反幂法*。反幂法主要用于计算 $\boldsymbol{A}$ 的按模最小的特征值和相应的特征向量。

对 $\boldsymbol{A}^{-1}$ 实行幂法,则可求出 $\boldsymbol{A}^{-1}$ 按模最大的特征值 $\mu_n=\dfrac{1}{\lambda_n}$ 和相应的特征向量 $\boldsymbol{x}_n$,从而求得矩阵 $\boldsymbol{A}$ 的按模最小的特征值 λ_n 和对应的特征向量 $\boldsymbol{x}_n$。

对 $\boldsymbol{A}^{-1}$ 应用幂法的迭代格式如下。

任取初始向量 $\boldsymbol{v}^{(0)}=\boldsymbol{u}^{(0)}\neq\boldsymbol{0}$,作迭代

$$\begin{cases}\boldsymbol{u}^{(k)}=\boldsymbol{A}^{-1}\boldsymbol{v}^{(k-1)},\\ m_k=\max(\boldsymbol{u}^{(k)}), \quad k=1,2,\cdots。\\ \boldsymbol{v}^{(k)}=\dfrac{\boldsymbol{u}^{(k)}}{m_k},\end{cases}\tag{9.6}$$

则

$$\mu_n=\frac{1}{\lambda_n}=\lim_{k\to\infty}m_k,\quad \lim_{k\to\infty}\boldsymbol{v}^{(k)}=\frac{\boldsymbol{x}_n}{\max(\boldsymbol{x}_n)}。$$

在应用式(9.6)计算时,由于要计算 $\boldsymbol{A}$ 的逆矩阵 $\boldsymbol{A}^{-1}$,一方面计算复杂,另一方面,有时会破坏 $\boldsymbol{A}$ 的稀疏性,故改写式(9.6)为

$$\begin{cases}\boldsymbol{A}\boldsymbol{u}^{(k)}=\boldsymbol{v}^{(k-1)},\\ m_k=\max(\boldsymbol{u}^{(k)}), \quad k=1,2,\cdots。\\ \boldsymbol{v}^{(k)}=\dfrac{\boldsymbol{u}^{(k)}}{m_k},\end{cases}$$

迭代向量 $\boldsymbol{u}^{(k)}$ 可以通过解线性方程组 $\boldsymbol{A}\boldsymbol{u}^{(k)}=\boldsymbol{v}^{(k-1)}$ 得到。

如果考虑到利用原点平移法加速的反幂法,取 $\boldsymbol{B}=\boldsymbol{A}-\lambda_0\boldsymbol{E}$,对任取非零初始向量 $\boldsymbol{v}^{(0)}=$

$u^{(0)} \in \mathbb{R}^n$，

$$\begin{cases} \boldsymbol{B}\boldsymbol{u}^{(k)} = \boldsymbol{v}^{(k-1)}, \\ m_k = \max(\boldsymbol{u}^{(k)}), \quad k = 1,2,\cdots。 \\ \boldsymbol{v}^{(k)} = \dfrac{\boldsymbol{u}^{(k)}}{m_k}, \end{cases}$$

由于反幂法的主要工作量在于每迭代一步都要解一个线性方程组，且系数矩阵 $\boldsymbol{A}$(或 $\boldsymbol{B}$)是不变的，故可利用矩阵的三角分解 $\boldsymbol{A}=\boldsymbol{LU}$(或 $\boldsymbol{B}=\boldsymbol{LU}$)，则每次迭代只需解两个三角形线性方程组

$$\begin{cases} \boldsymbol{L}\boldsymbol{w} = \boldsymbol{v}^{(k-1)}, \\ \boldsymbol{U}\boldsymbol{u}^{(k)} = \boldsymbol{w}。 \end{cases}$$

综上，反幂法迭代公式为

$$\begin{cases} \boldsymbol{L}\boldsymbol{y}^{(k)} = \boldsymbol{v}^{(k-1)}, \\ \boldsymbol{U}\boldsymbol{u}^{(k)} = \boldsymbol{y}^{(k)}, \\ m_k = \max(\boldsymbol{u}^{(k)}), \quad k = 1,2,\cdots。 \\ \boldsymbol{v}^{(k)} = \dfrac{\boldsymbol{u}^{(k)}}{m_k}, \end{cases} \tag{9.7}$$

实验表明，按下述方法选择 $\boldsymbol{u}^{(0)} = \boldsymbol{v}^{(0)}$ 是较好的，选 $\boldsymbol{u}^{(0)}$ 使

$$\boldsymbol{U}\boldsymbol{u}^{(1)} = \boldsymbol{y}^{(1)} = \boldsymbol{L}^{-1}\boldsymbol{v}^{(0)} = (1,1,\cdots,1)^{\mathrm{T}},$$

再回代求解 $\boldsymbol{u}^{(1)}$，然后再按式(9.7)迭代。

反幂法的主要应用是已知矩阵的近似特征值后，求矩阵的特征向量。此方法收敛快，精度高，是目前求特征向量最有效的方法之一。

例 4 试求例 1 中矩阵 $\boldsymbol{A}$ 最接近于 $\lambda_0 = 1.9$ 的特征值和相应的特征向量。

解 由于

$$\boldsymbol{B} = \boldsymbol{A} - 1.9\boldsymbol{E} = \begin{pmatrix} 5.1 & 3 & -2 \\ 3 & 2.1 & -1 \\ -2 & -1 & 1.1 \end{pmatrix}$$

$$= \begin{pmatrix} 1 & 0 & 0 \\ 0.588\,235\,294 & 1 & 0 \\ -0.392\,156\,862 & 0.526\,315\,789 & 1 \end{pmatrix} \begin{pmatrix} 5.1 & 3 & -2 \\ 0 & 0.335\,294\,118 & 0.176\,470\,588 \\ 0 & 0 & 0.222\,807\,02 \end{pmatrix}$$

$$= \boldsymbol{LU}。$$

取 $\boldsymbol{y}^{(1)} = (1,1,1)^{\mathrm{T}}$ 作迭代，计算结果如表 9.4 所示。

表 9.4 例 4 的计算结果

k	$(\boldsymbol{v}^{(k)})^{\mathrm{T}}$	m_k
1	0.354 552 532, 0.138 196 368,1	4.488 188 976
2	0.738 311 694, −0.566 073 239,1	5.278 441 751
3	0.934 838 084, −0.892 364 098,1	8.150 761 017
4	0.986 183 468, −0.977 183 163,1	9.540 507 580
5	0.997 178 140, −0.995 340 010,1	9.902 585 325
6	0.999 428 153, −0.999 055 659,1	9.980 104 401

矩阵 $\boldsymbol{A}$ 的准确特征值为 $\lambda_3=2$.对应的特征向量是 $\boldsymbol{x}_3=(1,-1,1)^{\mathrm{T}}$。

由表 9.4 知满足精度要求的特征值为

$$\lambda \approx 1.9+\frac{1}{m_6}=2.001\,993\,52,$$

近似特征向量为 $\boldsymbol{v}^{(6)}=(0.999\,428\,153,-0.999\,055\,659,1)^{\mathrm{T}}$,由此可以看出 $\boldsymbol{v}^{(6)}$ 是 $\boldsymbol{x}_3$ 的很好的近似。

9.2 对称矩阵的雅可比方法

雅可比(Jacobi)方法是求实对称矩阵全部特征值和特征向量的一种方法。它是一种迭代法,其基本思想是把对称矩阵 $\boldsymbol{A}$ 经一系列正交相似变换约化为一个近似对角阵,该对角阵的对角元就是 $\boldsymbol{A}$ 的近似特征值,由各个正交变换阵的乘积可得对应的特征向量。

1. 吉文斯旋转变换矩阵

构造 n 阶方阵 $\boldsymbol{J}(p,q,\theta)$ 形式如下:

$$\boldsymbol{J}(p,q,\theta)=\begin{pmatrix}
1 & & & \vdots & & & & \vdots & & & \\
& \ddots & & \vdots & & & & \vdots & & & \\
& & 1 & \vdots & & & & \vdots & & & \\
\cdots & \cdots & \cdots & \cos\theta & \cdots & \cdots & \cdots & \sin\theta & \cdots & \cdots & \cdots \\
& & & \vdots & 1 & & & \vdots & & & \\
& & & \vdots & & \ddots & & \vdots & & & \\
& & & \vdots & & & 1 & \vdots & & & \\
\cdots & \cdots & \cdots & -\sin\theta & \cdots & \cdots & \cdots & \cos\theta & \cdots & \cdots & \cdots \\
& & & \vdots & & & & \vdots & 1 & & \\
& & & \vdots & & & & \vdots & & \ddots & \\
& & & \vdots & & & & \vdots & & & 1
\end{pmatrix}\begin{matrix} \\ \\ \\ p \\ \\ \\ \\ q \\ \\ \\ \\ \end{matrix}。$$

(列标:第 p 列为 $\cos\theta$ 与 $-\sin\theta$ 所在列,第 q 列为 $\sin\theta$ 与 $\cos\theta$ 所在列。)

$\boldsymbol{J}(p,q,\theta)$ 为 n 维空间中的二维坐标旋转变换矩阵,称为吉文斯(Givens)变换矩阵,亦称平面旋转矩阵。易证 $\boldsymbol{J}(p,q,\theta)$ 为正交矩阵,即 $\boldsymbol{J}^{\mathrm{T}}(p,q,\theta)\boldsymbol{J}(p,q,\theta)=\boldsymbol{E}$,所以用它作相似变换阵时十分方便。雅可比方法就是用这种旋转矩阵对实对称矩阵 $\boldsymbol{A}$ 作一系列的旋转相似变换,从而将 $\boldsymbol{A}$ 约化为对角阵。

用 $\boldsymbol{J}(p,q,\theta)$ 作旋转变换的几何意义是:在 n 维空间中,以 p,q 轴形成的平面上,把 p,q 轴旋转一个角度 θ。

2. 经典雅可比方法

先以二阶矩阵为例介绍雅可比方法。设

$$\boldsymbol{A}=\begin{pmatrix} a_{11} & a_{12} \\ a_{21} & a_{22} \end{pmatrix}, \quad 其中 \quad a_{12}=a_{21}\neq 0,$$

旋转矩阵为

$$\boldsymbol{J}=\begin{pmatrix}\cos\theta & \sin\theta\\ -\sin\theta & \cos\theta\end{pmatrix},$$

对 $\boldsymbol{A}$ 做正交相似变换。即

$$\boldsymbol{B}=\boldsymbol{J}\boldsymbol{A}\boldsymbol{J}^{\mathrm{T}}=\begin{pmatrix}\cos\theta & \sin\theta\\ -\sin\theta & \cos\theta\end{pmatrix}\begin{pmatrix}a_{11} & a_{12}\\ a_{21} & a_{22}\end{pmatrix}\begin{pmatrix}\cos\theta & -\sin\theta\\ \sin\theta & \cos\theta\end{pmatrix}=\begin{pmatrix}b_{11} & b_{12}\\ b_{21} & b_{22}\end{pmatrix},$$

其中

$$b_{11}=a_{11}\cos^2\theta+a_{22}\sin^2\theta+a_{12}\sin 2\theta,$$

$$b_{12}=b_{21}=\frac{1}{2}(a_{22}-a_{11})\sin 2\theta+a_{12}\cos 2\theta,$$

$$b_{22}=a_{11}\sin^2\theta+a_{22}\cos^2\theta-a_{12}\sin 2\theta。$$

为使 $\boldsymbol{A}$ 的相似矩阵 $\boldsymbol{B}$ 成为对角阵,只需适当选取 θ,使

$$b_{12}=b_{21}=\frac{1}{2}(a_{22}-a_{11})\sin 2\theta+a_{12}\cos 2\theta=0,$$

即 $\cot 2\theta=\dfrac{a_{11}-a_{22}}{2a_{12}}$,要求 $|\theta|\leqslant\dfrac{\pi}{4}$。当 $a_{11}=a_{22}$ 时,取 $\theta=\dfrac{\pi}{4}$。由此 θ 可以确定,从而得到旋转矩阵 $\boldsymbol{J}$。这里我们称这一平面旋转变换为雅可比变换。$\boldsymbol{A}$ 的特征值为 $\lambda_1=b_{11}$,$\lambda_2=b_{22}$。

设 $\boldsymbol{J}=\begin{pmatrix}\boldsymbol{x}_1\\ \boldsymbol{x}_2\end{pmatrix}$,其中 $\boldsymbol{x}_1$,$\boldsymbol{x}_2$ 为 $\boldsymbol{J}$ 的行向量,因为 $\boldsymbol{B}=\boldsymbol{J}\boldsymbol{A}\boldsymbol{J}^{\mathrm{T}}$,所以 $\boldsymbol{A}\boldsymbol{J}^{\mathrm{T}}=\boldsymbol{J}^{\mathrm{T}}\boldsymbol{B}$ 或 $(\boldsymbol{A}\boldsymbol{x}_1^{\mathrm{T}},\boldsymbol{A}\boldsymbol{x}_2^{\mathrm{T}})=(\lambda_1\boldsymbol{x}_1^{\mathrm{T}},\lambda_2\boldsymbol{x}_2^{\mathrm{T}})$,得出对应 λ_1,λ_2 的特征向量是

$$\boldsymbol{v}_1=\boldsymbol{x}_1^{\mathrm{T}}=(\cos\theta,\sin\theta)^{\mathrm{T}},\quad \boldsymbol{v}_2=\boldsymbol{x}_2^{\mathrm{T}}=(-\sin\theta,\cos\theta)^{\mathrm{T}}。$$

这样完成特征向量的计算。

下面介绍 n 阶矩阵的情况。设矩阵 $\boldsymbol{A}\in\mathbb{R}^{n\times n}$ 是对称矩阵,记 $\boldsymbol{A}_0=\boldsymbol{A}$。雅可比方法就是对 $\boldsymbol{A}$ 作一系列相似变换,即

$$\boldsymbol{A}_k=\boldsymbol{J}_k\boldsymbol{A}_{k-1}\boldsymbol{J}_k^{\mathrm{T}},\quad k=1,2,\cdots,$$

其中 $\boldsymbol{J}_k=\boldsymbol{J}(p,q,\theta)$,为 (p,q) 平面的雅可比变换,则 $\boldsymbol{A}_k=(a_{ij}^{(k)})_{n\times n}(k=1,2,\cdots)$ 仍保持对称性,且 $\boldsymbol{A}_k$ 逐步趋向于一对角阵。

雅可比方法的基本步骤如下:

对 $k=1,2,\cdots$,

(1) 选择旋转平面 (p,q),$1\leqslant p<q\leqslant n$;

(2) 确定旋转角 θ,使 $a_{pq}^{(k)}=a_{qp}^{(k)}=0$;

(3) 对 $\boldsymbol{A}_{k-1}$ 做相似变换,即 $\boldsymbol{A}_k=\boldsymbol{J}_k\boldsymbol{A}_{k-1}\boldsymbol{J}_k^{\mathrm{T}}$。

这里我们暂且不考虑怎样选取旋转平面 (p,q)。注意 $\boldsymbol{A}_k$ 和 $\boldsymbol{A}_{k-1}$ 的元素仅在第 p 行(列)和第 q 行(列)不同,它们之间有如下的关系:

$$\begin{cases}a_{ip}^{(k)}=a_{ip}^{(k-1)}\cos\theta+a_{iq}^{(k-1)}\sin\theta=a_{pi}^{(k)},\\ a_{iq}^{(k)}=-a_{ip}^{(k-1)}\sin\theta+a_{iq}^{(k-1)}\cos\theta=a_{qi}^{(k)},\end{cases}\quad i\neq p,q,$$

$$\begin{cases}a_{pp}^{(k)}=a_{pp}^{(k-1)}\cos^2\theta+2a_{pq}^{(k-1)}\sin\theta\cos\theta+a_{qq}^{(k-1)}\sin^2\theta,\\ a_{qq}^{(k)}=a_{pp}^{(k-1)}\sin^2\theta-2a_{pq}^{(k-1)}\sin\theta\cos\theta+a_{qq}^{(k-1)}\cos^2\theta,\\ a_{pq}^{(k)}=(a_{qq}^{(k-1)}-a_{pp}^{(k-1)})\sin\theta\cos\theta+a_{pq}^{(k-1)}(\cos^2\theta-\sin^2\theta)。\end{cases}\tag{9.8}$$

如果 $a_{pq}^{(k-1)}\neq 0$,我们选取 $\boldsymbol{J}_k$,使得 $a_{pq}^{(k)}=0$,即令 θ 满足

$$\cot 2\theta = \frac{a_{pp}^{(k-1)} - a_{qq}^{(k-1)}}{2a_{pq}^{(k-1)}},$$

常将 θ 限制在下列范围内

$$-\frac{\pi}{4} \leqslant \theta \leqslant \frac{\pi}{4}。$$

实际上不需要计算 θ，而直接从三角函数关系式计算 $\sin\theta$ 和 $\cos\theta$，记

$$\begin{cases} m = -a_{pq}^{(k-1)}, \\ n = \dfrac{1}{2}(a_{qq}^{(k-1)} - a_{pp}^{(k-1)}), \\ \omega = \operatorname{sgn}(n) \dfrac{m}{\sqrt{m^2 + n^2}}。 \end{cases}$$

其中 sgn 为符号函数。若 $n>0$，取 $\operatorname{sgn}(n)=1$；若 $n<0$，取 $\operatorname{sgn}(n)=-1$；若 $n=0$，直接取 $\theta=\frac{\pi}{4}$。于是可以得到

$$\sin 2\theta = \omega, \quad \sin\theta = \frac{\omega}{\sqrt{2(1+\sqrt{1-\omega^2})}}, \quad \cos\theta = \sqrt{1-\sin^2\theta}。$$

由于 $\boldsymbol{A}_k$ 的对称性，实际上只要计算 $\boldsymbol{A}_k$ 的上三角元素，而下三角元素由对称性即可获得，这样既节省了计算量，又能保证 $\boldsymbol{A}_k$ 是严格对称的。

一般地，不能通过有限次旋转变换把原矩阵 $\boldsymbol{A}$ 化为对角阵，因为 $\boldsymbol{A}_{k-1}$ 中的零元素（在前面变换中得到的）可能在 $\boldsymbol{A}_k$ 中变为非零元素。尽管如此，仍可以证明：当 k 充分大时，$\boldsymbol{A}_k$ 趋向于一对角阵。

定理 2 设矩阵 $\boldsymbol{A}\in\mathbb{R}^{n\times n}$ 为对称矩阵，$\boldsymbol{P}\in\mathbb{R}^{n\times n}$ 为正交矩阵，如果 $\boldsymbol{A}_1=\boldsymbol{PAP}^{\mathrm{T}}$，则

$$\|\boldsymbol{A}_1\|_{\mathrm{F}} = \|\boldsymbol{A}\|_{\mathrm{F}}。 \tag{9.9}$$

定理 3 设 $\boldsymbol{A}=(a_{ij})_{n\times n}$，$\boldsymbol{J}=\boldsymbol{J}(p,q,\theta)$，对 $\boldsymbol{A}$ 做正交相似变换

$$\boldsymbol{A}_1 = \boldsymbol{JAJ}^{\mathrm{T}}。 \tag{9.10}$$

记 $\boldsymbol{A}_1=(a_{ij}^{(1)})_{n\times n}$，则

$$(a_{pp}^{(1)})^2 + (a_{qq}^{(1)})^2 + 2(a_{pq}^{(1)})^2 = a_{pp}^2 + a_{qq}^2 + 2a_{pq}^2。 \tag{9.11}$$

证 由式(9.8)有

$$(a_{pp}^{(1)} + a_{qq}^{(1)})^2 = (a_{pp} + a_{qq})^2,$$
$$(a_{pp}^{(1)} - a_{qq}^{(1)})^2 = [(a_{pp} - a_{qq})\cos 2\theta + 2a_{pq}\sin 2\theta]^2,$$
$$(2a_{pq}^{(1)})^2 = [(a_{qq} - a_{pp})\sin 2\theta + 2a_{pq}\cos 2\theta]^2。$$

以上三个式子相加整理即得证明。

若记矩阵 $\boldsymbol{A}$ 的非对角线元素平方和为

$$\mathrm{off}(\boldsymbol{A}) = \sum_{i=1}^{n}\sum_{\substack{j=1\\ j\neq i}}^{n} a_{ij}^2,$$

则有

$$\sum_{i=1}^{n} a_{ii}^2 = \|\boldsymbol{A}\|_{\mathrm{F}}^2 - \mathrm{off}(\boldsymbol{A})。 \tag{9.12}$$

定理 4 在正交相似变换(9.10)下，如果 $a_{pq}\neq 0$，选择 θ 满足

$$\cot 2\theta = \frac{a_{pp} - a_{qq}}{2a_{pq}}, \tag{9.13}$$

则 $\mathrm{off}(\boldsymbol{A}_1) < \mathrm{off}(\boldsymbol{A})$。

证 由于 θ 满足式(9.13)，即有 $a_{pq}^{(1)}=0$。由式(9.9)，式 (9.11)和 式(9.12)有

$$\begin{aligned}
\mathrm{off}(\boldsymbol{A}_1) &= \|\boldsymbol{A}_1\|_F^2 - \sum_{i=1}^{n}(a_{ii}^{(1)})^2 \\
&= \|\boldsymbol{A}\|_F^2 - \sum_{\substack{i=1 \\ i\neq p,q}}^{n}(a_{ii}^{(1)})^2 - ((a_{pp}^{(1)})^2 + (a_{qq}^{(1)})^2) \\
&= \|\boldsymbol{A}\|_F^2 - \sum_{\substack{i=1 \\ i\neq p,q}}^{n} a_{ii}^2 - (a_{pp}^2 + a_{qq}^2) - 2a_{pq}^2 \\
&= \mathrm{off}(\boldsymbol{A}) - 2a_{pq}^2 < \mathrm{off}(\boldsymbol{A})。
\end{aligned}$$

由于我们的目标是使 $\boldsymbol{A}_k$ 逐步趋向于一对角阵，也就是使 $\mathrm{off}(\boldsymbol{A}_k)$尽可能的小，因此从定理 4 的证明可知，每一次旋转平面(p,q)的最佳选择应使

$$|a_{pq}^{(k-1)}| = \max_{1\leqslant i<j\leqslant n} |a_{ij}^{(k-1)}|, \quad k=1,2,\cdots,$$

即应选取非对角元素中绝对值最大者所在的行列作为旋转平面。

由此得到经典雅可比方法的计算步骤：

(1) 在矩阵 $\boldsymbol{A}$ 中找出非零的非对角元 a_{pq}，取按模最大的非对角元。

(2) 由条件$(a_{qq}-a_{pp})\sin 2\theta + 2a_{pq}\cos 2\theta = 0$ 确定 $\sin\theta$ 与 $\cos\theta$。

(3) $\boldsymbol{J}=\boldsymbol{J}(p,q,\theta)$，计算 $\boldsymbol{B}=\boldsymbol{J}\boldsymbol{A}\boldsymbol{J}^{\mathrm{T}}$。

(4)令 $\boldsymbol{A}=\boldsymbol{B}$.返回(1)。

这样通过若干次的旋转变换，就能将 $\boldsymbol{A}$ 化为近似对角阵，并求得足够精度的特征值 $\lambda_i(i=1,2,\cdots,n)$。通常习惯上将 $N=\dfrac{n(n-1)}{2}$次雅可比迭代称作一次“扫描”。

关于经典雅可比方法。有下述收敛性定理。

定理 5 存在 $\boldsymbol{A}$ 的特征值的一个排列 $\lambda_1,\lambda_2,\cdots,\lambda_n$，使得

$$\lim_{k\to\infty}\boldsymbol{A}_k = \mathrm{diag}(\lambda_1,\lambda_2,\cdots,\lambda_n)。$$

雅可比方法的优点之一是可以容易地计算特征向量，如果经过 k 次旋转变换后，迭代就停止了，即 $\boldsymbol{J}_k\cdots\boldsymbol{J}_2\boldsymbol{J}_1\boldsymbol{A}\boldsymbol{J}_1^{\mathrm{T}}\boldsymbol{J}_2^{\mathrm{T}}\cdots\boldsymbol{J}_k^{\mathrm{T}}=\boldsymbol{A}_k$，记 $\boldsymbol{X}_k=\boldsymbol{J}_1^{\mathrm{T}}\boldsymbol{J}_2^{\mathrm{T}}\cdots\boldsymbol{J}_k^{\mathrm{T}}$，则 $\boldsymbol{A}\boldsymbol{X}_k=\boldsymbol{X}_k\boldsymbol{A}_k$。因为 $\boldsymbol{A}_k$ 可以近似看作对角阵(非对角元相当小)，所以矩阵 $\boldsymbol{X}_k$ 的第 j 列就是近似特征值 $a_{jj}^{(k)}$ 所对应的近似特征向量，并且所有特征向量都是正交规范化的。

在旋转变换中可以逐步形成 $\boldsymbol{X}_k=(x_{ij}^{(k)})_{n\times n}$，记

$$\boldsymbol{X}_0 = \boldsymbol{E},$$

则

$$\boldsymbol{X}_k = \boldsymbol{X}_{k-1}\boldsymbol{J}_k^{\mathrm{T}},$$

即

$$\begin{cases}
x_{ip}^{(k)} = x_{ip}^{(k-1)}\cos\theta + x_{iq}^{(k-1)}\sin\theta, \\
x_{iq}^{(k)} = -x_{ip}^{(k-1)}\sin\theta + x_{iq}^{(k-1)}\cos\theta, \\
x_{ij}^{(k)} = x_{ij}^{(k-1)}, \quad j\neq p,q。
\end{cases}$$

这样就不需要保存每一次的变换矩阵 $\boldsymbol{J}_k$。

例 5 用经典雅可比方法求对称矩阵

$$\boldsymbol{A}=\begin{pmatrix}2&-1&0\\-1&2&-1\\0&-1&2\end{pmatrix}$$

的特征值和对应的一组特征向量。

解 计算过程如表 9.5 所示。

表 9.5 雅可比迭代过程

k	矩阵 $\boldsymbol{A}_k$	$a_{pq}^{(k-1)}$	$\sin\theta,\cos\theta$	$\boldsymbol{J}_k=\boldsymbol{J}(p,q,\theta)$
1	$\begin{pmatrix}1&0&-0.7071\\0&3&-0.7071\\-0.7071&-0.7071&2\end{pmatrix}$	$a_{12}^{(0)}=-1$	$\sin\theta=0.7071$ $\cos\theta=0.7071$	$\begin{pmatrix}0.7071&0.7071&0\\-0.7071&0.7071&0\\0&0&1\end{pmatrix}$
2	$\begin{pmatrix}0.6340&-0.3251&0\\-0.3251&3&-0.6280\\0&-0.6280&2.3660\end{pmatrix}$	$a_{13}^{(1)}=-0.7071$	$\sin\theta=0.4597$ $\cos\theta=0.8881$	$\begin{pmatrix}0.8881&0&0.4597\\0&1&0\\-0.4597&0&0.8881\end{pmatrix}$
3	$\begin{pmatrix}0.6340&-0.2768&-0.1704\\-0.2768&3.3864&0\\-0.1704&0&1.9796\end{pmatrix}$	$a_{23}^{(2)}=-0.6280$	$\sin\theta=-0.5241$ $\cos\theta=0.8517$	$\begin{pmatrix}1&0&0\\0&0.8517&-0.5241\\0&0.5241&0.8517\end{pmatrix}$
4	$\begin{pmatrix}0.6064&0&-0.1695\\0&3.4140&0.0169\\-0.1695&0.0169&1.9796\end{pmatrix}$	$a_{12}^{(3)}=-0.2768$	$\sin\theta=0.0991$ $\cos\theta=0.9951$	$\begin{pmatrix}0.9951&0.0991&0\\-0.0991&0.9951&0\\0&0&1\end{pmatrix}$
5	$\begin{pmatrix}0.5858&0.0020&0\\0.0020&3.4140&0.0168\\0&0.0168&2.0002\end{pmatrix}$	$a_{13}^{(4)}=-0.1695$	$\sin\theta=0.1207$ $\cos\theta=0.9927$	$\begin{pmatrix}0.9927&0&0.1207\\0&1&0\\-0.1207&0&0.9927\end{pmatrix}$

由表 9.5 可以看出，计算中共迭代了 5 次，最后得到特征值的近似值为

$$\lambda_1\approx 0.5858,\quad \lambda_2\approx 3.4140,\quad \lambda_3\approx 2.0002,$$

$$\boldsymbol{X}_5=\boldsymbol{J}_1^{\mathrm{T}}\boldsymbol{J}_2^{\mathrm{T}}\cdots\boldsymbol{J}_5^{\mathrm{T}}=\begin{pmatrix}0.4997&-0.4919&-0.7130\\0.7076&0.7065&0.0084\\0.4996&-0.5087&0.7011\end{pmatrix}。$$

由此可以得到与特征值 $\lambda_1,\lambda_2,\lambda_3$ 对应的一组近似特征向量为

$$\begin{pmatrix}0.4997\\0.7076\\0.4996\end{pmatrix},\quad\begin{pmatrix}-0.4919\\0.7065\\-0.5087\end{pmatrix},\quad\begin{pmatrix}-0.7130\\0.0084\\0.7011\end{pmatrix}。$$

实际上，这个矩阵的准确特征值为

$$\lambda_1=2-\sqrt{2}\approx 0.5858,\quad \lambda_2=2+\sqrt{2}\approx 3.4142,\quad \lambda_3=2。$$

对应的一组特征向量为

$$\begin{pmatrix} 1/2 \\ \sqrt{2}/2 \\ 1/2 \end{pmatrix},\quad \begin{pmatrix} -1/2 \\ \sqrt{2}/2 \\ -1/2 \end{pmatrix},\quad \begin{pmatrix} -\sqrt{2}/2 \\ 0 \\ \sqrt{2}/2 \end{pmatrix}。$$

实现求对称矩阵特征值雅可比方法的 MATLAB 函数文件 eig_Jacobi.m 如下.

```
function [D,R]=eig_Jacobi(A,ep)
% 求对称矩阵特征值的雅可比方法,A 为矩阵,ep 为精度要求(默认 1e-5)
% D 对角线上的值为特征值,R 为对应特征值的特征向量
if nargin<2 ep=1e-5; end
n=length(A);R=eye(n);
while 1 Amax=0;
    for l=1:n-1 for k=l+1:n if abs(A(l,k))>Amax
                Amax=abs(A(l,k)); i=l;j=k;end;end;end
    ifAmax<ep break;end
    d=(A(i,i)-A(j,j))/(2*A(i,j));
    if abs(d)<1e-10 t=1;
    else t=sign(d)/(abs(d)+sqrt(d^2+1));end
    c=1/sqrt(t^2+1);s=c*t;
    for l=1:n if l==iAii=A(i,i)*c^2+A(j,j)*s^2+2* A(i,j)* s* c;
              Ajj=A(i,i)*s^2+A(j,j)*c^2-2* A(i,j)*s*c;
              A(i,j)=(A(j,j)-A(i,i))*s*c+A(i,j)*(c^2-s^2);
              A(j,i)=A(i,j);A(i,i)=Aii; A (j,j)=Ajj;
       elseif l~ =jAil=A(i,l)*c+A(j,l)*s;
              Ajl=-A(i,l)*s+A(j,l)*c;
              A(i,l)=Ail;A(l,i)=Ail;A(j,l)=Ajl;A(l,j)=Ajl;end
       Rli=R(l,i)*c+R(l,j)*s;
       Rlj=-R(l,i)*s+R(l,j)*c;
       R(l,i)=Rli;R(l,j)=Rlj;end;end
D=diag(diag(A));
```

例 6 在 MATLAB 命令窗口求解例 5。

解 输入

```
format long;A=[2 -1 0;-1 2 -1;0 -1 2];
[D,R]=eig_Jacobi(A,1e-5)
```

3. 循环雅可比法和过关雅可比法

经典雅可比法的一个主要缺点是每次迭代都要选择旋转平面,当矩阵 $\boldsymbol{A}$ 的阶数 n 较大时,十分耗时, 常见改进方案有循环雅可比法和过关雅可比法。

循环雅可比法的做法是:我们不去寻找最佳的旋转平面,而是在一次扫描中,按照某种预先指定的顺序对每个非对角元恰好消去一次。具体地说,就是 p 依次取 $1,2,\cdots,n-1$,而 q 依次取 $p+1,p+2,\cdots,n$,进行旋转变换,即

$$(p,q)=(1,2),\cdots,(1,n);(2,3),\cdots,(2,n);\cdots;(n-1,n)。$$

如果 $a_{pq}=0$,则不旋转,取下一个元素,如此扫描几次可达目的。由于这里不需寻找最

佳的旋转平面,因此要比经典雅可比方法快得多。

过关雅可比法是对循环雅可比法再做一些改进。即在循环雅可比法中首先给定一个"关值"(一个正数),在一次扫描中,只对那些绝对值超过"关值"的非对角元素所在的平面进行雅可比变换;这样反复扫描,当所有的非对角元素的绝对值都不超过"关值"时,减少"关值",再按这新的"关值"进行扫描;如此继续,直至"关值"充分小而达到过程的收敛。

9.3 豪斯霍尔德方法

直接求解任意实矩阵的特征值问题,一般是比较复杂的。为了提高计算效率,总是先用相似变换把矩阵化为易于求解的简单形式,然后应用下节的QR算法来计算。

豪斯霍尔德(Householder)方法,就是利用有限个豪斯霍尔德变换使矩阵实现三对角化或拟三角化的方法。

1. 豪斯霍尔德变换

定义1 设$\boldsymbol{w}\in\mathbb{R}^n$,且$\|\boldsymbol{w}\|_2=1$,则矩阵

$$\boldsymbol{H}=\boldsymbol{E}-2\boldsymbol{w}\boldsymbol{w}^{\mathrm{T}}$$

称为豪斯霍尔德变换矩阵,也称初等反射矩阵。

豪斯霍尔德变换矩阵$\boldsymbol{H}$有以下重要性质。

性质1 豪斯霍尔德变换矩阵$\boldsymbol{H}$是对称正交矩阵,即$\boldsymbol{H}=\boldsymbol{H}^{\mathrm{T}}=\boldsymbol{H}^{-1}$。

性质2 设$\boldsymbol{x}\in\mathbb{R}^n$,$\boldsymbol{y}=\boldsymbol{H}\boldsymbol{x}$,$\boldsymbol{H}$是豪斯霍尔德变换矩阵.则$\|\boldsymbol{y}\|_2=\|\boldsymbol{x}\|_2$。

性质2的意义是对于任意向量$\boldsymbol{x}\in\mathbb{R}^n$,在豪斯霍尔德变换作用下,欧几里得长度不变。由$\boldsymbol{y}=\boldsymbol{H}\boldsymbol{x}=\boldsymbol{x}-2\boldsymbol{w}\boldsymbol{w}^{\mathrm{T}}\boldsymbol{x}$知$\boldsymbol{x}-\boldsymbol{y}=(2\boldsymbol{w}^{\mathrm{T}}\boldsymbol{x})\boldsymbol{w}$,由于$2\boldsymbol{w}^{\mathrm{T}}\boldsymbol{x}$是实数,因此向量$\boldsymbol{x}-\boldsymbol{y}$与向量$\boldsymbol{w}$平行。

性质3 设$\boldsymbol{x},\boldsymbol{y}\in\mathbb{R}^n.\boldsymbol{x}\neq\boldsymbol{y}$,且$\|\boldsymbol{x}\|_2=\|\boldsymbol{y}\|_2$,则由向量$\boldsymbol{w}=\dfrac{\boldsymbol{x}-\boldsymbol{y}}{\|\boldsymbol{x}-\boldsymbol{y}\|_2}$确定的豪斯霍尔德变换矩阵$\boldsymbol{H}$,满足$\boldsymbol{H}\boldsymbol{x}=\boldsymbol{y}$。

豪斯霍尔德变换的主要用途在于,可以适当选取向量$\boldsymbol{u}$,把一个给定向量的若干个指定的分量变为零。一般地,我们希望求出$\boldsymbol{y}=\boldsymbol{H}\boldsymbol{x}=(\sigma,0,\cdots,0)^{\mathrm{T}}=\sigma\boldsymbol{e}_1$的情形,这里要求$\sigma>0$。根据上面的分析可知

$$\sigma=\left(\sum_{i=1}^{n}x_i^2\right)^{\frac{1}{2}},\boldsymbol{u}=\boldsymbol{x}-\boldsymbol{y}=(x_1-\sigma,x_2,\cdots,x_n)^{\mathrm{T}}\xlongequal{\text{def}}(u_1,u_2,\cdots,u_n)^{\mathrm{T}},$$

x_i,u_i分别表示向量$\boldsymbol{x},\boldsymbol{u}$的第$i$个分量($i=1,2,\cdots,n$)。记$\rho=-\sigma u_1$,则

$$\|\boldsymbol{u}\|_2^2=\sum_{i=1}^{n}u_i^2=2\sigma(\sigma-x_1)=-2\sigma u_1=2\rho,$$

因此改写$\boldsymbol{H}$为

$$\boldsymbol{H}=\boldsymbol{E}-2\frac{\boldsymbol{u}\boldsymbol{u}^{\mathrm{T}}}{\|\boldsymbol{u}\|_2^2}=\boldsymbol{E}-\rho^{-1}\boldsymbol{u}\boldsymbol{u}^{\mathrm{T}}。$$

计算$\boldsymbol{y}=\boldsymbol{H}\boldsymbol{x}=(\sigma,0,\cdots,0)^{\mathrm{T}}$的算法如下。

(1) $\sigma=\left(\sum_{i=1}^{n}x_i^2\right)^{\frac{1}{2}}$,

(2) $\boldsymbol{u}=(x_1-\sigma,x_2,\cdots,x_n)^{\mathrm{T}} \stackrel{\text{def}}{=\!=} (u_1,u_2,\cdots,u_n)^{\mathrm{T}}$,

(3) $\rho=-\sigma u_1,\boldsymbol{H}=\boldsymbol{E}-\rho^{-1}\boldsymbol{u}\boldsymbol{u}^{\mathrm{T}}$。

2. 矩阵的拟三角化过程

定义 2 设矩阵 $\boldsymbol{A}=(a_{ij})_{n\times n}$,如果对 $i>j+1$,均有 $a_{ij}=0$,则称拟上三角矩阵 $\boldsymbol{A}$ 为上海森伯格(Hessenberg)阵,即

$$\boldsymbol{A}=\begin{pmatrix} a_{11} & a_{12} & a_{13} & \cdots & a_{1n} \\ a_{21} & a_{22} & a_{23} & \cdots & a_{2n} \\ & a_{32} & a_{33} & \cdots & a_{3n} \\ & & \ddots & \ddots & \vdots \\ & & & a_{n,n-1} & a_{nn} \end{pmatrix}。$$

如果 $a_{i+1,i}\neq 0(i=1,2,\cdots,n-1)$,则称矩阵 $\boldsymbol{A}$ 为不可约上海森伯格阵。

化一般矩阵为拟上三角矩阵的基本步骤如下。

第 1 步 设 $\boldsymbol{A}_1=\boldsymbol{A}=(a_{ij}^{(1)})_{n\times n}$;

第 2 步 取 $\boldsymbol{x}=(a_{21}^{(1)},a_{31}^{(1)},\cdots,a_{n1}^{(1)})^{\mathrm{T}}$,记 $a_1=\|\boldsymbol{x}\|_2$,构造 $\widetilde{\boldsymbol{H}}_1$,满足

$$\widetilde{\boldsymbol{H}}_1\boldsymbol{x}=a_1\boldsymbol{e}_1,\quad \boldsymbol{H}_1=\begin{pmatrix} 1 & \boldsymbol{0} \\ \boldsymbol{0} & \widetilde{\boldsymbol{H}}_1 \end{pmatrix},$$

则

$$\boldsymbol{A}_2=\boldsymbol{H}_1\boldsymbol{A}_1\boldsymbol{H}_1=\begin{pmatrix} a_{11}^{(1)} & a_{12}^{(2)} & \cdots & a_{1n}^{(2)} \\ a_1 & a_{22}^{(2)} & \cdots & a_{2n}^{(2)} \\ 0 & a_{32}^{(2)} & \cdots & a_{3n}^{(2)} \\ \vdots & \vdots & & \vdots \\ 0 & a_{n2}^{(2)} & \cdots & a_{nn}^{(2)} \end{pmatrix};$$

第 3 步 取 $\boldsymbol{x}=(a_{32}^{(2)},a_{42}^{(2)},\cdots,a_{n2}^{(2)})^{\mathrm{T}}$,记 $a_2=\|\boldsymbol{x}\|_2$,构造 $\widetilde{\boldsymbol{H}}_2$,满足

$$\widetilde{\boldsymbol{H}}_2\boldsymbol{x}=a_2\boldsymbol{e}_1,\quad \boldsymbol{H}_2=\begin{pmatrix} \boldsymbol{E}_2 & \boldsymbol{0} \\ \boldsymbol{0} & \widetilde{\boldsymbol{H}}_2 \end{pmatrix},$$

则

$$\boldsymbol{A}_3=\boldsymbol{H}_2\boldsymbol{A}_2\boldsymbol{H}_2=\begin{pmatrix} a_{11}^{(1)} & a_{12}^{(2)} & a_{13}^{(3)} & \cdots & a_{1n}^{(3)} \\ a_1 & a_{22}^{(2)} & a_{23}^{(3)} & \cdots & a_{2n}^{(3)} \\ 0 & a_2 & a_{33}^{(3)} & \cdots & a_{3n}^{(3)} \\ 0 & 0 & a_{43}^{(3)} & \cdots & a_{4n}^{(3)} \\ \vdots & \vdots & \vdots & & \vdots \\ 0 & 0 & a_{n3}^{(3)} & \cdots & a_{nn}^{(3)} \end{pmatrix};$$

依次进行下去,第 $n-1$ 步 取 $\boldsymbol{x}=(a_{n-1,n-2}^{(n-2)},a_{n,n-2}^{(n-2)})^{\mathrm{T}}$,记 $a_{n-2}=\|\boldsymbol{x}\|_2$,构造 $\widetilde{\boldsymbol{H}}_{n-2}$,满足

$$\widetilde{\boldsymbol{H}}_{n-2}\boldsymbol{x}=a_{n-2}\boldsymbol{e}_1,\quad \boldsymbol{H}_{n-2}=\begin{pmatrix} \boldsymbol{E}_{n-2} & \boldsymbol{0} \\ \boldsymbol{0} & \widetilde{\boldsymbol{H}}_{n-2} \end{pmatrix},$$

则

$$A_{n-1}=H_{n-2}A_2H_{n-2}=\begin{pmatrix} * & \cdots & \cdots & \cdots & \cdots & * \\ a_1 & * & \cdots & \cdots & \cdots & * \\ & a_2 & * & \ddots & \cdots & \vdots \\ & & a_3 & * & \ddots & \vdots \\ & & & \ddots & \ddots & \vdots \\ & & & & a_{n-1} & * \end{pmatrix},$$

其中 $a_{n-1}=a_{n,n-1}^{(n-1)}$，此时 A 即被化为上海森伯格阵。

例 7 设矩阵

$$A=\begin{pmatrix} 5 & 1 & 2 & 2 \\ -2 & 6 & -1 & 3 \\ 1 & 3 & 4 & -1 \\ 2 & -4 & -2 & 6 \end{pmatrix}。$$

试用初等反射矩阵对 A 作正交相似变换，将其约化为上海森伯格阵。

解 $k=1$。

(1) 构造初等反射矩阵 $R_1=E-\rho_1^{-1}uu^{\mathrm{T}}$ 使 $R_1c_1=\sigma_1e_1$，$c_1=(-2,1,2)^{\mathrm{T}}$。

① $\sigma_1=\left(\sum_{i=2}^{4}a_{i1}^2\right)^{\frac{1}{2}}=((-2)^2+1^2+2^2)^{\frac{1}{2}}=3$；

② $u_1=a_{21}-\sigma_1=-2-3=-5$，$u=(-5,1,2)^{\mathrm{T}}$；

$\rho_1=-\sigma_1u_1=(-3)\times(-5)=15$；

③ $R_1=E-\rho_1^{-1}uu^{\mathrm{T}}=\dfrac{1}{15}\begin{pmatrix} -10 & 5 & 10 \\ 5 & 14 & -2 \\ 10 & -2 & 11 \end{pmatrix}$，$R_1c_1=\begin{pmatrix} 3 \\ 0 \\ 0 \end{pmatrix}$。

(2) 约化计算 $A\leftarrow H_1AH_1$，即

$$\begin{pmatrix} A_{12} \\ A_{22} \end{pmatrix}\leftarrow\begin{pmatrix} A_{12} \\ R_1A_{22} \end{pmatrix}R_1。$$

① 左变换：$A_{22}\leftarrow R_1A_{22}$，即

$$A_{22}\leftarrow R_1A_{22}=\frac{1}{15}\begin{pmatrix} -10 & 5 & 10 \\ 5 & 14 & -2 \\ 10 & -2 & 11 \end{pmatrix}\begin{pmatrix} 6 & -1 & 3 \\ 3 & 4 & -1 \\ -4 & -2 & 6 \end{pmatrix}=\frac{1}{15}\begin{pmatrix} -85 & 10 & 25 \\ 80 & 55 & -11 \\ 10 & 40 & 98 \end{pmatrix};$$

② 右变换：$\begin{pmatrix} A_{12} \\ A_{22} \end{pmatrix}\leftarrow\begin{pmatrix} A_{12} \\ A_{22} \end{pmatrix}R_1$，即

$$\begin{pmatrix} A_{12} \\ A_{22} \end{pmatrix}\leftarrow\begin{pmatrix} A_{12} \\ A_{22} \end{pmatrix}R_1=\frac{1}{15^2}\begin{pmatrix} 15 & 30 & 30 \\ -85 & 10 & 25 \\ 80 & 55 & -11 \\ 10 & -40 & 98 \end{pmatrix}\begin{pmatrix} -10 & 5 & 10 \\ 5 & 14 & -2 \\ 10 & -2 & 11 \end{pmatrix},$$

$$A\leftarrow H_1AH_1=\begin{pmatrix} 5 & 1.333\,333\,333 & 1.933\,333\,33 & 1.866\,666\,67 \\ 3 & 5.111\,111\,111 & -1.488\,888\,89 & -2.644\,444\,44 \\ 0 & -2.822\,222\,22 & 5.297\,777\,78 & 2.528\,888\,89 \\ 0 & 3.022\,222\,22 & -3.137\,777\,78 & 5.951\,111\,11 \end{pmatrix}。$$

$k=2$。

(1) 构造 $\boldsymbol{R}_2=\boldsymbol{E}-\rho_2^{-1}\boldsymbol{u}\boldsymbol{u}^{\mathrm{T}}$ 使 $\boldsymbol{R}_2\boldsymbol{c}_2=-\sigma_2\boldsymbol{e}_2$，$\boldsymbol{c}_2=(-2.822\ 222\ 22,3.022\ 222\ 22)^{\mathrm{T}}$。

① $\sigma_2=\left(\sum_{i=3}^{4}a_{i2}^2\right)^{\frac{1}{2}}=4.135\ 065\ 348$；

② $u_1=a_{32}-\sigma_2=-6.957\ 287\ 57$，$\boldsymbol{u}=(-6.957\ 287\ 57,3.022\ 222\ 222)^{\mathrm{T}}$，

$\rho_2=-\sigma_2u_1=28.768\ 838\ 75$；

③ $\boldsymbol{R}_2=\boldsymbol{E}-\rho_2^{-1}\boldsymbol{u}\boldsymbol{u}^{\mathrm{T}}=\begin{pmatrix}-0.682\ 509\ 702 & 0.730\ 876\ 532\\ 0.730\ 876\ 532 & 0.682\ 509\ 702\end{pmatrix}$。

(2) 约化计算 $\boldsymbol{A}\leftarrow\boldsymbol{H}_2\boldsymbol{A}\boldsymbol{H}_2$，即

$$\begin{pmatrix}\boldsymbol{A}_{12}\\ \boldsymbol{A}_{22}\end{pmatrix}\leftarrow\begin{pmatrix}\boldsymbol{A}_{12}\\ \boldsymbol{R}_2\boldsymbol{A}_{22}\end{pmatrix}\boldsymbol{R}_2。$$

① 左变换：$\boldsymbol{A}_{22}\leftarrow\boldsymbol{R}_2\boldsymbol{A}_{22}$，即

$$\boldsymbol{A}_{22}\leftarrow\boldsymbol{R}_2\boldsymbol{A}_{22}=\begin{pmatrix}-0.682\ 509\ 702 & 0.730\ 876\ 532\\ 0.730\ 876\ 532 & 0.682\ 509\ 702\end{pmatrix}\begin{pmatrix}5.297\ 777\ 78 & 2.528\ 888\ 89\\ -3.137\ 777\ 78 & 5.951\ 111\ 11\end{pmatrix}$$

$$=\begin{pmatrix}-5.909\ 112\ 873 & 2.360\ 420\ 697\\ 1.730\ 457\ 67 & 5.664\ 293\ 125\end{pmatrix};$$

② 右变换：$\begin{pmatrix}\boldsymbol{A}_{12}\\ \boldsymbol{A}_{22}\end{pmatrix}\leftarrow\begin{pmatrix}\boldsymbol{A}_{12}\\ \boldsymbol{A}_{22}\end{pmatrix}\boldsymbol{R}_1$，即

$$\begin{pmatrix}\boldsymbol{A}_{12}\\ \boldsymbol{A}_{22}\end{pmatrix}\leftarrow\begin{pmatrix}\boldsymbol{A}_{12}\\ \boldsymbol{A}_{22}\end{pmatrix}\boldsymbol{R}_1$$

$$=\begin{pmatrix}1.933\ 333\ 33 & 1.966\ 666\ 67\\ -1.488\ 888\ 89 & -2.644\ 444\ 44\\ -5.909\ 112\ 873 & 2.360\ 420\ 697\\ 1.730\ 457\ 67 & 5.664\ 293\ 125\end{pmatrix}\begin{pmatrix}-0.682\ 509\ 702 & 0.730\ 876\ 532\\ 0.730\ 876\ 532 & 0.682\ 509\ 702\end{pmatrix}。$$

最后有

$$\boldsymbol{A}\leftarrow\boldsymbol{H}_2\boldsymbol{A}\boldsymbol{H}_2=\begin{pmatrix}5 & 1.333\ 333\ 333 & 0.044\ 784\ 103 & 2.687\ 046\ 074\\ 3 & 5.111\ 111\ 111 & -0.916\ 581\ 27 & -2.893\ 052\ 84\\ 0 & 4.135\ 065\ 348 & 5.758\ 202\ 959 & -2.707\ 821\ 895\\ 0 & 0 & 2.958\ 844\ 78 & 5.130\ 685\ 918\end{pmatrix}。$$

实际上机计算时，无须求出 $\boldsymbol{R}_k$，并且为了节省机时，也要尽量避免做矩阵和矩阵的乘法。这里为了使读者更加清楚矩阵上海森伯格化的过程，因此写得比较详细.实际运算时，可以简化步骤。

9.4 QR 算法

QR 算法是目前求一般矩阵全部特征值和特征向量行之有效的一种方法，它适合于对称矩阵，也适合于非对称矩阵。QR 算法最早在 1961 年由 J. G. F. Francis 提出，后来经一系列数学家进行深入讨论并作出了卓有成效的改进与发展。

1. QR 分解

定理 6 设矩阵 $\boldsymbol{A}\in\mathbb{R}^{n\times n}$ 非奇异，则一定存在正交矩阵 $\boldsymbol{Q}$ 和上三角矩阵 $\boldsymbol{R}$，使

$$\boldsymbol{A}=\boldsymbol{QR}, \tag{9.14}$$

且当要求 $\boldsymbol{R}$ 的主对角元素均为正数时，分解式(9.14)是唯一的。这种分解称为 $\boldsymbol{A}$ 的正交三角分解，也叫 QR 分解。

证 存在性。由矩阵 $\boldsymbol{A}$ 的非奇异性及豪斯霍尔德变换矩阵的性质知，一定可构造 $n-1$ 个豪斯霍尔德变换矩阵 $\boldsymbol{H}_1,\boldsymbol{H}_2,\cdots,\boldsymbol{H}_{n-1}$，使 $\boldsymbol{A}_{k+1}=\boldsymbol{H}_k\boldsymbol{A}_k(k=1,2,\cdots,n-1)$，步骤如下。

第 1 步，设 $\boldsymbol{A}_1=\boldsymbol{A}=(a_{ij}^{(1)})_{n\times n}$，取 $\boldsymbol{x}=(a_{11}^{(1)},a_{21}^{(1)},\cdots,a_{n1}^{(1)})^{\mathrm{T}}$，记 $a_1=\|\boldsymbol{x}\|_2$，构造 $\boldsymbol{H}_1$，满足 $\boldsymbol{H}_1\boldsymbol{x}=a_1\boldsymbol{e}_1$，则

$$\boldsymbol{A}_2=\boldsymbol{H}_1\boldsymbol{A}_1=\begin{pmatrix} a_1 & a_{12}^{(2)} & \cdots & a_{1n}^{(2)} \\ 0 & a_{22}^{(2)} & \cdots & a_{2n}^{(2)} \\ \vdots & \vdots & & \vdots \\ 0 & a_{n2}^{(2)} & \cdots & a_{nn}^{(2)} \end{pmatrix}。$$

第 2 步，取 $\boldsymbol{x}=(a_{22}^{(2)},a_{32}^{(2)},\cdots,a_{n2}^{(2)})^{\mathrm{T}}$，记 $a_2=\|\boldsymbol{x}\|_2$，构造 $\widetilde{\boldsymbol{H}}_2$，满足 $\widetilde{\boldsymbol{H}}_2\boldsymbol{x}=a_2\boldsymbol{e}_1$，$\boldsymbol{H}_2=\begin{pmatrix} 1 & \boldsymbol{0} \\ \boldsymbol{0} & \widetilde{\boldsymbol{H}}_2 \end{pmatrix}$，则

$$\boldsymbol{A}_3=\boldsymbol{H}_2\boldsymbol{A}_2=\begin{pmatrix} a_1 & a_{12}^{(2)} & a_{13}^{(2)} & \cdots & a_{1n}^{(2)} \\ 0 & a_2 & a_{23}^{(3)} & \cdots & a_{2n}^{(3)} \\ \vdots & 0 & a_{33}^{(3)} & \cdots & a_{3n}^{(3)} \\ \vdots & \vdots & \vdots & & \vdots \\ 0 & 0 & a_{n3}^{(3)} & \cdots & a_{nn}^{(3)} \end{pmatrix}。$$

依次进行下去，第 $n-1$ 步，取 $\boldsymbol{x}=(a_{n-1,n-1}^{(n-1)},a_{n,n-1}^{(n-1)})^{\mathrm{T}}$，记 $a_{n-1}=\|\boldsymbol{x}\|_2$，构造 $\widetilde{\boldsymbol{H}}_{n-1}$，满足

$$\widetilde{\boldsymbol{H}}_{n-1}\boldsymbol{x}=a_{n-1}\boldsymbol{e}_1,\boldsymbol{H}_{n-1}=\begin{pmatrix} \boldsymbol{E}_{n-2} & \boldsymbol{0} \\ \boldsymbol{0} & \widetilde{\boldsymbol{H}}_{n-1} \end{pmatrix},$$

则 $\boldsymbol{A}_1$ 被化为上三角阵 $\boldsymbol{A}_n$，即

$$\boldsymbol{A}_n=\boldsymbol{H}_{n-1}\boldsymbol{H}_{n-2}\cdots\boldsymbol{H}_1\boldsymbol{A}=\begin{pmatrix} a_1 & a_{12}^{(2)} & a_{13}^{(2)} & \cdots & a_{1n}^{(2)} \\ 0 & a_2 & a_{23}^{(3)} & \cdots & a_{2n}^{(3)} \\ \vdots & 0 & \ddots & \ddots & \vdots \\ \vdots & \vdots & \ddots & a_{n-1} & a_{n-1,n}^{(n)} \\ 0 & 0 & \cdots & 0 & a_n \end{pmatrix}\overset{\text{def}}{=\!=}\boldsymbol{R}$$

其中 $a_n=a_{nn}^{(n)}$，因此有

$$\boldsymbol{H}_{n-1}\boldsymbol{H}_{n-2}\cdots\boldsymbol{H}_2\boldsymbol{H}_1\boldsymbol{A}=\boldsymbol{R},$$

即有

$$\boldsymbol{A}=\boldsymbol{QR}。$$

其中，$\boldsymbol{Q}=\boldsymbol{H}_1\boldsymbol{H}_2\cdots\boldsymbol{H}_{n-1}$ 为正交矩阵。

唯一性。假设矩阵 $\boldsymbol{A}$ 有两种正交三角分解，即

$$\boldsymbol{A}=\boldsymbol{Q}_1\boldsymbol{R}_1=\boldsymbol{Q}_2\boldsymbol{R}_2,$$

其中 $\boldsymbol{Q}_1,\boldsymbol{Q}_2$ 为正交矩阵,$\boldsymbol{R}_1,\boldsymbol{R}_2$ 为上三角矩阵,且主对角元素均为正数。于是有

$$\boldsymbol{Q}_1^{\mathrm{T}}\boldsymbol{Q}_2=\boldsymbol{R}_1\boldsymbol{R}_2^{-1}\xlongequal{\text{def}}\boldsymbol{D}。$$

这里,$\boldsymbol{D}$ 必定既为正交矩阵又是上三角矩阵,故

$$\boldsymbol{D}=\mathrm{diag}(d_1,d_2,\cdots,d_n),$$

且 $d_i^2=1(i=1,2,\cdots,n)$,因此,$\boldsymbol{R}_1=\boldsymbol{D}\boldsymbol{R}_2$。由于 $\boldsymbol{R}_1,\boldsymbol{R}_2$ 对角元均为正数,故 $d_i=1(i=1,2,\cdots,n)$,即有 $\boldsymbol{D}=\boldsymbol{E},\boldsymbol{R}_1=\boldsymbol{R}_2,\boldsymbol{Q}_1=\boldsymbol{Q}_2$。

例 8 设矩阵

$$\boldsymbol{A}=\begin{pmatrix}1&5&7\\2&-1&-1\\2&0&-1\end{pmatrix},$$

试作矩阵 $\boldsymbol{A}$ 的 QR 分解。

解 为直观起见,下面给出 $\boldsymbol{H}$ 的矩阵形式。

(1) 求 $\boldsymbol{H}_1$,作 $\boldsymbol{A}_2=\boldsymbol{H}_1\boldsymbol{A}$。

① $\sigma_1=\left(\sum_{i=1}^{3}a_{i1}^2\right)^{\frac{1}{2}}=3$;

② $u_1=a_{11}-\sigma_1=-2,\boldsymbol{u}=(-2,2,2)^{\mathrm{T}}$;

③ $\boldsymbol{H}_1=\boldsymbol{E}-2\dfrac{\boldsymbol{u}\boldsymbol{u}^{\mathrm{T}}}{\|\boldsymbol{u}\|_2^2}=\dfrac{1}{3}\begin{pmatrix}1&2&2\\2&1&-2\\2&-2&1\end{pmatrix}$;

④ $\boldsymbol{A}_2=\boldsymbol{H}_1\boldsymbol{A}=\begin{pmatrix}3&1&1\\0&3&5\\0&4&5\end{pmatrix}$。

(2) 求 $\boldsymbol{H}_2$,作 $\boldsymbol{A}_3=\boldsymbol{H}_2\boldsymbol{A}_2=\boldsymbol{R}$。

① $\sigma_2=\left(\sum_{i=2}^{3}a_{i2}^{(2)2}\right)^{\frac{1}{2}}=5$;

② $\boldsymbol{u}=(-2,4)^{\mathrm{T}}$;

③ $\widetilde{\boldsymbol{H}}_2=\begin{pmatrix}\frac{3}{5}&\frac{4}{5}\\\frac{4}{5}&-\frac{3}{5}\end{pmatrix},\boldsymbol{H}_2=\begin{pmatrix}1&\boldsymbol{0}\\\boldsymbol{0}&\widetilde{\boldsymbol{H}}_2\end{pmatrix}$;

④ $\boldsymbol{A}_3=\boldsymbol{H}_2\boldsymbol{A}_2=\begin{pmatrix}3&1&1\\0&5&7\\0&0&1\end{pmatrix}=\boldsymbol{R},\ \boldsymbol{Q}=\boldsymbol{H}_1\boldsymbol{H}_2=\begin{pmatrix}\frac{1}{3}&\frac{14}{15}&\frac{2}{15}\\\frac{2}{3}&-\frac{1}{3}&\frac{2}{3}\\\frac{2}{3}&-\frac{2}{15}&-\frac{11}{15}\end{pmatrix}$。

由矩阵乘法可直接验证 $\boldsymbol{A}=\boldsymbol{Q}\boldsymbol{R}$。

2. QR 算法

设 $\boldsymbol{A}=(a_{ij})\in\mathbb{R}^{n\times n}$,QR 算法就是利用 QR 分解由 $\boldsymbol{A}$ 构造出一个正交相似的矩阵序列

$\{\boldsymbol{A}_k\}$，使得当 $k\to+\infty$ 时 $\boldsymbol{A}_k$ 趋于分块上三角形式，而对角块是一阶或二阶的子块，从而求出矩阵 $\boldsymbol{A}$ 的全部特征值和相应的特征向量。基本计算过程如下。

$$\begin{cases}\boldsymbol{A}_1=\boldsymbol{A},\\ \boldsymbol{A}_k=\boldsymbol{Q}_k\boldsymbol{R}_k, \quad k=1,2,\cdots。\\ \boldsymbol{A}_{k+1}=\boldsymbol{R}_k\boldsymbol{Q}_k,\end{cases} \tag{9.15}$$

容易推出

$$\boldsymbol{A}_{k+1}=\boldsymbol{Q}_k^{\mathrm{T}}\boldsymbol{A}_k\boldsymbol{Q}_k,\quad k=1,2,\cdots, \tag{9.16}$$

即矩阵序列 $\{\boldsymbol{A}_k\}$ 中的每一个矩阵都与原矩阵 $\boldsymbol{A}$ 相似。反复运用式(9.16)可得

$$\boldsymbol{A}_k=\widetilde{\boldsymbol{Q}}_{k-1}^{\mathrm{T}}\boldsymbol{A}\widetilde{\boldsymbol{Q}}_{k-1},$$

其中 $\widetilde{\boldsymbol{Q}}_{k-1}=\boldsymbol{Q}_1\boldsymbol{Q}_2\cdots\boldsymbol{Q}_{k-1}$。将 $\boldsymbol{A}_k=\boldsymbol{Q}_k\boldsymbol{R}_k$ 代入上式即有

$$\widetilde{\boldsymbol{Q}}_{k-1}\boldsymbol{Q}_k\boldsymbol{R}_k=\boldsymbol{A}\widetilde{\boldsymbol{Q}}_{k-1}。$$

从而有

$$\widetilde{\boldsymbol{Q}}_{k-1}\boldsymbol{Q}_k\boldsymbol{R}_k\boldsymbol{R}_{k-1}\cdots\boldsymbol{R}_1=\boldsymbol{A}\widetilde{\boldsymbol{Q}}_{k-1}\boldsymbol{R}_{k-1}\cdots\boldsymbol{R}_1,$$

即

$$\widetilde{\boldsymbol{Q}}_k\widetilde{\boldsymbol{R}}_k=\boldsymbol{A}\widetilde{\boldsymbol{Q}}_{k-1}\widetilde{\boldsymbol{R}}_{k-1}。$$

其中 $\widetilde{\boldsymbol{R}}_m=\boldsymbol{R}_m\boldsymbol{R}_{m-1}\cdots\boldsymbol{R}_1$，$m=k-1,k$。由此即知

$$\boldsymbol{A}^k=\widetilde{\boldsymbol{Q}}_k\widetilde{\boldsymbol{Q}}_k。$$

实际上，在一定条件下，$\{\boldsymbol{A}_k\}$ 的所有的或大部分的对角线以下的元素都将趋向于零。下面的定理仅叙述发生这种情况的一个易于验证的条件。

定理7（QR方法的收敛性） 设 $\boldsymbol{A}=(a_{ij})_{n\times n}$，

(1) 如果 $\boldsymbol{A}$ 的特征值满足 $|\lambda_1|>|\lambda_2|>\cdots>|\lambda_n|>0$；

(2) $\boldsymbol{A}$ 有标准形 $\boldsymbol{A}=\boldsymbol{XDX}^{-1}$，其中 $\boldsymbol{D}=\mathrm{diag}(\lambda_1,\lambda_2,\cdots,\lambda_n)$，且设 $\boldsymbol{X}^{-1}$ 有三角分解 $\boldsymbol{X}^{-1}=\boldsymbol{LU}$（$\boldsymbol{L}$ 为单位下三角阵，$\boldsymbol{U}$ 为上三角阵）。

则由QR算法产生的 $\{\boldsymbol{A}_k\}$ 本质上收敛于上三角阵，即 $\boldsymbol{A}_k$ 的对角线以下的元素趋向于零，同时对角元素趋向于 $\lambda_i(i=1,2,\cdots,n)$，而对角线以上的元素极限不一定存在。

例9 设矩阵

$$\boldsymbol{A}=\begin{pmatrix}2&1&0\\1&3&1\\0&1&4\end{pmatrix},$$

试用QR算法求它的特征值。

解 令 $\boldsymbol{A}_1=\boldsymbol{A}$，并对 $\boldsymbol{A}_1$ 作QR分解得

$$\boldsymbol{A}_1=\begin{pmatrix}-0.894\,427&0.408\,248&0.182\,574\\-0.447\,214&-0.816\,497&-0.365\,148\\0&-0.408\,248&0.912\,871\end{pmatrix}\begin{pmatrix}-2.236\,068&-2.236\,068&-0.447\,214\\0&-2.449\,490&-2.449\,490\\0&0&3.286\,335\end{pmatrix}$$

$$=\boldsymbol{Q}_1\boldsymbol{R}_1。$$

于是

$$\boldsymbol{A}_2=\boldsymbol{R}_1\boldsymbol{Q}_1=\begin{pmatrix}3 & 1.0954 & 0\\ 1.0954 & 3 & -1.3416\\ 0 & -1.3416 & 3\end{pmatrix}。$$

同理作 $\boldsymbol{A}_2=\boldsymbol{Q}_2\boldsymbol{R}_2$，又有

$$\boldsymbol{A}_3=\boldsymbol{R}_2\boldsymbol{Q}_2=\begin{pmatrix}3.7059 & 0.9558 & 0\\ 0.9558 & 3.5214 & 0.9738\\ 0 & 0.9738 & 1.7727\end{pmatrix}。$$

如此下去，可得

$$\boldsymbol{A}_9=\boldsymbol{R}_8\boldsymbol{Q}_8=\begin{pmatrix}4.7233 & 0.1229 & 0\\ 0.1229 & 3.0087 & 0.0048\\ 0 & 0.0048 & 1.2680\end{pmatrix},$$

$$\boldsymbol{A}_{10}=\boldsymbol{R}_9\boldsymbol{Q}_9=\begin{pmatrix}4.7285 & 0.0781 & 0\\ 0.0781 & 3.0035 & -0.0020\\ 0 & -0.0020 & 1.2680\end{pmatrix}。$$

从 $\boldsymbol{A}_{10}$ 可以看出，已接近对角矩阵，即有特征值 $\lambda_1\approx4.7285,\lambda_2\approx3.0035,\lambda_3\approx1.2680$，与矩阵 $\boldsymbol{A}$ 的三个准确特征值

$$\lambda_1=3+\sqrt{3}\approx4.7321,\quad \lambda_2=3,\quad \lambda_3=3-\sqrt{3}\approx1.2679$$

相比，已有良好精确度。随着迭代次数增加，$\boldsymbol{A}_n$ 将收敛到矩阵 $\boldsymbol{A}$ 的三个准确特征值。

实际计算时，算式(9.15)是没有太大价值的。因为每次迭代的运算量太大，而且收敛速度太慢。为了使其成为一种高效的方法，总是先将原矩阵经相似变换约化为一个准上三角阵，然后再对约化后的矩阵进行 QR 迭代。

设原矩阵经相似变换约化为一个上海森伯格阵 $\boldsymbol{A}$，即

$$\boldsymbol{A}=\begin{pmatrix}a_{11} & a_{12} & a_{13} & \cdots & a_{1n}\\ a_{21} & a_{22} & a_{23} & \cdots & a_{2n}\\ & a_{32} & a_{33} & \cdots & a_{3n}\\ & & \ddots & \ddots & \vdots\\ & & & a_{nn-1} & a_{nn}\end{pmatrix}。$$

此时可以采用吉文斯旋转变换对 $\boldsymbol{A}$ 作 QR 分解。令 $p=i,q=i+1$，用 $\boldsymbol{J}(i,i+1,\theta_i)$ 左乘 $\boldsymbol{A}$，即

$$\boldsymbol{A}\leftarrow\boldsymbol{J}(i,i+1,\theta_i)\boldsymbol{A},\quad i=1,2,\cdots,n-1。$$

取

$$s_i=\sin\theta_i=\frac{a_{i+1,i}}{\sqrt{a_{ii}^2+a_{i+1,i}^2}},\quad c_i=\cos\theta_i=\frac{a_{ii}}{\sqrt{a_{ii}^2+a_{i+1,i}^2}},$$

这样我们有

$$\boldsymbol{J}(n-1,n,\theta_{i-1})\boldsymbol{J}(n-2,n-1,\theta_{i-2})\cdots\boldsymbol{J}(1,2,\theta_1)\boldsymbol{A}=\boldsymbol{R}_1,$$

即

$$\boldsymbol{A}=\boldsymbol{Q}_1\boldsymbol{R}_1,$$

其中

$$\boldsymbol{Q}_1=\boldsymbol{J}^{\mathrm{T}}(1,2,\theta_1)\cdots\boldsymbol{J}^{\mathrm{T}}(n-1,n,\theta_{n-1})。$$

于是令

$$\boldsymbol{A}_2=\boldsymbol{R}_1\boldsymbol{Q}_1=\boldsymbol{R}_1\boldsymbol{J}^{\mathrm{T}}(1,2,\theta_1)\cdots\boldsymbol{J}^{\mathrm{T}}(n-1,n,\theta_{n-1}),$$

则

$$\boldsymbol{A}_2\sim\boldsymbol{A}_1=\boldsymbol{A},$$

即

$$\boldsymbol{A}\leftarrow\boldsymbol{R}_1\boldsymbol{J}^{\mathrm{T}}(1,2,\theta_1)\cdots\boldsymbol{J}^{\mathrm{T}}(n-1,n,\theta_{n-1}),$$

并且不难验证，$\boldsymbol{A}_2$ 仍为上海森伯格矩阵.这样进行的一次 QR 迭代的运算量是 $O(n^2)$，而对一般方阵进行的一次 QR 迭代的运算量是 $O(n^3)$。将上述过程反复若干次，直到收敛为止。这就是著名的 QR 方法。

小　结

本章主要讨论了求矩阵特征值和特征向量的一些数值方法。

(1) 求矩阵按模最大特征值的幂法、由于在计算过程中原始矩阵 $\boldsymbol{A}$ 始终保持不变，所以幂法适用于求高阶稀疏矩阵的特征值问题。

(2) 求矩阵按模最小特征值和特征向量的反幂法、反幂法是计算矩阵特征向量的一种有效方法。

(3) 求实对称矩阵全部特征值和特征向量的雅可比方法。雅可比方法是求特征问题最古老的方法之一。从收敛速度上来讲，雅可比方法与对称 QR 方法(求实对称矩阵问题的 QR 方法)相比，相差较远。但是由于雅可比方法编程简单，并行效率很高的特点，近年来又重新受到人们的重视。

(4) 求任意矩阵全部特征值的 QR 方法。QR 方法是目前计算一般矩阵的全部特征值和特征向量的最有效方法之一，其主要思想是利用正交相似变换将矩阵逐步约化为上三角矩阵或拟上三角矩阵，从而求得特征值的方法。

习　题　9

1. 用幂法计算矩阵 $\boldsymbol{A}$ 的主特征值及相应特征向量(当 $|m_{k+1}-m_k|<10^{-3}$ 时停止运算)，其中

$$\boldsymbol{A}=\begin{pmatrix}-4 & 14 & 0\\ -5 & 13 & 0\\ -1 & 0 & 2\end{pmatrix}。$$

2. 求矩阵

$$\boldsymbol{A}=\begin{pmatrix}2 & 3 & 2\\ 10 & 3 & 4\\ 3 & 6 & 1\end{pmatrix}$$

的按模最大和最小的特征值。

3. 用带原点平移的反幂法求下述矩阵 $\boldsymbol{A}$ 的最接近于 $\lambda_0=-13$ 的特征值和特征向量

（当$|m_{k+1}-m_k|<10^{-4}$时停止运算）：

$$A=\begin{pmatrix}-12 & 3 & 3\\ 3 & 1 & -2\\ 3 & -2 & 7\end{pmatrix}。$$

4. 用经典雅可比法求实对称矩阵

$$A=\begin{pmatrix}2 & 1 & 1\\ 1 & 2 & 1\\ 1 & 1 & 2\end{pmatrix}$$

的全部特征值和特征向量。

5. 设 $\boldsymbol{x}=(1,0,4,6,3,4)^{\mathrm{T}}$，求一个豪斯霍尔德变换 $\boldsymbol{H}$ 和一个正数 σ，使得

$$\boldsymbol{Hx}=(1,\sigma,4,6,0,0)^{\mathrm{T}}。$$

6. 将矩阵

$$A=\begin{pmatrix}5 & -2 & 2\sqrt{2} & -3\sqrt{2}\\ 1 & 0 & 5\sqrt{2}/2 & -\sqrt{2}/2\\ 0 & -\sqrt{2} & 1 & 0\\ 0 & \sqrt{2} & -4 & -1\end{pmatrix}$$

化为上海森伯格阵。

7. 将对称矩阵

$$A=\begin{pmatrix}5 & -4 & 1 & 0\\ -4 & 6 & -4 & 1\\ 1 & -4 & 6 & -4\\ 0 & 1 & -4 & 5\end{pmatrix}$$

化为三对角矩阵。

8. 试作下述矩阵 $\boldsymbol{A}$ 的 QR 分解：

(1) $A=\begin{pmatrix}2 & 5 & 2\\ 1 & 0 & 1\\ 2 & -2 & -1\end{pmatrix}$；　　(2) $A=\begin{pmatrix}1 & 1 & 0\\ 1 & 0 & -1\\ 0 & 1 & -2\end{pmatrix}$。

9. 用 QR 方法计算矩阵

$$A=\begin{pmatrix}3 & 1 & 0\\ 1 & 2 & 1\\ 0 & 1 & 1\end{pmatrix}$$

的特征值。

部分习题参考答案

习题 1

1. $\varepsilon(x_1^*)=0.000\,05$， $\varepsilon_r(x_1^*)=0.000\,045,5$； $\varepsilon(x_2^*)=0.000\,05$，
   $\varepsilon_r(x_2^*)=0.001\,587,3$； $\varepsilon(x_3^*)=0.0005$， $\varepsilon_r(x_3^*)=0.000\,009,5$。
2. 4。
3. 0.005 cm。
4. $(\sqrt{3}-1.73)\times 10^{10}\approx 0.205\times 10^{8}$。
5. $\sqrt{255}-15.969\approx 0.000\,28$。
6. 31.97，0.031 28。
7. (1) $2\sin^2\dfrac{x}{4}$； (2) $\dfrac{2x^2}{(1+2x)(1+x)}$；
   (3) $\ln\left(1+\dfrac{x}{2}\right)$。
8. (1) $\dfrac{2}{\sqrt{x^3+x}+\sqrt{x^3-x}}$； (2) $-\ln(x+\sqrt{x^2-1})$；
   (3) $\arctan\dfrac{1}{1+x(x+1)}$。
9. (2)。

习题 2

1. $x^*\approx 2.101\,562\,5$，$|x^*-x_7|\leqslant\dfrac{1}{2^7}=0.007\,812\,5$。

2. 提示：利用零点定理与单调性证明解的存在唯一性；利用二分公式需迭代 14 次。迭代 4 次后的近似根为 0.968 75。

3. (1) $x^*\approx 1.5185$； (2) $x^*\approx 4.2748$； (3) $x^*\approx 1.8955$。

4. (1) $\dfrac{3}{2}\leqslant|\varphi'(x)|\leqslant 6$，处处不收敛；
   (2) $\dfrac{5}{9}\leqslant|\varphi'(x)|\leqslant\dfrac{10}{9}$，不一定收敛，当缩小有根区间为[1.3，1.4]时，$|\varphi'(x)|\leqslant 0.955$，此时处处收敛，但收敛速度较慢；
   (3) $|\varphi'(x)|\leqslant\dfrac{2}{3}<1$，处处收敛。

5. $x_{k+1}=\sqrt{2+x_k}$，$k=0,1,2,\cdots$；$x_0=0$。

6. (1) $x=4-2^x$, $|\varphi'(x)|\geqslant 2\ln 2>1$,不收敛;

(2) $x=\dfrac{\ln(4-x)}{\ln 2}$, $|\varphi'(x)|\leqslant\dfrac{1}{2\ln 2}<1$,收敛。

7. (1) $\varphi(x)=4+\dfrac{2}{3}\cos x$, $\varphi'(x)=-\dfrac{2}{3}\sin x$, $|\varphi'(x)|\leqslant\dfrac{2}{3}<1$;

(2) $x^*\approx 3.3474$;

(3) 收敛阶为 1 阶。

8. $x^*\approx x_2=0.567\ 14$。

9. (1) $x^*\approx 1.369$;　　(2) $x^*\approx 1.193$。

10. $x_{k+1}=\dfrac{x_k}{2}+\dfrac{c}{2x_k}$。

11. $x^*\approx 2.094\ 55$。

12. $x_{k+1}=2x_k-ax_k^2$。

14. $x^*\approx x_5=1.368\ 808$。

习题 3

1. (1) $\begin{cases}x_1=1,\\x_2=2,\\x_3=3;\end{cases}$　　(2) $\begin{cases}x_1=1,\\x_2=2,\\x_3=3。\end{cases}$

2. (1) $\begin{cases}x_1=1,\\x_2=-1,\\x_3=1;\end{cases}$　　(2) $\begin{cases}x_1=0,\\x_2=-1,\\x_3=1。\end{cases}$

4. (1) $x_1=1,x_2=1,x_3=2,x_4=2$;　　(2) $x_1=1,x_2=1,x_3=1,x_4=1$。

5. (1) $x_1=0,x_2=1,x_3=-1,x_4=2$;

(2) $x_1=\dfrac{5}{6},x_2=\dfrac{2}{3},x_3=\dfrac{1}{2},x_4=\dfrac{1}{3},x_5=\dfrac{1}{6}$。

6. $x_1=1,x_2=\dfrac{1}{2},x_3=\dfrac{1}{3}$。

7. $x_1=1,x_2=-1,x_3=2$。

习题 4

3. $0<\omega<\dfrac{2}{\rho(\boldsymbol{A})}$。

4. $\begin{cases}x_1^{(k+1)}=\dfrac{1}{5}(4+2x_2^{(k)}-x_3^{(k)}),\\x_2^{(k+1)}=\dfrac{1}{5}(2-x_1^{(k)}+3x_3^{(k)}),\\x_3^{(k+1)}=\dfrac{1}{5}(11+2x_1^{(k)}+x_2^{(k)}),\end{cases}$　$\boldsymbol{x}^{(0)}=\begin{pmatrix}0\\0\\0\end{pmatrix}$,　$k=0,1,\cdots$。

5. $\boldsymbol{x}^{(18)}=(-3.999\ 996\ 4,2.999\ 973\ 9,1.999\ 999\ 9)^{\mathrm{T}}$。

6. 雅可比迭代:$x_1^{(10)}=-0.9999,x_2^{(10)}=-3.9999,x_3^{(10)}=-2.9998$;

高斯—塞德尔迭代:$x_1^{(6)}=-0.9999,x_2^{(6)}=-3.9999,x_3^{(6)}=-3.0000$。

7. 发散。

8. 第一、二方程对调.使系数阵变成严格对角占优阵。

$\omega=1.03$ 时,$\boldsymbol{x}^{(5)}=(0.5000043, 0.1000001, -0.4999999)^{\mathrm{T}}$。

9. $\omega=1$ 时,$\boldsymbol{x}^{(6)}=(0.5000038, 0.1000002, -0.4999995)^{\mathrm{T}}$;

$\omega=1.1$ 时,$\boldsymbol{x}^{(6)}=(0.5000035, 0.1000089, -0.5000003)^{\mathrm{T}}$。

10. $\boldsymbol{x}^{(6)}=(-4.000027, 0.299998, 0.200000)^{\mathrm{T}}$。

习题 5

1. $P_2(x)=\frac{5}{6}x^2+\frac{3}{2}x-\frac{7}{3}$。

2. $P(x)=\frac{5}{6}x^2+\frac{3}{2}x-\frac{7}{3}+(x-1)(x+1)(x-2)(x+3)$。

3. $L_2(x)=\frac{5}{6}x^2+\frac{3}{2}x-\frac{7}{3}, f(0)\approx-\frac{7}{3}$。

4. 0.455 211。

5. 提示:(1) 余项为零; (2) 二项式展开; (3) 用(1)、(2)的结论。

6. 提示:线性插值多项式余项。

7. $N_2(x)=1+0.5(x-1)+2.5(x-1)(x-3), f(1.5)\approx N_2(1.5)=-0.625$。

8. $f[2^0, 2^1, \cdots, 2^9]=2, f[\sin 1, \sin 2, \cdots, \sin 11]=0$。

10. $\Delta^4 y_n=2^n$。

12. $N_4(x_0+th)=3+\frac{3}{1!}(t-0)+\frac{2}{2!}t(t-1), f(1.5)\approx 8.25$。

13. $P_2(x)=1+x^2$。

14. $P_3(x)=x-x^2+x^3$。

15. $|f(x)-S(x)|\leqslant\frac{h^4}{384}\max\limits_{a\leqslant x\leqslant b}|f^{(4)}(x)|$。

16. $x_k=-5+k, f(x_k)=\frac{1}{1+x_k^2}, S_k(x)=\frac{x-x_{k+1}}{x_k-x_{k+1}}f_k+\frac{x-x_k}{x_{k+1}-x_k}f_{k+1}, x\in[x_k, x_{k+1}]$。

17. $S(x)=\begin{cases}\frac{x}{3}(-11x^2+14x+3), & x\in[0,1], \\ \frac{1}{3}(24x^3-91x^2+108x-35), & x\in[1,2], \\ \frac{1}{3}(-46x^3+329x^2-732x+525), & x\in[2,3]。\end{cases}$

18. $S(x)=\begin{cases}\frac{-1}{8}x^3+\frac{3}{8}x^2+\frac{7}{4}x-1, & x\in[1,2], \\ \frac{-1}{8}x^3+\frac{3}{8}x^2+\frac{7}{4}x-1, & x\in[2,4], \\ \frac{3}{8}x^3-\frac{45}{8}x^2+\frac{103}{4}x-33, & x\in[4,5]。\end{cases}$

19. $b=-2, c=3$。

20. $\varphi(x)=\frac{13}{10}-\frac{1}{10}x+\frac{1}{2}x^2$。

21. $\varphi(x)=0.9726046+0.0500351x^2$。

22. $x_1=-2.42, x_2=-3.25$。

习题 6

1. $P_0(x)=\frac{1}{2}[\max\limits_{a\leqslant x\leqslant b}f(x)+\min\limits_{a\leqslant x\leqslant b}f(x)]$。

2. (1) $P_1(x)=x-\frac{3\sqrt[3]{2}}{16}$； (2) $P_1(x)=(\mathrm{e}-1)x+\frac{1}{2}[\mathrm{e}-(\mathrm{e}-1)\ln(\mathrm{e}-1)]$；

(3) $P_1(x)=-\frac{1}{2}x+\frac{1}{4}+\frac{1}{2}\sqrt{2}$。

3. (1) $P_1(x)=\frac{4}{5}x-\frac{1}{5}$； (2) $P_1(x)=(12-18\ln 2)x+28\ln 2-18$。

4. $P(x)=\frac{15}{2\pi^2}-\frac{45}{2\pi^4}x^2$。

6. $P_3(x)=1.553\ 191x-0.562\ 228x^3$。

习题 7

1. (1) 0.265 625，0.194 010 4；
(2) −0.267 857 1，−0.267 063 5；
(3) −0.177 764 34，−0.192 245 3；
(4) 0.183 939 7，0.162 401 68。

2. (1) $x_1=\frac{1}{2},A_0=\frac{1}{6},A_1=\frac{2}{3},A_2=\frac{1}{6}$，3 次代数精度；

(2) $A_0=A_2=\frac{8}{3}h,A_1=-\frac{4}{3}h$，3 次代数精度；

(3) $x_1=\frac{1}{3}h,A_0=\frac{1}{2}h,A_1=\frac{3}{2}h$，2 次代数精度。

3. 梯形公式近似值 1.859 14。误差 0.226 52；辛普森公式近似值 1.718 86。误差 0.000 94；柯特斯公式近似值 1.718 28。误差 0.000 001 404。

4. (1) 0.639 900，0.633 096；
(2) 31.3653，31.1568；
(3) 0.784 241，0.785 398；
(4) −6.428 72，−6.112 74。

5. (1) $|R_{T_n}|=\left|-\frac{1-0}{12}h^2f''(\eta)\right|\leqslant\frac{1}{12}\left(\frac{1}{n}\right)^2\mathrm{e}<\frac{1}{2}\times10^{-4}$， $n=68$。

(2) $|R_{S_n}|=\left|-\frac{1-0}{180}\left(\frac{h}{2}\right)^4f^{(4)}(\eta)\right|\leqslant\frac{1}{180}\left(\frac{1}{2n}\right)^4\mathrm{e}<\frac{1}{2}\times10^{-4}$， $n=3$。

6. (1)

k	T_k	S_k	C_k	R_k
1	3			
2	3.1	3.133 333		
4	3.131 177	3.141 569	3.142 118	
8	3.138 989	3.141 593	3.141 595	3.141 586
16	3.140 942	3.141 593	3.141 593	3.141 593
32	3.141 430	3.141 593	3.141 593	3.141 593

(2)

k	T_k	S_k	C_k	R_k
1	1.333 333			
2	1.166 667	1.111 112		
4	1.116 667	1.100 000	1.099 259	
8	1.103 211	1.098 725	1.098 640	1.098 630
16	1.099 768	1.098 620	1.098 613	1.098 613

7. (1) 3 次代数精度,是插值型求积公式;
   (2) 1 次代数精度,不是插值型求积公式。

8. $x_0=\frac{3}{7}-\frac{2}{7}\sqrt{\frac{6}{5}}$, $x_1=\frac{3}{7}+\frac{2}{7}\sqrt{\frac{6}{5}}$, $A_0=1+\frac{1}{3}\sqrt{\frac{5}{6}}$, $A_1=1-\frac{1}{3}\sqrt{\frac{5}{6}}$。

9. 提示:由代数精度定义即可证得。

10. $f'(1.0)\approx-0.247\,92$, $f'(1.1)\approx-0.216\,94$, $f'(1.2)\approx-0.185\,96$。

11. 提示:直接使用泰勒展开即可证得。

习题 8

1. 0.100 00,0.202 00,0.310 08,0.428 70,0.563 07,0.719 78,0.907 59,1.138 96,1.432 68,1.818 94。
2. 0.500 00,0.889 40,1.073 34,1.126 04。
3. 0.713 495。
4. 0.005 24,0.021 41;0.005 50,0.021 93。
7. 0.715 49,0.526 11。
8. 1.068 537, 1.128 322。
9. (1) 3.34×10^{-5}, 5.83×10^{-5}, 5.29×10^{-5};
   (2) −1.495 409,−1.330 560,−1.248 046,−1.198 499。
11. 2.3×10^{-5}, 4.6×10^{-5}, 6.6×10^{-5}, 7.9×10^{-5}, 8.4×10^{-5}, 8.4×10^{-5}, 7.9×10^{-5}, 7.2×10^{-5}, 6.5×10^{-5}。
12. 1.070,1.107;1.040,1.070,1.107。
13. 0.9800,0.9204。

习题 9

1. $\lambda_1\approx m_{12}=6.000\,84$, 近似特征向量 $\boldsymbol{v}^{(12)}=(1,0.714\,316,-0.249\,895)^{\mathrm{T}}$。
2. $\lambda_{\min}=-2$, $\lambda_{\max}=11$。
3. $\lambda\approx-13.220\,179\,98$,近似特征向量 $\boldsymbol{v}^{(5)}=(1,-0.235\,105\,489,-0.171\,621\,172)^{\mathrm{T}}$。
4. 3 个特征值为 4,1,1,相应的特征向量为
   $(0.5774,0.5774,0.5774)^{\mathrm{T}}$, $(-0.7071,0.7071,0)^{\mathrm{T}}$, $(-0.4082,-0.4082,0.8165)^{\mathrm{T}}$。
5. 提示:$\sigma=5$, $\boldsymbol{u}=(0,-5,0,0,3,4)^{\mathrm{T}}$, $\boldsymbol{H}=\boldsymbol{E}-2\frac{\boldsymbol{u}\boldsymbol{u}^{\mathrm{T}}}{\|\boldsymbol{u}\|_2^2}$。
6. 上海森伯格阵为 $\begin{pmatrix}5 & -2 & -5 & -1\\ 1 & 0 & -3 & -2\\ 0 & 2 & 2 & 3\\ 0 & 0 & -1 & -2\end{pmatrix}$。

7. 三对角阵为$\begin{pmatrix} 5 & 4.1231 & 0 & 0 \\ 4.1231 & 7.8824 & 4.0276 & 0 \\ 0 & 4.0276 & 7.3941 & 2.3219 \\ 0 & 0 & 2.3219 & 1.7235 \end{pmatrix}$。

8. (1) $\boldsymbol{Q}=\frac{1}{15}\begin{pmatrix} 10 & 11 & -2 \\ 5 & -2 & 14 \\ 10 & -10 & -5 \end{pmatrix}$，$\boldsymbol{R}=\begin{pmatrix} 3 & 2 & 1 \\ 0 & 5 & 2 \\ 0 & 0 & 1 \end{pmatrix}$；

(2) $\boldsymbol{Q}=\begin{pmatrix} \frac{1}{\sqrt{2}} & \frac{1}{\sqrt{6}} & \frac{1}{\sqrt{3}} \\ \frac{1}{\sqrt{2}} & -\frac{1}{\sqrt{6}} & -\frac{1}{\sqrt{3}} \\ 0 & \frac{\sqrt{2}}{\sqrt{3}} & -\frac{1}{\sqrt{3}} \end{pmatrix}$，$\boldsymbol{R}=\begin{pmatrix} \sqrt{2} & \frac{1}{\sqrt{2}} & -\frac{1}{\sqrt{2}} \\ 0 & \frac{\sqrt{3}}{\sqrt{2}} & -\frac{\sqrt{3}}{\sqrt{2}} \\ 0 & 0 & \sqrt{3} \end{pmatrix}$。

9. 特征值近似为 3.732 051,2,0.267 949。

参 考 文 献

1. BURDEN R L, FAIRES J D. 数值分析[M]. 冯烟利,朱海燕,译. 北京:高等教育出版社,2005.
2. 丁丽娟,程杞元. 数值计算方法[M]. 2 版. 北京:北京理工大学出版社,2005.
3. 姜建飞,胡良剑,唐俭. 数值分析及其 MATLAB 实验[M]. 北京:科学出版社,2004.
4. 李桂成. 计算方法[M]. 北京:电子工业出版社,2005.
5. 李庆扬,王能超,易大义. 数值分析[M]. 5 版. 北京:清华大学出版社,2008.
6. 李有法,李晓勤. 数值计算方法[M]. 2 版. 北京:高等教育出版社,2005.
7. 林成森. 数值计算方法(上、下册)[M]. 2 版. 北京:科学出版社,2005.
8. 廖晓钟,赖如. 科学与工程计算[M]. 北京:国防工业出版社,2003.
9. 刘师少. 计算方法[M]. 北京:科学出版社,2005.
10. 马东升. 数值计算方法[M]. 北京:机械工业出版社,2001.
11. 张志涌. 精通 MATLAB6.5 版[M]. 北京:北京航空航天大学出版社,2003.
12. 徐士良. 数值分析与算法[M]. 北京:机械工业出版社,2003.
13. 戈卢布 G H,范洛恩 C F. 矩阵计算[M]. 袁亚湘,译. 北京:科学出版社,2001.
14. 王仁宏. 数值逼近[M]. 北京: 高等教育出版社,1999.